国家级实验教学示范中心系列实验教材
全国高等院校生物实验教学“十三五”规划教材

生命科学综合设计实验指南

主　编　唐朝晖

副主编　吴元喜　卢群伟　蒋　涛

编　委　刘静宇　王江林　柯　铁　白　虹
　　　　林　刚　李端琢　高　蒙

華中科技大學出版社
http://www.hustp.com
中国·武汉

内 容 提 要

本书是全国高等院校生物实验教学“十三五”规划教材。

华中科技大学生命科学与技术学院实验教学中心自2003年成立以来，在注重本科生基础实验技能教学的同时，一直致力于综合实验项目的设计与教学，本书将十多年来积累的实验方案收集、整理，并结合近年来生物研究技术的最新进展，推陈出新，积集成册。本书内容由三十五个综合实验方案组成。

本书不仅可以作为高等院校生命科学类高年级本科生综合设计性实验的参考实验方案，还可以作为各校研究生实验教材，填补了这方面的教材空缺。

图书在版编目(CIP)数据

生命科学综合设计实验指南/唐朝晖主编. —武汉：华中科技大学出版社，2018.9
全国高等院校生物实验教学“十三五”规划教材
ISBN 978-7-5680-4218-5

Ⅰ.①生… Ⅱ.①唐… Ⅲ.①生命科学-实验-高等学校-教材 Ⅳ.①Q1-0

中国版本图书馆CIP数据核字(2018)第205471号

生命科学综合设计实验指南
Shengming Kexue Zonghe Sheji Shiyan Zhinan 唐朝晖 主编

策划编辑：罗 伟
责任编辑：孙基寿
封面设计：原色设计
责任校对：李 琴
责任监印：周治超
出版发行：华中科技大学出版社(中国·武汉) 电话：(027)81321913
武汉市东湖新技术开发区华工科技园 邮编：430223
录 排：华中科技大学惠友文印中心
印 刷：武汉市籍缘印刷厂
开 本：787mm×1092mm 1/16
印 张：16.25
字 数：386千字
版 次：2018年9月第1版第1次印刷
定 价：48.00元

序言

XUYAN

实验教学是生物学教学的重要组成部分，在培养创新型、高素质、实践能力强的生命科学人才的过程中发挥着至关重要的作用。建立“以培养学生实践创新能力为核心”的实验教学体系，一直是华中科技大学生命科学与技术学院实验教学中心的建设目标。编写与之相适应的现代生命科学实验及实践研究指导教材，是培养生命科学创新人才的重要环节。

多年来，华中科技大学生命科学与技术学院实验教学中心在夯实经典实验教学的同时，不断将生命科学领域新的实验研究技术及科研成果经过重新设计引入本科实验，并运用开放式实验教学方法开展教学活动。科研成果转化为实验教学资源，不仅提高了实验教师的科研探索能力，更锻炼了他们的实践教学能力，而且培养了一大批实践创新能力强的优秀学生。为推广实验教学经验，让更多的师生受益，实验教学中心组织具有丰富实践教学经验的教师对本领域综合设计实验的内容、教学方法和教学管理的经验进行了认真思考和总结，终于编写成书，正式出版，甚感欣慰。

这本书的实验项目虽然只涉及生命科学实验体系的一部分，但是编者本着重视创新思维和实践能力培养的原则，在实验内容选择和编写上突出综合设计、实践能力和学科交叉，集综合设计与实验研究于一体，在实验原理、步骤等环节提供了实验探索与设计的思路及分析方法，在一向易忽视的实验结果与讨论部分强调了实验报告需要提供的实验过程阶段性结果及分析条目。该教材的某些关键实验技术还采用了录像、动画等数字课程，这样的编写方式不仅方便读者快速明晰实验目标，抓住实验重点，掌握实验技术，还有助于启发与训练读者的创新思维，达到举一反三的效果，有助于培养学生的实践创新能力。

这本书可为拟学习相关实验技术和研究内容的所有读者提供帮助，也可为从事生命科学本科生实验教学的教师提供有价值的参考。相信该书的出版能为我校乃至其他高等院校的本科实验教学起到很好的促进和示范作用。

2018 年 6 月于喻园

网络增值服务使用说明

欢迎使用华中科技大学出版社教学资源服务网yixue.hustp.com

1.教师使用流程

（1）登录网址：http://yixue.hustp.com（注册时请选择教师用户）

注册 登录 完善个人信息 等待审核

（2）审核通过后，您可以在网站使用以下功能：

2.学员使用流程

建议学员在PC端完成注册、登录、完善个人信息的操作。

（1）PC端学员操作步骤

①登录网址：http://yixue.hustp.com（注册时请选择普通用户）

注册 登录 完善个人信息

② 查看课程资源

如有学习码，请在个人中心-学习码验证中先验证，再进行操作。

（2）手机端扫码操作步骤

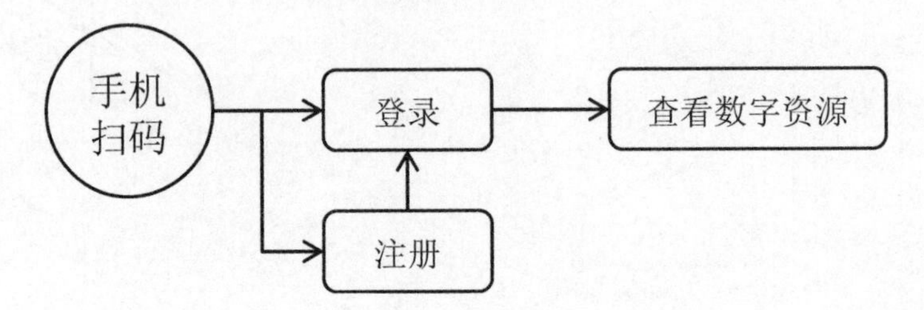

前言

QIANYAN

华中科技大学生命科学与技术学院实验教学中心自2003年成立以来，在注重本科生基础实验技能教学的同时，一直致力于综合实验项目的设计与教学。经过十多年的努力，已经形成了一批适用于本科生学习的综合实验方案，包括反映经典生物学实验内容和体现学科前沿、学科交叉等特色的实验设计。这些实验方案在“生物科学大实验”、“生物技术大实验”、“生物物理大实验”等综合性实验教学课程的实际使用和应用中，激发了学生参与实验的积极性，提高了学生综合设计实验能力，为大批学生在省、国家、国际等各级生物学竞赛中取得优异的成绩奠定了很好的基础。

我们将十多年来积累的实验方案收集、整理，并结合近年来生物研究技术的最新进展，推陈出新，汇编成册。本书内容由三十五个综合实验方案组成。实验一至实验六以拟南芥、大肠杆菌、秀丽隐杆线虫、黑腹果蝇、斑马鱼、小鼠等常用模式生物的培养及观察技术为主，使学生能掌握规范的模式生物实验室培养及实验技术，为应用模式生物研究生命现象打下实验基础。实验七至实验十七以核酸、蛋白质等生物大分子的提取、纯化实验技术为主。实验方案根据各类分子不同的理化特性，采用离心分离、沉淀分离、吸附层析技术、凝胶层析技术、亲和层析技术等一种或多种分离纯化方法，将DNA、RNA、蛋白质等生物大分子或花青素等生物活性小分子从菌液、动植物组织细胞、天然材料等生物材料中提取、纯化出来，并进行理化性质方面的检测、鉴定与研究。实验十八至实验三十五主要是以目前生物学功能、结构、材料等基础研究领域常用的先进实验技术为主，包括基因工程、免疫荧光、组织切片、遗传筛选、细胞工程、生物物理、生物材料等领域常规实验技术的规范操作及其在基础研究中的综合应用。

本书编写时，努力从学生自主完成实验任务的角度出发，在内容、结构上强调了以下几个方面。

（1）每个实验方案都有明确的问题和应达到的具体要求，帮助学生明确实验目标，准确把握实验任务与方向。

（2）既有实验原理，也有供学生参考的以流程图形式出现的实验设计方案，便于学生快速掌握解决问题的思路。

（3）在实验操作步骤中，一些较复杂的基础实验技术或实验仪器的操作以图片、动画、视频等形式供学生实验时参考学习，另有一些易错、难做、危险等的操作细节也以文字的形式在相应的操作环节中加以提醒。

（4）设计“实验结果与讨论”部分，帮助学生学会展示、呈现实验结果，厘清实验分析与讨论思路，学会有条理地针对实验过程及结果展开分析与讨论，并得出结论。

本书为开放式实验教学而设计、编写，旨在培养学生学会根据需要解决的问题，灵活运用实验技术进行实验设计，并通过合理规划实验过程，独立完成课题研究的能力。本书所有实验方案不能以常规的教学学时来衡量。

生命科学发展日新月异，实验教学的发展需要与时俱进。本书的实验方案只是抛砖引玉，读者在使用本书时可以围绕新的问题，重新进行实验设计，将相关的实验技术再次组合，形成新的实验方案以用于研究或教学。

本书不仅可以作为高等院校生命科学类高年级本科生综合设计性实验的参考实验方案，还可以作为各校研究生实验教材，填补了这方面的教材空缺。

感谢华中科技大学生命科学与技术学院的刘亚丰、谢青、肖靓、周爱文等老师在实验方案的教学与应用方面的辛苦工作，感谢常俊丽、陈明洁、汪盛、韩家鹏、刘飞、黄毓文、刘希良、吕月霞、徐旋等老师与同学在实验试做、图片采集等方面的辛苦工作。

由于时间仓促，水平有限，疏漏难免，诚恳希望广大读者提出宝贵建议和意见，以使本书能够更好地满足教师教学和学生学习的需要。

编　者

目录

MULU

实验一
大肠杆菌的培养及其生长曲线的测定

一、实验目的

1. 掌握大肠杆菌的常规培养方法。
2. 掌握光电比浊法测量细菌浓度的方法。
3. 通过绘制细菌生长曲线，了解细菌的生长规律。

二、实验原理与设计

细菌是最基本的生命形式之一，具备生命活动必需的细胞结构。细菌不仅可用于研究基础的生命活动，如DNA复制、转录、翻译等，还可以用来作为工程菌大量生产人类需要的特定蛋白质和代谢产物。

大肠杆菌(*Escherichia coli*)是革兰氏阴性短杆菌，大小为0.5 μm×1 μm至0.5 μm×3 μm，周生鞭毛，能运动，无芽孢，能发酵多种糖类产酸、产气，是人和动物肠道中的正常栖居菌。大肠杆菌是研究微生物遗传的重要材料，如莱德伯格(J. Lederberg)采用两株大肠杆菌的营养缺陷型进行实验，发现了细菌的接合和遗传物质的重组；限制性内切酶的发现以及在此基础上开展的基因工程技术，极大地推动了生命科学和生物产业的发展。

实验室中常用的大肠杆菌菌株K-12 MG1655遗传背景清楚，基因组大小约为4.6 Mb，共有4 288个基因。培养条件简单，适合大规模繁殖培养，是目前应用最广泛、最成功的外源基因表达宿主。表1-1列举了常用大肠杆菌基因工程菌株及其主要用途。

表1-1　常用大肠杆菌基因工程菌株及其主要用途

菌株名称	主要用途
DH5α菌株	• DNA酶缺陷型菌株，常用于保存质粒 • 蛋白酶没有缺陷，一般不用于蛋白质表达 • 用于重组体菌株筛选(蓝白斑筛选)
BL21(DE3)菌株	• 用于高效表达克隆于含有噬菌体T7启动子的表达载体(如pET系列)的基因 • 该菌适合表达非毒性蛋白

续表

菌株名称	主 要 用 途
JM109 菌株	• 常用于重组体菌株筛选(蓝白斑筛选)
TOP10 菌株	• 适用于高效的 DNA 克隆和质粒扩增,能保证高拷贝质粒的稳定遗传
HB101 菌株	• 该菌株遗传性能稳定,使用方便,适用于各种基因重组实验

在适宜的温度、pH 值、气体等条件下,细菌的生长常常要经历以下四个时期。

延迟期:细菌适应新环境,生长缓慢。

对数期:细菌繁殖速率很快,每 20 min 左右分裂一次,细菌总数呈几何级增加。

稳定期:受生长环境所限,因养分减少、代谢废物逐渐堆积等使得细菌分裂与死亡速度基本相当,细菌总数变化不大。

衰亡期:养分消耗殆尽,细菌死亡速率大大高于繁殖速率,使细菌总数呈几何级下降。

以培养时间为横坐标,以细菌数目的对数或生长速率为纵坐标作图所绘制的曲线称为该细菌的生长曲线。不同的细菌在相同的培养条件下其生长曲线不同,同样的细菌在不同的培养条件下所绘制的生长曲线也不相同。

测定细菌的生长曲线,了解其生长繁殖规律,这对人们根据不同的需要,有效地利用和控制细菌的生长具有重要意义。

绘制生长曲线一个重要的环节就是测定细胞数量,用于测定细菌细胞数量的方法主要有如下几种。

1. 计数器计数法　用 Petroff-Hauser 计数器或 Hawksley 计数器在显微镜油镜下直接进行细菌细胞计数,由于计数器的计数室容积是一定的,因而根据计数器刻度内的细菌数,可计算样品中的含菌数。此法迅速方便,但不能区分死菌与活菌,且总菌数若低于 10^6/mL 时,准确度差。

2. 电子细胞计数器计数法　使用电子细胞计数器对菌液中的细胞自动进行计数。此法操作简单,但只能识别颗粒大小,不能区分活菌或死菌,也无法区别是否是细菌。

3. 测定细胞总氮量或总碳量计数法　氮、碳是细胞的主要成分,含量较稳定,测定氮、碳的含量可以推知细胞的质量。此法适于细胞浓度较高的样品。

4. 光电比浊计数法　根据菌悬液的透光量,间接地测定细菌的数量。细菌悬浮液的浓度在一定范围内与透光度成反比,与吸光度成正比,所以可用分光光度计测定菌液,用吸光度间接表示样品菌液浓度。通常 400～700 nm 都是微生物测定的范围,505 nm 测菌丝菌体、560 nm 测酵母、600 nm 测细菌。此法简便快捷,能得出相对的细菌数目,是实验室快速检测微生物数量最常用的方法。

5. 平板菌落计数法　此法根据每个活的细菌就能长出一个菌落的原理进行设计,是对活菌的计数。取一定容量的菌悬液,做一系列的倍比稀释,然后将定量的稀释液进行平板培养,根据培养出的菌落数,可算出培养物中的活菌数。此法灵敏度高,是一种常用的检测活菌数的方法,广泛应用于水、牛奶、食物、药品等各种材料的活菌检验。

本实验采用光电比浊法测定 TOP10 菌株的浓度并绘制其生长曲线(图 1-1)。难点在于如何克服器材、操作等带来的误差,得到相对准确的菌液吸光度。

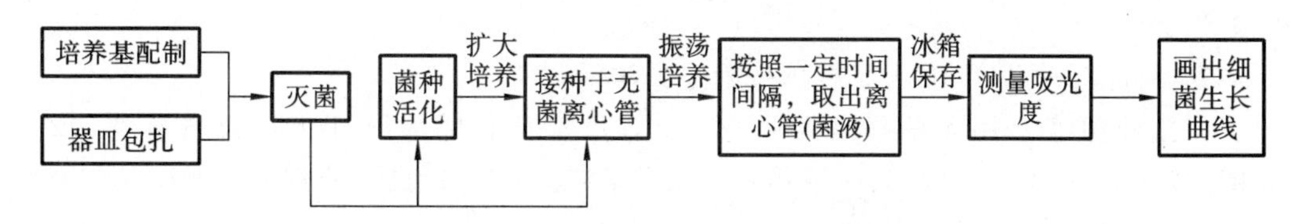

图 1-1 细菌生长曲线实验流程图

三、实验仪器与材料

1. 实验试剂 NaCl、酵母提取物、胰蛋白胨、琼脂粉、甘油、去离子水、1 mol/L NaOH 等。

2. 实验仪器 超净工作台、高压蒸汽灭菌锅、移液器及枪头、酒精灯、接种环、涂布棒、显微镜、擦镜纸、容量瓶、pH 计、15 mL 离心管、分光光度计等。

3. 生物材料 大肠杆菌 TOP10 菌株。

四、实验操作与步骤

（一）大肠杆菌 LB 培养基的配制

LB(Luria-Bertani)液体培养基：分别称取酵母提取物 5 g，胰蛋白胨 10 g，NaCl 10 g 后加入 950 mL 去离子水，摇动容器直至各物质溶解；用 1 mol/L NaOH 调 pH 值至 7.2；用去离子水定容至 1 000 mL；在 0.1 MPa、121 ℃下，高压蒸汽灭菌 20 min。

LB 固体培养基：在上述 LB 液体培养基中加入 15 g 琼脂粉后在 0.1 MPa、121 ℃下，高压蒸汽灭菌 20 min。

LB 平板的制作：待 LB 固体培养基灭菌后，冷却至 60 ℃左右时，在超净工作台内倒入已经灭菌干燥的平皿中，体积约为平皿的 2/3，该平板室温下干燥后即可用于细菌的培养。也可用封口膜密封后，置于 4 ℃冰箱保存，一个月内使用。

注意：如该平板用于细菌的选择培养，可在倒平板前，加入适当浓度的抗生素。

（二）大肠杆菌的活化、培养与保存

取－80 ℃超低温冰箱保种的大肠杆菌，室温下简单融化后，用接种环挑取一环，在 LB 固体平板上划线，37 ℃倒置培养 12～16 h 后，挑单菌落至 LB 液体培养基中，37 ℃，220 r/min，振荡培养 12～16 h，可得一定浓度、已经活化的菌液。

细菌保存时，可将菌液培养至对数生长期（吸光度约为 0.6）时取出，与灭菌甘油 1∶1 混合后，分装至无菌冻存管中，做好菌种名称、保存时间等标志后，置于－80 ℃超低温冰箱中冷冻保存，一年内可以使用。

（三）绘制细菌生长曲线

1. 实验准备

(1) 配制 LB 液体培养基，并与离心管、枪头等一起在 0.1 MPa、121 ℃下，高压蒸汽

灭菌 20 min。

(2) 将冻存的 TOP10 大肠杆菌按前述方法活化。

2. 接种菌液　用无菌移液器吸取 4 mL 已经活化的大肠杆菌过夜培养液(12～16 h),接入盛有 76 mL LB 液体培养基的三角瓶内,混合均匀后,分别取 3 mL 混合液放入 17 支一次性预灭菌离心管中。

3. 培养菌液　将已接种的离心管放入摇床内,37 ℃,150 r/min 下振荡培养,开始计时。每隔 1 h 取出一支试管,标记好培养时间后,立即放冰箱中贮存,最后一起测定其吸光度。

4. 吸光度测定　用未接种的 LB 液体培养基作空白对照,从最早取出的培养液依次开始,选用 600 nm 波长进行光电比浊测定。若有细菌培养液浓度比较大,吸光度超出 0.6以上(吸光度在 0.1～0.6 之间呈线性关系,较可信),则可用 LB 液体培养基适当稀释后再测定,其实际吸光度应乘以稀释倍数。

5. 注意事项

(1) 接种及测定时,一定要将培养液振荡混匀,使细菌均匀分布。

(2) 每个时间点重复测量三次,取平均值。

将测定的 A_{600} 填入表 1-2:

表 1-2　各个培养时间段菌液的吸光度(A_{600})

培养时间/h	对照	0	1	2	3	4	5	6	7	8	9	10	11	12	13	14	15	16
吸光度 1																		
吸光度 2																		
吸光度 3																		
吸光度均值																		

6. 绘制生长曲线　以培养时间为横坐标,吸光度(A_{600})为纵坐标绘制细菌的生长曲线。

五、实验结果与讨论

1. 填写各个培养时间段菌液的吸光度(A_{600})表格(表 1-2)。

2. 根据表 1-2 绘制细菌生长曲线,并分析细菌各个生长时期的时间节点及生长特点。

3. 根据实验过程中的体会及实验原理分析本次实验的误差以及改进的方法。

六、参考资料

何岚,王柳懿,朱琪,等. 两种绘制枯草芽孢杆菌和大肠杆菌生长曲线方法的比较[J]. 天津农业科学,2017,23(5):14-18.

实验二
拟南芥的培养与观察

一、实验目的

1. 了解拟南芥的形态与生活史。
2. 学习并掌握拟南芥的培养技术。

二、实验原理与设计

拟南芥(*Arabidopsis thaliana*)为十字花科拟南芥属植物,因其植株小(高 20～25 cm)、生长周期短(2～3 个月)、自花授粉、种子多(每株可收 10 000 多颗种子)、生态类型丰富、分布广且容易进行诱变和遗传转化等特点被广泛用于植物分子遗传学、发育生物学和细胞生物学中,是植物生物学研究领域非常重要的模式植物之一,被称为"植物中的果蝇"。拟南芥也是第一个完成全基因组测序的有花植物,基因组大小为 125 Mb,是已知基因组最小的植物之一。

目前 ABRC(Arabidopsis Biological Resource Center)、NASC(Nottingham Arabidopsis Stock Centre)、SASSC(SENDAI Arabidopsis Seed Stock Center)等种子收藏中心收藏保存了来自全世界 750 多个拟南芥自然资源,其中 *Landsberg erecta*(*Ler*)、*Columbia*(*Col*)、*Wassilewskija*(*Ws*)是生物学实验中使用最多的三个生态型(图 2-1),*Col* 生态型也是拟南芥全基因组测序中使用的品种。

图 2-1　拟南芥的三种生态型

拟南芥的生长受温度、湿度、光照等影响,其生长的理想温度范围是 16～25 ℃,最适生长温度是22～23 ℃；环境湿度在25%～75%时生长正常，湿度过高（超过90%）会导致不育；拟南芥培养的光照时间一般为8～24 h，在短光照周期（小于12 h）条件下，偏向于营养生长，在长光照周期（12 h以上）下，则有利于拟南芥转向生殖生长。对很多拟南芥生态型而言，播种后在4 ℃低温条件下处理几天有利于种子打破休眠，将拟南芥幼苗放在4 ℃低温条件下处理几周也有利于植株的开花，在幼苗长大之前可通过覆盖保鲜膜的方法来增加湿度一定程度上也有利于拟南芥生长。

拟南芥培养方法大致可以分为三种：第一种是直接把种子播种在土壤中（直播土培法）；第二种是先将种子播在无菌培养基上，再将幼苗移栽到土壤中（移栽法）；第三种则是直接将拟南芥种子播种在装有营养液的培养盒中（直播水培法）。

直播土培法按土壤性质可分为蛭石法和蛭石营养土混合培养法。蛭石法只用蛭石作为培养介质，蛭石的特性是质地疏松，通气性好，有利于小苗生根。但是由于其本身没有营养成分，蓄水能力不强，需要经常补充浇灌营养液，而且蛭石轻松，易于被水冲走，导致根部露出土面，影响小苗的生长，所以这种培养方法在拟南芥一般培养实验中不常用。蛭石营养土混合培养法是将蛭石与营养土按一定比例混合后作为培养介质，然后再直接将种子播种在里边，这样营养土可以为拟南芥植株的生长提供营养成分，蛭石可以起到疏松土壤的作用，这是拟南芥一般培养使用最多的方法。

移栽法是先将拟南芥种子表面消毒，然后播种在MS固体培养基上，待幼苗长到一定大小后，再移栽到培养土中正常培养生长，这种培养方法可以在移栽时挑选长势相同的植株，有助于提高后续实验的准确度。但是幼苗在移栽后需要对生长环境进行重新适应，而且幼苗比较脆弱，在移栽过程中很容易会对幼苗造成伤害，移栽后也需要精心呵护，因此对操作者的要求较高。这种方法常用于拟南芥种子萌发与筛选实验中。

直播水培法是直接将拟南芥播种在培养液中进行培养，可用于对植株进行高通量筛选实验中，这样可以避免将大批量幼苗移栽到培养土中造成的较大的工作量，这种方法也常用于不同条件处理下的拟南芥表型分析。

本实验拟采用蛭石营养土混合培养法，将拟南芥种子种植在培养土（从花卉市场购买的营养土与蛭石按1∶1混合并消毒后分装而成）中，在人工设定的条件下培养，直至获得成熟种子（实验流程见图2-2）。本实验的难点在于实验时间较长，需要有足够的耐心和责任心方能完成，而且种植经验的缺乏也容易导致实验中途失败。

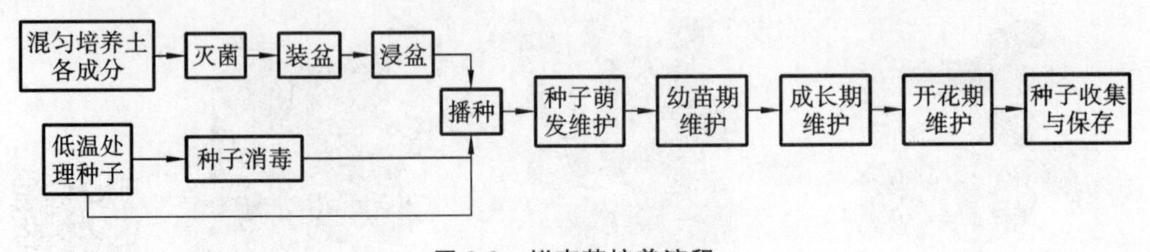

图2-2 拟南芥培养流程

三、实验仪器与材料

1. 实验试剂 拟南芥培养营养液（配制方法见附录）。

2. 实验仪器　人工气候培养箱、空气加湿器、冰箱、培养用花盆、花盆托盘、塑料保鲜膜、营养土、蛭石等。

3. 实验材料　拟南芥种子(*Col*-0)(保存于 4 ℃冰箱)。

四、实验操作与步骤

1. 准备培养土　将营养土、蛭石按体积比 1∶1 的比例混合均匀,加适量水使土壤潮湿,然后把准备好的培养土分装入花盆中,微振使之平整。

注意:

①配好的培养土在使用前可放在灭菌锅中高温处理 30 min 左右(具体时间视处理土的多少而定),等培养土完全冷却下来再装盆,使用前可以用保鲜膜覆盖,防止被其他种子或杂菌污染;

②培养土可在使用时按一定比例加入多菌灵(使用时要小心,注意戴口罩和手套,注意不要沾到衣服或皮肤上)混匀;

③盆土不可装太满,土面到花盆上沿留约 1.5 cm 即可。

2. 浸盆法浇水　将装好培养土的花盆置于托盘上,向托盘中注入适量水,使水沿着盆底的孔将盆土浸湿,适时向托盘中补充水,待盆土被完全浸润后,将托盘中多余的水倒去。

注意:浸盆的时候可将培养盆用保鲜膜覆盖,可过夜浸盆。

3. 播种　取出在冰箱中保存的拟南芥种子,放在纸槽上,小心将种子播撒在培养土表面,然后盖上保鲜膜,在膜上扎数个通气孔,便于保湿与通气,然后转移到 4 ℃条件下暗培养 2～3 天。

注意:

①播种时应使种子在花盆表面分布均匀,除用纸槽播种外,还可用稍微沾湿的竹签蘸取单粒种子点播于培养土表面;

②拟南芥种子直径较小,播种后不需覆土;

③若种子在 4 ℃冰箱中已保存一个月以上,可以直接播种。若冰箱中保存时间短,则需在湿润条件下放在 4 ℃冰箱中低温处理 3～4 天。

4. 种子萌发　将培养盆转移到人工气候培养箱中培养,在种子萌发前 3～4 天,将人工气候箱的条件设定为温度 22 ℃,空气湿度 80%,光照强度调至 60～100 mE · s^{-1} · m^{-2},然后将光周期调至 16 h 光照/8 h 黑暗,待拟南芥幼苗两片子叶长好后(约 5 天)揭开保鲜膜。

5. 培养维护　保持人工气候培养箱设置不变,每隔 2～3 天浇一次水,直到拟南芥开花。

注意:

①拟南芥不耐旱,应及时浇水,但也应注意盆土不干不浇,以利于壮根;

②由于种子和幼苗较小,易被冲走,因此采用向托盘注水的方法补水,但托盘中不能留有太多积水,因为湿度太大会影响拟南芥的生长,每次加的水以刚好被培养土吸干为宜;

③为保证拟南芥幼苗能正常生长，也可每隔一星期左右给拟南芥植株叶片喷洒营养液，开花期也应及时追肥；

④培养过程中，注意用70%酒精涂擦气候箱内的培养架，并及时将有病虫害的植株移出气候箱。

6. 种子收集与保存　待90%果荚开始变黄后停止浇水，剪取果荚，待果荚完全干枯、种子干燥后，弃去果荚，小心将种子收集到1.5 mL离心管中，在管上标明相关信息。放入4 ℃冰箱保存。

五、实验结果与讨论

1. 整个培养过程历时约17周，在此期间注意对培养环境因素以及拟南芥生长状态、变化、时期的观察与记录，总结并完成下表：

植株序号	播种时间	发芽时间	第一片真叶长出时间	发芽率	成活率	始花时间	开花时株高	莲座直径	果荚长度	每荚种子数	果荚数量	生活周期

2. 比较各植株的生长状况，对整个实验过程进行分析。

六、参考资料

[1] Arabidopsis Genome Initiative. Analysis of the Genome Sequence of the Flowering Plant *Arabidopsis thaliana*[J]. Nature，2000，408(6814)：796-815.

[2] 李俊华，张艳春，徐云远，等. 拟南芥室内培养技术[J]. 植物学通报，2004，21(2)：201-204.

[3] Lefebvre V，Kiani SP，Durand-Tardif M. A Focus on Natural Variation for Abiotic Constraints Response in the Model Species *Arabidopsis thaliana* [J]. International Journal of Molecular Sciences，2009，10(8)：3547-3582.

[4] Weigel D，Glazebrook J. *Arabidopsis*：A Laboratory Manual[M]. New York：Cold Spring Harbor Laboratory Press，2009：172-176.

[5] Yin L，Fristedt R，Herdean A，et al. Photosystem II Function and Dynamics in Three Widely Used Arabidopsis thaliana Accessions[J]. PLoS One，2012，7(9)：e46206.

[6] Sanchez-Serrano JJ，Salinas J. *Arabidopsis* Protocols [M]. New Jersey：Humana Press，2014：3-25.

实验三
秀丽隐杆线虫的培养及观察

一、实验目的

1. 掌握秀丽隐杆线虫的基本培养技术。
2. 观察秀丽隐杆线虫个体发育各个时期的特点。
3. 了解秀丽隐杆线虫作为模式生物的优势以及在相关研究领域的应用。

二、实验原理与设计

秀丽隐杆线虫(*Caenorhabditis elegan*,*C. elegans*)属于线虫动物门,隐杆线虫属,秀丽隐杆线虫种。分子遗传学的奠基人之一悉尼·布伦纳(S. Brenner)于1974年在*Genetics*杂志上详细描述了秀丽线虫的突变体筛选、基因定位等遗传操作方法,奠定了秀丽线虫作为模式生物进行分子生物学和发育生物学研究的基础。

秀丽隐杆线虫为蠕虫状,成虫长约1 mm,实验室培养时,它以一种特殊的尿嘧啶缺陷型大肠杆菌OP50(*E. coli* OP50)为食,该菌株在NGM(Nematode Growth Medium)培养基上生长缓慢,可保证秀丽线虫有稳定的食物供给。秀丽线虫个体结构简单、体细胞数目恒定、特定细胞位置固定、身体透明易观察、线虫生活史短、遗传背景清楚、基因组测序已经完成,在遗传与发育生物学、行为与神经生物学、衰老与寿命、人类遗传性疾病、病原体与生物机体的相互作用、药物筛选、动物的应激反应、环境生物学和信号传导等领域得到广泛应用,细胞凋亡现象及其机理、RNA干扰技术最早都是在秀丽线虫中被揭示的。

(一)秀丽隐杆线虫的基本结构

秀丽隐杆线虫有雌雄同体(hermaphrodite,XX)和雄虫(male,XO)两种性别,在自然条件下,成虫大多为雌雄同体,雄虫的个体数只占大约千分之一,其基本结构见图3-1和图3-2。

秀丽隐杆线虫发育各个时期的所有细胞能被逐个盘点并各归其类。如刚孵化出的幼虫含有558个细胞(其中XX线虫含有51个,XO线虫含有55个胚细胞),而它的成虫则根据性别不同具有不同的细胞数,最常见的XX成虫在整个发育期间,共产生1 090个细胞,其中131个在特定时期凋亡,成熟后含有959个体细胞,包括302个神经细胞,95个

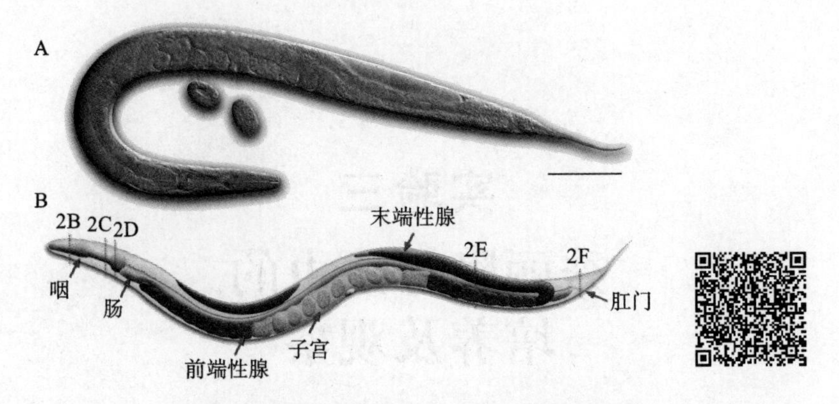

图 3-1　雌雄同体线虫(hermaphrodite)解剖图

(A. 微分干涉显微镜拍摄的图;B. 雌雄同体线虫解剖示意图。比例尺为 0.1 mm)

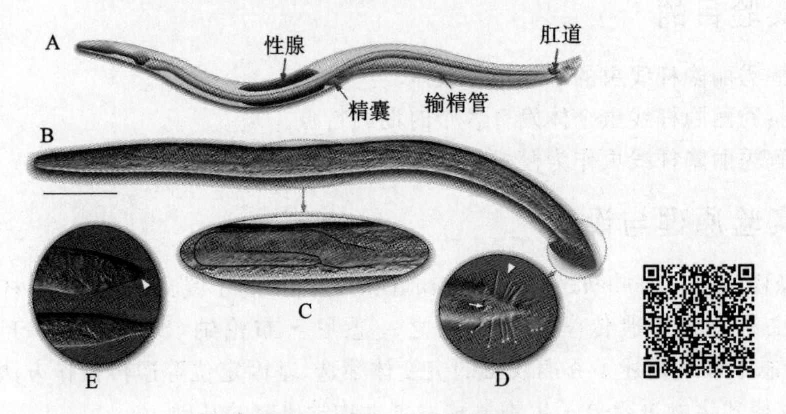

图 3-2　雄虫(male)解剖图

(A. 雄虫解剖示意图;B. 微分干涉显微镜拍摄的图;C. 性腺放大图;D. 成虫尾巴放大图;E. L3 L4 时期雄虫尾巴图(上面是 L4,下面是 L3)。比例尺为 0.1 mm)

体壁肌肉细胞;而数量较少的 XO 成虫则有体细胞 1 031 个,含 381 个神经细胞。

(二) 秀丽隐杆线虫的生活史

秀丽隐杆线虫的生活史包括胚胎期、幼虫期(L1～L4)、成虫期三个阶段(图 3-3)。一个雌雄同体线虫一生约可以产 300 个卵,卵经过 L1、L2、L3、L4 四个幼虫时期,进入成虫期,如果外部条件比较恶劣,比如拥挤、缺乏食物等,线虫会进入一个特殊的 L3 时期——滞育期时期来抵抗外部的不良环境。秀丽线虫在实验室 20～22 ℃的条件下,约 3.5 天长成成虫,可存活四周左右。线虫可以自体受精,当卵母细胞经过贮精囊时受精,也可以接受雄虫的精子进行异体受精。

本实验拟通过对野生型 N2 线虫进行同步化培养,观察各个发育时期线虫的形态特征,学习线虫常规的培养、繁殖、冻存、复苏等技术。难点在于线虫的转移技术以及准确区分各个时期线虫的特征(图 3-4)。

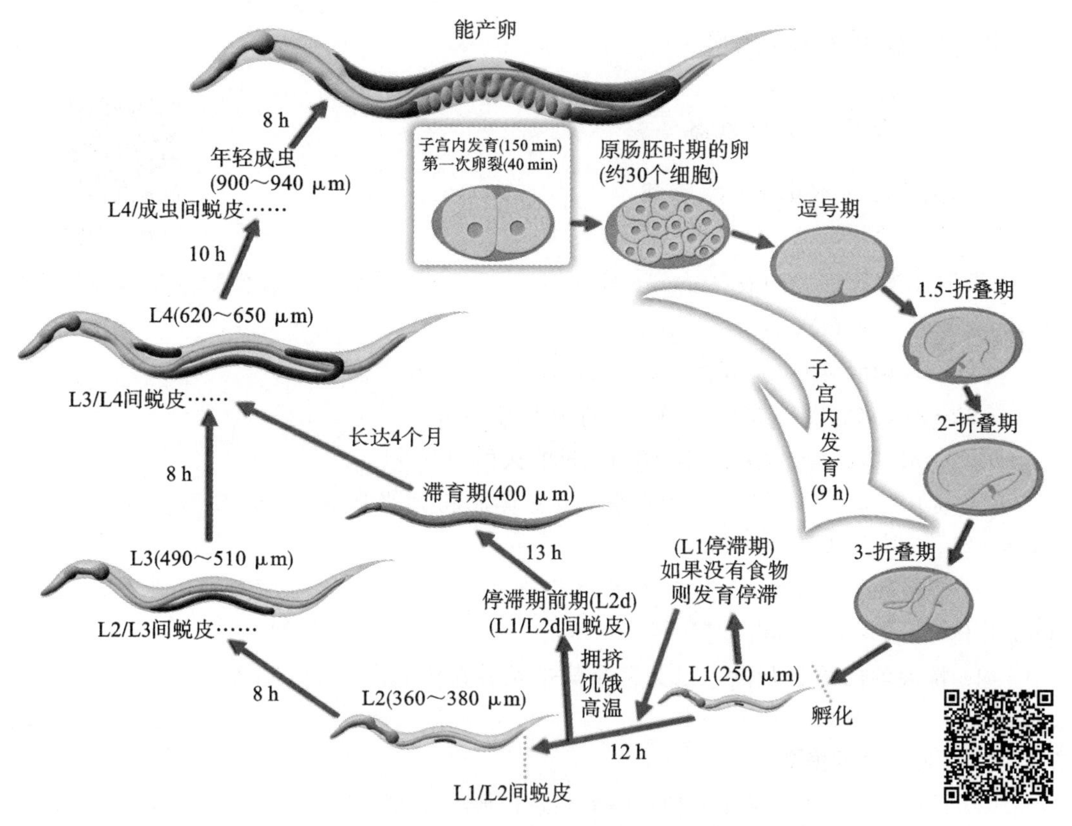

图 3-3　22 ℃下秀丽隐杆线虫的生活周期图

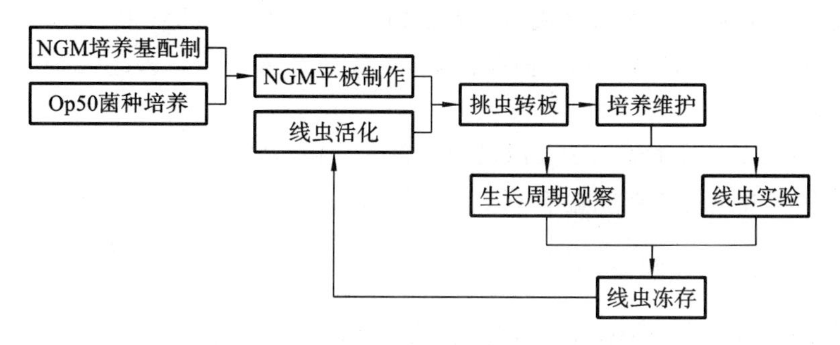

图 3-4　秀丽隐杆线虫培养观察实验流程图

三、实验仪器与材料

1. 实验试剂　LB 固体、液体培养基、NGM 培养基等。

2. 实验器材　恒温生化培养箱、解剖显微镜、超净工作台、6 cm 培养皿、挑针、摇床、10 mL 离心管以及管架、1.5 mL 离心管以及管架、250 mL 锥形瓶、酒精灯、75%酒精棉球等。

3. 生物材料　野生型 N2 秀丽隐杆线虫、*E. coli* OP50。

四、实验操作与步骤

（一）线虫培养板的准备

1. 配制 NGM 线虫基本培养基

（1）准备以下试剂。

1 mol/L 磷酸钾缓冲液：108.3 g KH_2PO_4、35.6 g K_2HPO_4 加水至 1 L(0.1 MPa、121 ℃，高压灭菌 20 min)。

1 mol/L $MgSO_4$(0.1 MPa、121 ℃，高压灭菌 20 min)。

1 mol/L $CaCl_2$(0.1 MPa、121 ℃，高压灭菌 20 min)。

5 mg/mL 胆固醇(用无水乙醇配制，过滤灭菌，4 ℃保存)。

（2）称取 3 g NaCl、2.5 g 蛋白胨、20 g 琼脂粉到锥形瓶中，加入 975 mL 水，0.1 MPa、121 ℃，高压灭菌 20 min。

（3）待培养基冷却至 60 ℃左右时，依次加入 25 mL 1 mol/L 磷酸钾缓冲液、1 mL 1 mol/L $CaCl_2$，1 mL 1 mol/L $MgSO_4$、1 mL 5 mg/mL 胆固醇，混匀。

（4）将混匀的培养基倒入已灭菌干燥的培养皿中，1/2～2/3 培养皿高度，室温冷却干燥。

2. 线虫食物的准备

（1）配制 LB 液体培养基：称取 10 g 胰蛋白胨、5 g 酵母提取物、10 g NaCl 到锥形瓶中，加入 1 L 水，调 pH 值到 7.0，0.1 MPa、121 ℃，高压灭菌 20 min。

（2）吸取灭菌后的 3 mL LB 液体培养基到 10 mL 已灭菌的管中，挑取 OP50 单克隆到液体 LB 中，于 37 ℃，170 r/min 振荡培养 8～12 h，使菌液 A_{600} 达到 0.4～0.6。菌液可 4 ℃保存 2 周。

3. 每个 NGM 平板中滴入 200 μL OP50 菌液，待菌液被吸收后，37 ℃过夜培养菌苔，第二天即可用于线虫的培养或置于 4 ℃保存待用。

（二）挑虫、转板、培养

1. 在超净工作台上，将铂金丝做的挑虫器在酒精灯上烧红、冷却。

2. 转板：解剖显微镜下，在旧的线虫培养皿中找到合适的成虫，用挑虫器将它轻轻挑起，或在挑虫器上沾点菌液，将线虫粘起，迅速将之转移到新的平板上，共挑取 3～5 只线虫。

3. 将培养皿做好标记，放到 20～22 ℃生化培养箱中培养。

4. 3 h 后，显微镜下可以看见培养皿上有椭圆颗粒状的线虫卵(胚胎)，此时，可以将成虫挑走。产卵当天计作 Day0。

5. Day1(次日)，胚胎发育成幼虫 L1/L2 时期，用体视显微镜进行观察、比较。

6. Day2 下午，线虫发育到 L3/L4 时期，用体视显微镜进行观察、比较。

7. Day3 上午，线虫发育成成虫，开始产卵，用体视显微镜进行观察、比较。

（三）线虫的观察

线虫的观察主要有两种方法：一是直接观察培养板中的线虫，这种方法便于各个时期线虫的比较与辨认；二是用琼脂糖凝胶在载玻片上制作琼脂平板，将需要观察的线虫用挑虫器挑到琼脂平板上进行观察，这种方法可对某种线虫的细节进行观察。

1. 将长有线虫的培养板置于解剖显微镜下，对线虫的各主要组织器官、运动方式、进食、产卵等进行观察。

2. 制作琼脂平板，逐一观察不同发育时期线虫的主要特征，并加以区分。

琼脂平板制作方法如图 3-5 所示。

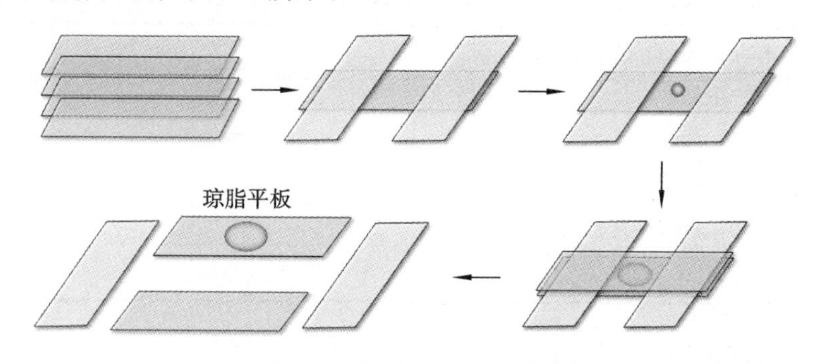

图 3-5　琼脂平板制作示意图

(1) 配制 2%～5%(质量体积比)琼脂糖凝胶 20 mL：称取适量琼脂糖，倒入 20 mL 水，微波炉高温使其彻底溶解后，在 60 ℃以上的温度中保温，维持其液体状态。

(2) 如图 3-5 所示，在一个横放的载玻片上，平行放置两个载玻片，中间留一空隙；用吸管吸取琼脂糖凝胶液，滴一滴在中间的空隙上后，盖上另一载玻片，使琼脂糖液滴被压成平板状，尽量避免气泡的产生。

(3) 待琼脂平板完全凝固后，撤去周边载玻片，只留下载有琼脂平板的片子。

注意：琼脂平板最好是现做现用，也可放在湿盒中保存。

3. 配制 20～100 mmol/L 的叠氮化钠(建议使用 50 mmol/L)。吸取 10～20 μL 的叠氮化钠到琼脂平板上，将需观察的线虫挑到该液滴中，待线虫不再活动，即可置于显微镜下观察。

（四）线虫的冻存与复苏

线虫可以长期保存在－80 ℃或液氮中，尤其是 L1 期幼虫，在冷冻复苏后的恢复效率最佳。

1. 线虫的冻存

(1) 用 1 块 NGM 板培养线虫，在菌苔快吃完或刚吃完时，以 S 缓冲液冲洗平板 2 次，每次 900 μL，将洗下的液体转置 2.0 mL EP 管中。

(2) 4 000 r/min 离心 15～20 s，去除部分上清液，再取剩余的约 500 μL 液体将沉淀混匀后置于冻存管中，按照 1∶1 比例加入 500 μL 30%已灭菌甘油。

(3) 将冻存管放入程序性降温冻存盒，迅速放置于－80 ℃冰箱冻存 3 h 以上。

(4) 冻存 2 天以上后，复苏检测以确定冻存是否成功。

2. 线虫的复苏

(1) 从－80 ℃或液氮中快速取出一支冻存管，以体温溶解整管虫液，将虫液滴至长有 OP50 菌苔的 NGM 板边缘，待液体干燥后，置于 20 ℃培养箱培养。

(2) 1 天后观察复苏是否成功，2～3 天后，挑取生长状态较好，并且具有原始虫系表型或特征的成虫至新的平板上进行后续培养与研究。

五、实验结果与讨论

1. 观察、比较线虫各个不同发育时期的特征，并总结如下：

	卵(胚胎)	L1	L2	L3	L4	成虫
大小						
典型特点						
其他特征						
图片						

2. 总结转移线虫的经验教训。

六、参考资料

[1] S. Brenner. The genetics of *Caenorhabditis elegans*[J]. 1974,77(1):71-94.

[2] J. E. Sulston and S. Brenner. The DNA of *Caenorhabditis elegans* [J]. Genetics,1974 May 1,77:95-104.

[3] http://www.wormbook.org/chapters/www_celegansintro/celegansintro.html.

[4] Sulston,J. E. ,Schierenberg,E. ,White J. G. et al. The embryonic cell lineage of the nematode *Caenorhabditis elegans*[J]. Dev. Biol. 1983. 100:64-119.

[5] White,J. The Anatomy. In the Nematode *C. elegans*[M]. Cold Spring Harbor Laboratory Press,Cold Spring Harbor,New York. 1988.

实验四
黑腹果蝇的培养与观察

一、实验目的

1. 观察并掌握果蝇形态的基本特点，学会区分雌雄果蝇。
2. 了解果蝇生活史中各个不同发育阶段的形态特点。
3. 观察果蝇几种典型突变体的表型特征。
4. 掌握实验果蝇的饲养、管理、实验处理方法和基本技术。

二、实验原理与设计

黑腹果蝇(Drosophila melanogaster)属于昆虫纲，双翅目，果蝇属。20 世纪初，托马斯・亨特・摩尔根(Thomas Hunt Morgan)选择黑腹果蝇作为研究对象，不仅证实了孟德尔定律，发现了果蝇白眼突变的性连锁遗传，而且提出了基因在染色体上直线排列以及连锁交换定律，并因此于 1933 年被授予诺贝尔奖，开创了利用果蝇作为模式生物的先河。20 世纪 80 年代以后针对果蝇的基因组操作取得重大进展，发展出一系列有效的实验技术，在发育的基因调控研究、各类神经疾病研究、帕金森病、老年痴呆症、药物成瘾和酒精中毒、衰老与长寿、学习记忆与某些认知行为的研究等方面均取得了突出成绩。

果蝇具有个体小(黑腹果蝇雌性体长 2.5 mm，雄性略小)、易饲养(自然情况下，黑腹果蝇幼虫的食物一般是使水果腐烂的微生物，如酵母和细菌，以及含糖分的水果等)、生长周期短、繁殖率高、性状易区分、基因组小(全基因组长约 180 Mb)、基因保守性高等特点，是非常好的基因组学及基因功能等研究领域的模式生物。

(一) 黑腹果蝇的形态

1. 身体各部分主要特征　头部有一对复眼，三个单眼和一对触角；胸部有三对足，一对翅和一对平衡棒；腹部背面有黑色环纹，腹面有腹片，外生殖器在腹部末端，全身有许多体毛和刚毛。

2. 成虫雌雄的鉴别　雄性腹部有黑斑(black patch)，前肢有性梳(sex combs)，而雌性没有，可用这个特征来区别雄性和雌性，如图 4-1 和表 4-1 所示。

图 4-1 雌、雄果蝇

表 4-1 雌雄果蝇的形状对比

性状	雌果蝇	雄果蝇
体型	较大	较小
第一对足跗节	无性梳	有性梳
腹末端	钝而圆	稍尖
腹片	6 个	4 个
腹背面条纹	5 条	3 条
外生殖器	简单	复杂

3. 果蝇常见的几种突变性状特征，如表 4-2 和图 4-2 所示。

表 4-2 常见突变型果蝇的性状特征

突变形状名称	基因符号	形状特征	所在染色体
白眼	w	复眼白色	X
棒眼	B	复眼横条形	X
黑檀体	e	体呈乌木色，黑亮	IIIR
黑体	b	体呈深色	IIL
黄身	y	体呈浅橙黄色	X
残翅	vg	翅退化，部分残留不能飞	IIR
焦刚毛	sn	刚毛卷曲如烧焦状	X
小翅	m	翅较短	X

（二）黑腹果蝇的生活史

果蝇的生活周期包括卵、幼虫、蛹、成虫四个时期（图 4-3），其发育时间长短与温度关系很密切。30 ℃以上的温度能使果蝇不育和死亡，低温则使它的生活周期延长，同时生活力也降低，果蝇培养的最适温度为 20～25 ℃（表 4-3）。

表 4-3 不同温度下果蝇的生活周期

	10 ℃	15 ℃	20 ℃	25 ℃
卵→幼虫			8 天	5 天
幼虫→成虫	57 天	18 天	6.3 天	4.2 天

卵：羽化后的雌蝇一般在 12 h 后开始交配，两天后才能产卵。卵长 0.5 mm 左右，为

图 4-2 几种常见突变型果蝇

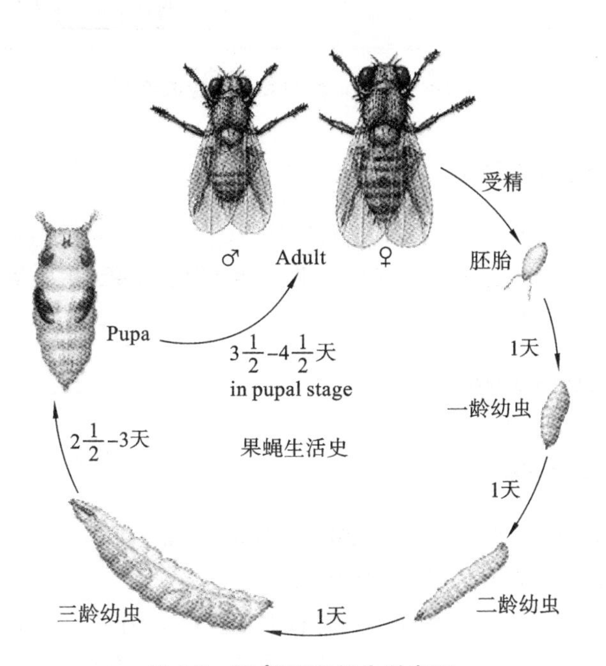

图 4-3 25 ℃下果蝇生活史图

椭圆形，腹面稍扁平，在背面的前断伸出一对触丝，它能使卵附着在食物（或瓶壁）上，不致深陷到食物中去。

幼虫：从卵孵化出来后，经过两次蜕皮，发育成三龄幼虫，此时体长可达 4～5 mm。肉眼可见其前端稍尖部分为头部，上有一黑色斑点即为口器。口器后面有一对透明的唾液腺，透过体壁可见到一对生殖腺位于躯体后半部上方的两侧，精巢较大，外观上是一明显的黑点，而卵巢则较小，可以此作为鉴别。幼虫活动力强而贪食，它们在培养基上爬行时，留下很多条沟，沟多而且宽时，表明幼虫生长良好。

蛹：三龄幼虫化蛹前从培养基上爬出，附着在瓶壁上，逐渐形成一梭形的蛹。在蛹前部有两个呼吸孔，后部有尾芽，起初蛹壳颜色淡黄而柔软，以后逐渐硬化，变为深褐色，表明即将羽化了。

成虫：幼虫在蛹壳内完成成虫体型和器官的分化，最后从蛹壳前端爬出。刚从蛹壳里羽化出来的果蝇虫体比较长，翅膀尚未展开，体表尚未完全几丁质化，故呈半透明的乳白色。透过腹部体壁，可以看到黑色的消化系统。不久，变为短粗圆形，双翅展开，体色加深，如野生型初为浅灰色，然后呈灰褐色。

本实验拟对黑腹果蝇野生型及若干突变型进行实验室培养，学习转瓶、麻醉等常用果蝇实验技术，观察、比较各种果蝇的形态特征。难点在于快速掌握果蝇的麻醉、转瓶技术以及准确辨别果蝇的各个突变性状（图 4-4）。

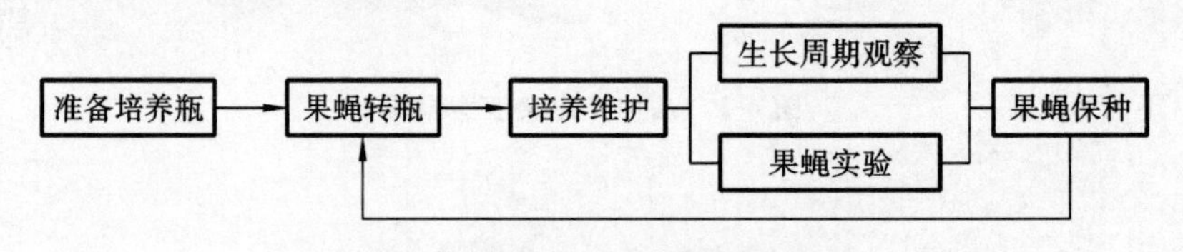

图 4-4 果蝇培养与观察实验流程图

三、实验仪器与材料

1. 实验试剂　果蝇培养基、乙醚、二氧化碳等。
2. 实验仪器　双目解剖镜、放大镜、小镊子、麻醉瓶、滤纸、毛笔等。
3. 生物材料　黑腹果蝇。

四、实验操作与步骤

（一）培养基的配制

A：蔗糖 6.2 g，加琼脂条 0.62 g，再加水 38 mL。煮沸溶解。

B：玉米粉 8.25 g，加水 38 mL，搅拌均匀，加热。

A、B 混和加热成糊状后，冷却，50 ℃左右加 0.5 mL 丙酸，充分混匀后，再加 0.7 g 酵母粉，搅拌均匀后，趁热分装至指型管中，每管约 2 cm 厚。待培养基冷却凝固后，用棉花吸干内管壁上的水分。每个瓶子准备一白色有空瓶塞，中间的小孔用棉花塞住。

配制好的培养基在 0.1 MPa、121 ℃，高压灭菌 20 min，冷却、干燥后待用。

（二）果蝇培养

用二氧化碳将果蝇麻痹，在二氧化碳操作台上挑选 3～5 对雌雄果蝇转入待用培养基中，置于 25 ℃进行培养，根据其生长周期，隔一定时间观察其生长情况（参见图 4-3）。

（三）果蝇的性状观察

对果蝇进行检查与观察时，可用二氧化碳麻醉后，置于操作台上用体式显微镜进行观察。

果蝇的麻醉也可用乙醚。果蝇对乙醚很敏感，易麻醉，麻醉的深度看实验的要求而定（做种蝇时以轻度麻醉为宜，做观察可深度麻醉，致死也无妨。果蝇翅膀外展 45°角表示已死亡）。乙醚麻醉的操作步骤如下。

1. 轻摇或轻拍培养瓶使果蝇落到培养瓶底部。
2. 右手两指取下培养瓶塞中间的棉花，迅速将麻醉瓶口于培养瓶口对接严密。
3. 左手握紧两瓶接口处，倒转使麻醉瓶在上。
4. 用黑纸或双手遮住培养瓶，使果蝇趋光自动飞入麻醉瓶中。
5. 当果蝇进入麻醉瓶后，迅速分开，将两瓶各自盖好。然后再将麻醉瓶的果蝇拍到瓶底，迅速拔开棉花塞子，在塞子上滴几滴乙醚，重新塞上麻醉瓶。
6. 观察麻醉瓶中的果蝇，约半分钟后果蝇便不再爬动，转动瓶子，果蝇在瓶壁上站不稳，麻醉就算成功了，即可倒在白色滤纸上进行观察。
7. 果蝇麻醉状态通常可维持 5～10 min，如果观察中苏醒过来，可进行补救麻醉，即用一平皿，内贴一带乙醚的滤纸条，罩住果蝇，形成一临时麻醉小室。

（四）记录观察结果

1. 将麻醉后的果蝇倒在白色滤纸上进行观察，分辨雌雄蝇。
2. 观察各种突变体果蝇的形状特征，并将之与野生型相比较。
3. 观察完毕，将全部果蝇倒入酒精瓶中（死蝇盛留器），统一处理。

五、实验结果与讨论

1. 以图片显示野生型果蝇各部分结构，包括复眼、触角、口器、翅、平衡棒、刚毛、腹节、腹片等结构。
2. 以图片显示野生型与所观察的突变型果蝇的性状区别。

六、参考资料

Sylwester Chyb，Nicolas Gompel. Atlas of Drosophila Morphology[M]. NewYork，Academic Press，2013.

实验五
斑马鱼的人工饲养及繁殖

一、实验目的

1. 掌握斑马鱼的人工养殖条件及饲养技术。
2. 掌握斑马鱼的人工繁殖技术。
3. 掌握斑马鱼胚胎发育各个阶段的特点。

二、实验原理与设计

斑马鱼(*Danio rerio*)是一种世界上广泛分布的热带淡水鱼,属于鲤科(Cyprinidae),䱗属(*Danio*)。成鱼体呈长梭形,长可到 3～5 cm,因有多条深蓝色横向条纹直达尾鳍,满身条纹似斑马而得名:Zebrafish。成体雌鱼为银灰色,腹部膨大;成体雄鱼颜色偏黄,腹部扁平(图 5-1)。斑马鱼 2.5～3 个月可以达到性成熟,1 周可交配 1 次,产大约 200 颗鱼卵,一代可生存 3～5 年。斑马鱼因其饲养成本低,管理较为方便,可常年产卵,生殖周期短,而且其胚胎透明,在体外发育,方便研究人员对其进行观察、操作等,目前已成为神经系统、免疫系统、心血管系统、生殖系统等多种系统发育、基因功能、疾病发生机制研究中常用的模式生物,并已应用于小分子化合物的大规模新药筛选。

雌鱼

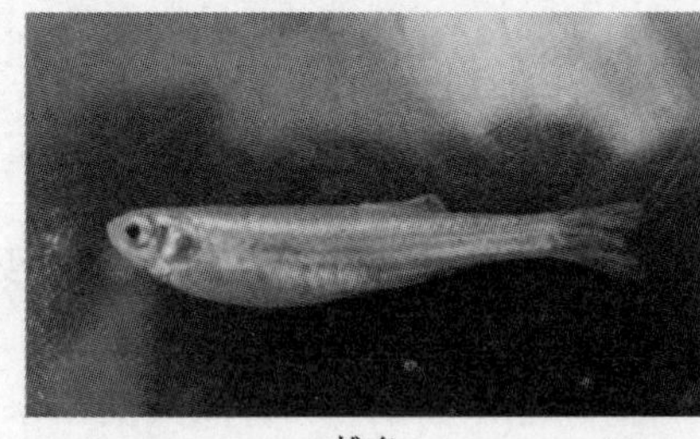

雄鱼

图 5-1　雌雄斑马鱼外形图

斑马鱼受精卵直径约为 0.7 mm,主要分为动物极(含遗传物质)和植物极(含卵黄物质)两个部分。在 28.5 ℃的标准培育温度下,卵受精 45 min 后开始第一次分裂,进入卵裂期;受精后 2 h,受精卵完成 5 次垂直分裂和 1 次水平分裂形成 64 细胞的囊胚;随后两极开始不同步的细胞分裂,细胞逐渐向植物极外包,于 5.5 h 后达到赤道板,开始原肠期阶段的发育；细胞分裂在外包过程中同时在特定的区域内卷，形成三胚层结构；10 h 后原肠胚发育完成并开始形成体节，出现尾芽；12 h 后背侧外胚层内陷形成神经索，进入神经胚阶段，也称体节期；到 16 h 各个主要器官开始发生，循环系统血液和血管前体细胞开始发育和分化；20 h 开始有色素沉着；24 h 心脏开始跳动，出现血液循环，脑室开始分区；48 h 后，幼鱼开始出膜；4～5 天幼鱼开始进食。斑马鱼胚胎发育过程中各时期主要特征见图 5-2。

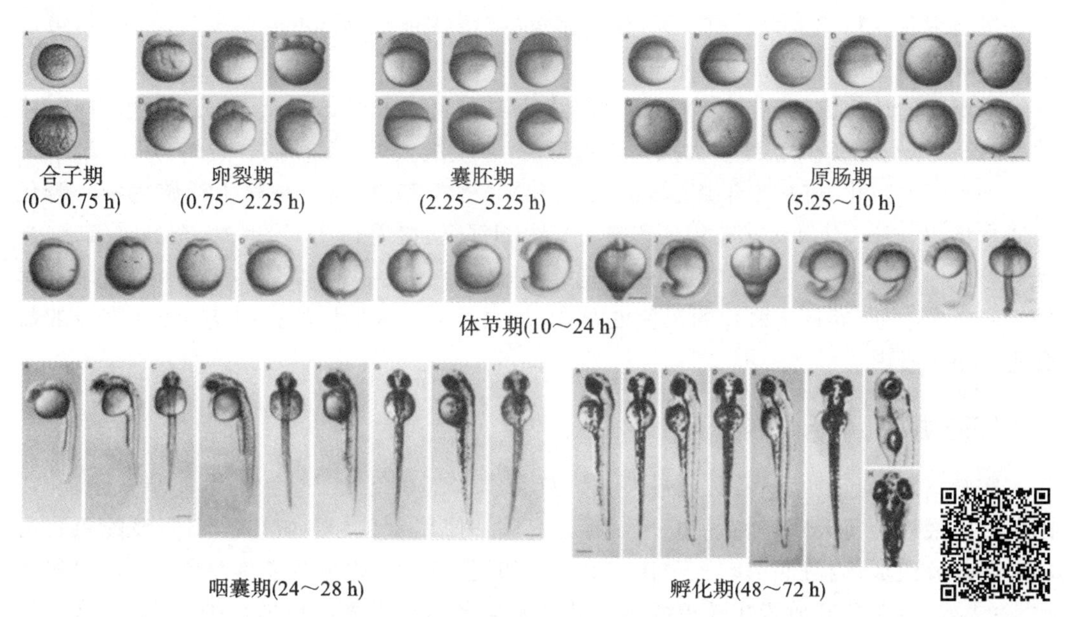

图 5-2 斑马鱼胚胎发育过程

本实验拟从斑马鱼受精卵发育开始进行孵化、培养，直到斑马鱼幼鱼能够与其他成鱼一样开始进食丰年虫等食物。此阶段是斑马鱼胚胎发育的关键时期，也是最佳的观察时期，但由于斑马鱼幼鱼的生长受环境因素影响很大，很容易死亡，给幼鱼的培养带来了一定难度(图 5-3)。

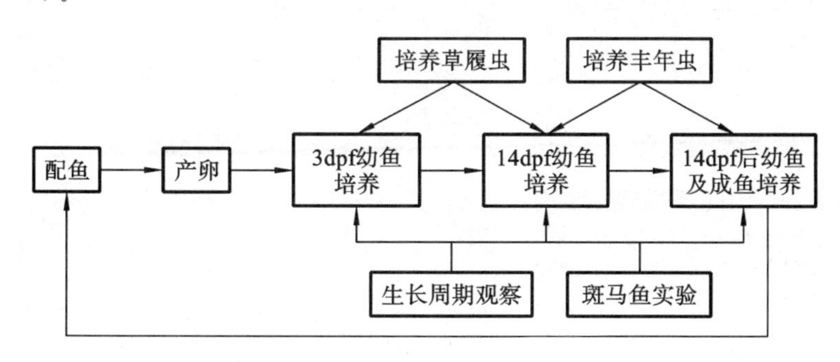

图 5-3 斑马鱼人工饲养实验流程图

三、实验仪器与材料

1. 实验试剂 NaCl，$NaHCO_3$，亚甲基蓝，次氯酸钠溶液等。

2. 实验仪器　斑马鱼循环养殖系统，配鱼缸，培养皿，吸管，鱼捞，恒温培养箱等。

3. 生物材料　AB品系野生型斑马鱼。

四、实验操作与步骤

（一）饵料的孵化

斑马鱼在受精卵发育后前3天，依靠卵黄的营养维持生活，不需要投食；3天后，可以喂食草履虫，2周后可以喂食丰年虾。

草履虫的培育方法：在2 000 mL的大烧杯中装约1 800 mL水，加入适量酵母粉，接种200 mL长势较好且密度较大的草履虫母液，盖上纸板，28 ℃恒温静置培养5～7天。

丰年虾的孵化方法：丰年虾（brine shrimp）又称丰年虫，是一种海生浮游生物。孵化时通常将30 g NaCl和3 g丰年虾卵与1 L水相混合，接着在28 ℃恒温、充分充氧、强光光照等条件下孵化24～30 h，然后停止充氧，静置20 min后，收集孵好的丰年虾，用密集的筛网富集小虾，弃掉未孵化的黑色虫卵，以及漂浮的空壳，冲洗2～3遍，洗掉多余的盐分后可用于投喂。

（二）配鱼及胚胎收集

实验室斑马鱼的繁殖常常通过人工繁殖完成。斑马鱼人工繁殖的第一步就是配鱼。配鱼时间最好在每天喂完晚餐30 min后。配鱼常使用专用配鱼缸（图5-4），该配鱼缸由内外两部分组成，内缸底部有孔洞让产出的鱼卵沉入缸底，避免被亲鱼吞食。每缸以雌雄比1∶1或2∶1分开放置在隔板两侧。第二天早晨鱼接受光照后即可抽去隔板，这时雄鱼开始追逐雌鱼，一般在15 min后开始产卵。如果需要收集同一时期的胚胎，则抽板后每15 min收集一次胚胎。

图5-4　斑马鱼配鱼缸

（三）斑马鱼胚胎发育观察

将收集的鱼卵置于添加了适量亚甲基蓝的循环系统水中，去除其中的死卵(常为不透明白色卵)以及粪便后，将其转移到 28.5 ℃的恒温箱中培养。定期在显微镜下观察斑马鱼各个发育时期的特征并做好记录。

注意：

①培养液中加入亚甲基蓝可抑制霉菌生长。

②早晚换水并去除死卵，如若不及时清除死卵，可能导致霉菌生长，造成更多胚胎死亡。

③胚胎 48 h 候开始脱膜，每天需及时将脱下的卵膜清除。待到 4～5 天后小鱼开口可进食草履虫时，将小鱼转移到鱼缸中。

（四）幼鱼的饲养

4 天的幼鱼开始每天喂食人工培养的草履虫 3 次，每升水每次 5 mL。10 天后，开始用草履虫和丰年虾混合喂养。14 天左右，待幼鱼可全部吃丰年虾时，可上架至循环系统中跟成鱼一起喂养。

注意：鱼缸滤网孔径大小应随幼鱼生长及时进行更换。

（五）成鱼的饲养

斑马鱼的最适生长温度为 28.5 ℃，光周期保持 14 h 光照/10 h 黑暗交替循环。养殖密度最好控制在每升水 4 尾左右。斑马鱼饲养用水用固体 NaCl 调节电导率，使其保持在 500 μS/cm 左右，pH 值用 $NaHCO_3$ 调节保持在 7.2～8.0。

每天需定时定量投喂丰年虫或冰冻红虫 3 次。三餐时间分别控制在 9 时/13 时/18 时为宜。喂食前停止循环水，便于斑马鱼充分取食，充足的食物才能保证斑马鱼较快地生长，从而保证较高的产卵数量和质量，待其进食充分后再开启循环水(图 5-5)。

图 5-5　斑马鱼养殖系统

五、实验结果与讨论

对照图 5-2，观察斑马鱼胚胎发育不同时期的特点，并用自己拍的图片显示观察结果。

六、参考资料

Kimmel CB, Ballard WW, Kimmel SR, et al. Stages of embryonic development of the zebrafish[J]. Dev. Dyn. 1995 Jul;203(3):253-310.

实验六
小鼠的饲养管理及基本实验操作

一、实验目的

1. 掌握小鼠的饲养、繁殖和日常管理方法。

2. 掌握小鼠的基本实验操作方法，包括小鼠的抓取和固定、标记和性别鉴别、给药（灌胃、腹腔注射、尾静脉注射）、取血（眶后静脉丛、尾静脉、摘眼球）、处死等。

二、实验原理与设计

小鼠（*Mus miuscμLus*，Mouse）在分类学上属于哺乳纲（Mammalia）、啮齿目（Rodentia）、鼠科（Muridae）、小鼠属（Mus）。小鼠有 20 对染色体（$2n=40$），推测有 3 万多个基因，是世界上研究最详尽、用量最大、品种最多的哺乳类实验动物。在生物学、医学、兽医学、教学、药品、生物制品研究和鉴定等方面有着广泛的应用。人们将小鼠作为模式生物进行研究已有 100 多年历史，通过连续 20 代（或以上）同窝雌雄鼠交配（或亲代和子代交配）培育，建立了 400 多个近交系小鼠，6 000 多个突变品系。这些小鼠具有遗传背景均一、容易饲养、繁殖能力强等优势。作为使用最广泛的可以进行基因敲除的脊椎动物，99%已研究的小鼠基因组序列能够在人类中找到同源序列，且小鼠的生理生化指标和调控机制与人类相似，非常适合作为人类疾病的动物模型。当前，人们应用转基因技术、基因敲除和基因敲入技术构建疾病的小鼠模型，在揭示人类疾病发病过程理解疾病发生的病理机制方面发挥着重要作用，也在人类疾病的预防和治疗研究中起到不可替代的作用。

一般实验用小鼠胚胎期为 19～21 天，哺乳期为 21 天左右，出生后 4～8 周为生长期，8 周左右性成熟，2～3 个月为成年期，4 个月后逐渐进入中年期，6 个月后进入老年期，健康小鼠寿命可达 18～24 个月，最长可达 3 年。

实验用小鼠种类很多，本实验方案使用 SPF 级饲养的 C57BL/6 小鼠进行实验。C57BL/6 小鼠是一种常见的近交品系实验鼠，在遗传学试验中广泛用作转基因鼠以模拟人类的基因缺陷类疾病，因其可用作同类系、易于繁殖和体格健壮等特性，是使用范围最广的一支鼠株品种（图 6-1）。

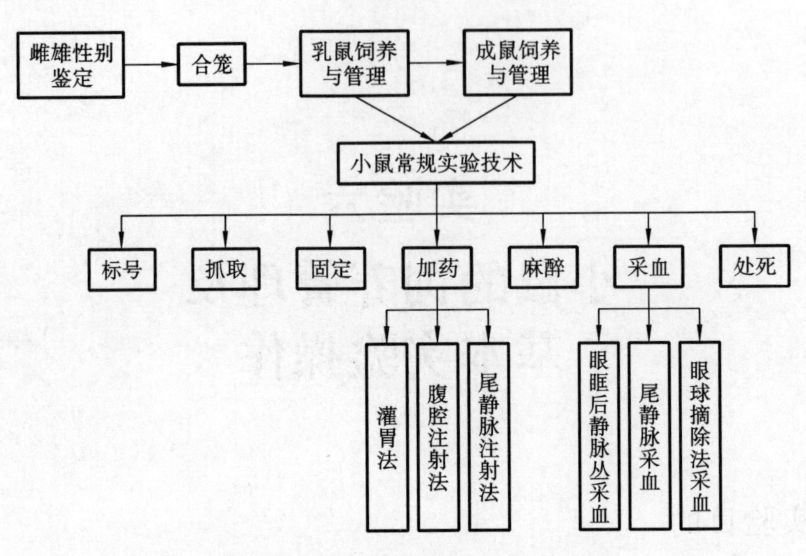

图 6-1 小鼠饲养管理及常规实验技术

三、实验仪器与材料

1. 实验试剂 碘伏消毒液、10%水合氯醛、生理盐水、75%酒精等。

2. 实验器材 小鼠独立通风饲养系统(IVC)、解剖剪、解剖镊、眼科镊、耳标钳、耳标、灌胃针、1 mL 注射器、抗凝管、小鼠固定器、毛细采血管、消毒纱布、天平等。

3. 生物材料 SPF 级饲养的 C57BL/6 小鼠雌雄各一只(图 6-2),对小鼠的处理操作均按照相应动物管理及伦理学的有关规定进行。

四、实验操作与步骤

操作视频

(一) 实验用小鼠饲养、繁殖的基本条件

1. 环境要求 实验用小鼠采用 SPF 级饲养,饲养最佳温度为 20～26 ℃,相对湿度为 50%～60%。

2. 笼具和垫料 小鼠饲养于独立通风 IVC 饲养系统(图 6-3),采用符合国家标准的无毒塑料鼠盒,金属笼架,塑料笼盖,塑料饮水器。垫料采用刨花或锯末。笼具和垫料在使用前需进行高压灭菌处理。

3. 饲料和饮水 小鼠饲喂灭菌全价营养颗粒饲料,饮水必须饮用无菌水(0.1 MPa、121 ℃,高压灭菌 20 min)。

(二) 小鼠基本饲养过程

1. 饲养和日常管理 小鼠需每周更换垫料和饮用水,每天对小鼠进行观察,检查鼠盒内是否出现异常,饮用水和饲料余量,小鼠数量是否正确,小鼠健康状况如何,是否有实验或其他原因引起的死亡。如有异常需及时清理。

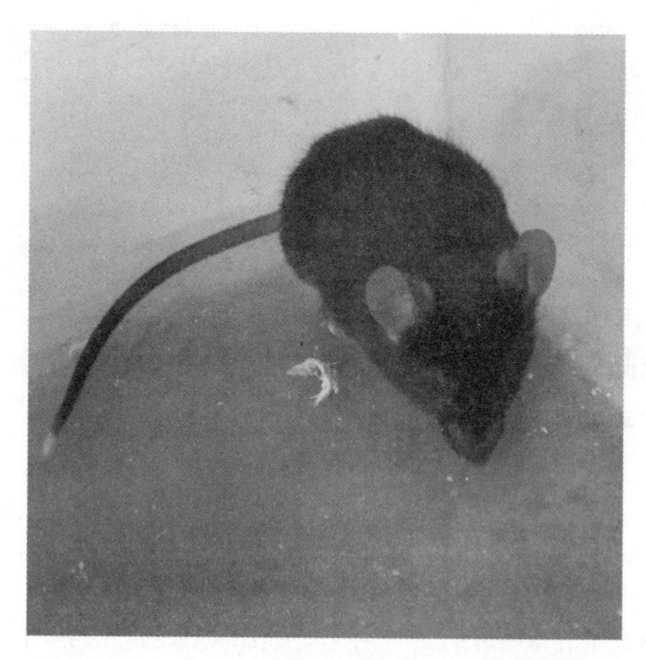

图 6-2　黑色 C57BL/6 小鼠

图 6-3　小鼠独立通风 IVC 饲养系统

2. 繁殖

（1）性别鉴别

成年雌性小鼠可见阴道开口和乳头，雄性小鼠的阴囊明显。仔鼠或幼鼠从外生殖器与肛门的距离判定，近者为雌性，远者为雄性。例如：图 6-4 中小鼠生殖器与肛门很近，为雌鼠；图 6-5 中生殖器与肛门较远，且阴囊特征明显，为雄鼠。

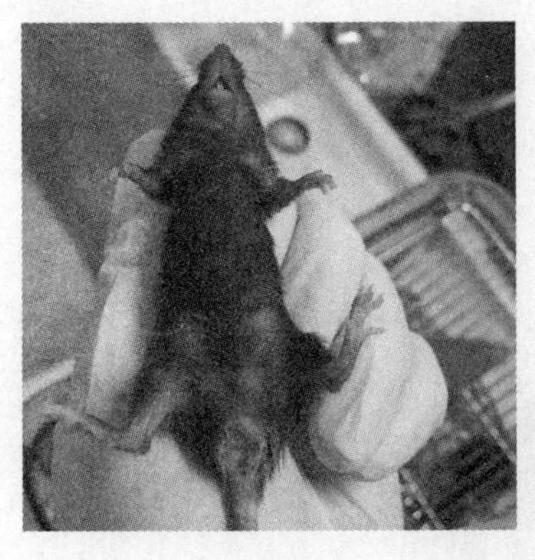

图 6-4　雌鼠

图 6-5　雄鼠

(2) 合笼交配

将 1 只性成熟雄鼠与 1～3 只性成熟雌鼠合笼，小鼠交配后，由于精液在阴道内凝固，如一白色栓塞堵在阴道中，形成阴栓。且小鼠的阴栓比较牢固，可在阴道内存留 1～2 天。一般每天早上检查阴栓的有无即可判断雌鼠是否受孕。小鼠妊娠期 18～21 天。

3. 乳鼠培养　小鼠新生乳鼠哺乳期 21 天左右，一般由母鼠哺乳喂养，不需要额外供给食物。出生后 1 周内最好不要对小鼠进行换垫料、移动等操作，容易影响母鼠的情绪，从而出现母鼠吃掉新生后代的现象，逼不得已要进行实验操作时，一定要轻拿轻放。

新生小鼠出生 1 周后，可进行相关的实验操作，包括给小鼠进行标号。在新生小鼠年龄达到 21 天左右时，新生小鼠结束哺乳期，不再需要母乳喂养，需及时将新生小鼠进行分笼，雌雄小鼠应该各分一笼。此分笼的小鼠与成年小鼠一样正常养殖，留做实验(图 6-6)。

图 6-6　新生乳鼠

4. 标号　小鼠出生后 7～14 天内，此时小鼠的痛觉没有发育完全，适合根据实验的需要剪脚趾，或用耳标钳打耳标进行标号。做标号时先将小鼠固定后(如图 6-7 所示)再进行标号。

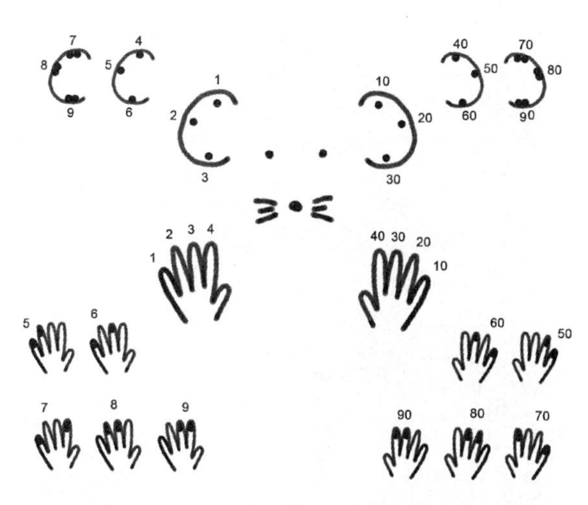

图 6-7 小鼠剪脚趾标号示意图

（三）常用小鼠实验操作

1. 抓取　在大多数小鼠实验中，都需要先对小鼠进行抓取，以便于后续实验操作。如图 6-8 所示，用右手抓住小鼠的尾根部将其放在粗糙平面上，在小鼠挣扎向前爬行时，用左手的拇指和食指抓住小鼠两耳及其间的颈部皮肤，翻转左手，将小鼠置于左手掌心，然后用左手小指和无名指压住尾根部，使小鼠呈一条直线，确保小鼠头部不能自由转动。

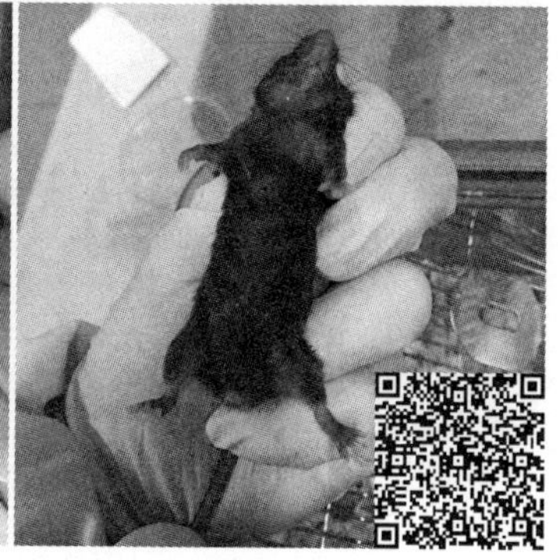

图 6-8 小鼠的抓取

2. 固定　在一些较复杂的小鼠实验中，如解剖、取血等，需要对小鼠进行固定，以方便后面实验操作。如图 6-9 所示，将小鼠麻醉后置小鼠固定板上，取仰卧位，用橡皮筋或胶布缠粘四肢固定在小鼠固定板上。

3. 灌胃法　将灌胃针安装在注射器上，吸入药液；左手抓取小鼠固定，使其头、颈和身体呈一条直线；右手持灌胃针注射器，将灌胃针沿一侧口角进针插入小鼠口中，紧贴咽后壁，头后仰以便伸直消化道，进针 2/3 后灌生理盐水 0.1～0.8 mL（图 6-10）。

注意：进针时，若感到阻力或小鼠挣扎剧烈时，应立即停止进针或将针拔出，以免损伤或者穿破食道以及误入气管。

4. 腹腔注射　小鼠腹腔注射用 1 mL 的注射器吸取药液，排除注射器内空气；用左手

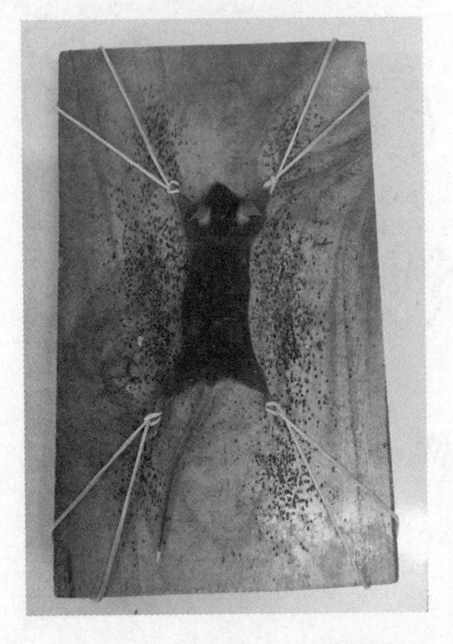

图 6-9 小鼠固定

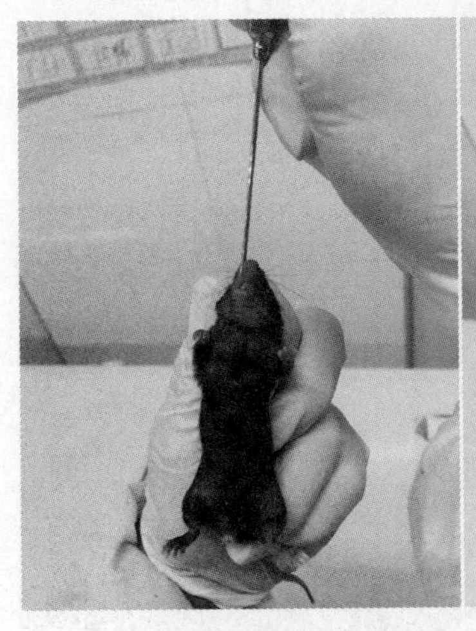

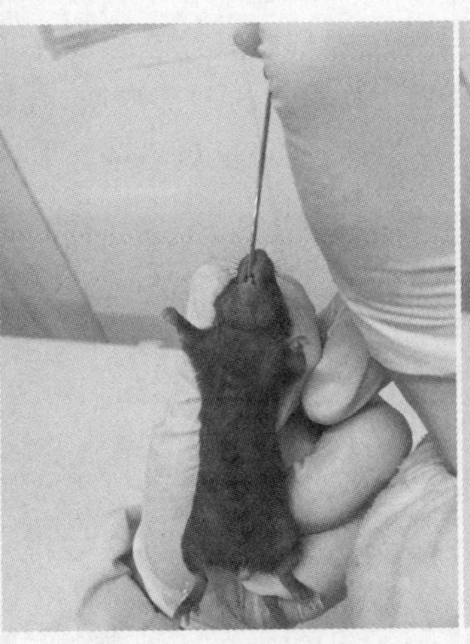

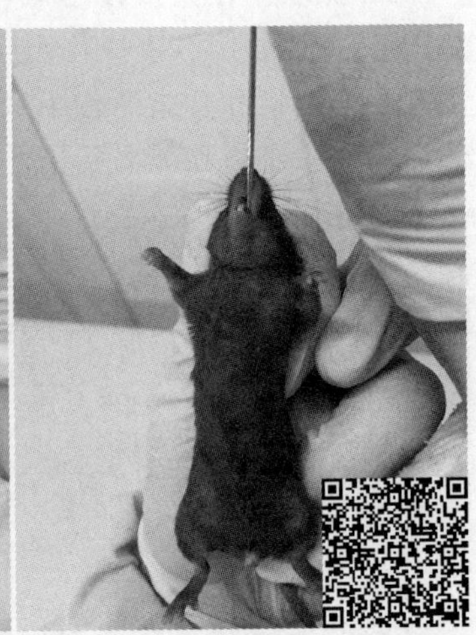

图 6-10 小鼠灌胃

抓住小鼠，使其腹部向上，头部向下，使腹腔中的器官自然倒向胸部，防止注射器刺入时损伤内脏器官；腹腔注射时，注射部位消毒后，针与腹部成 45°从下腹部的两侧进针刺入皮下，将针头向前推 0.5～1.0 cm；进针后稍微晃动针，如无黏滞感则可注射药物；注射完药物后，缓缓拔出针头，并轻微旋转针头，防止漏液（图 6-11）。

5. 尾静脉注射 小鼠的尾部有四根明显的血管，其中腹侧的一根为动脉，背部的一根为静脉，两侧还各有一根静脉。操作时，先将动物固定在固定器中（如图 6-12），动物身体被固定住，而尾部充分暴露出来。尾部用 45～50 ℃的温水浸泡半分钟或用酒精棉球擦拭使血管扩张，并可使表皮角质软化，用左手无名指从下边托起尾巴，以拇指和小拇指夹住尾巴的末梢，右手持注射针，沿与静脉平行方向，从尾下 1/4 处进针，针头刺入后，轻推

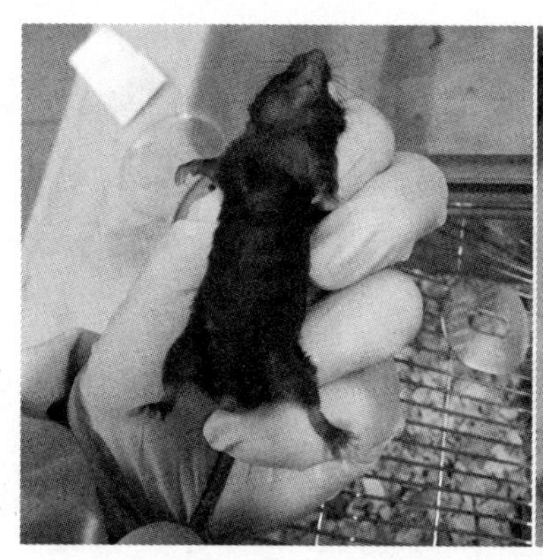
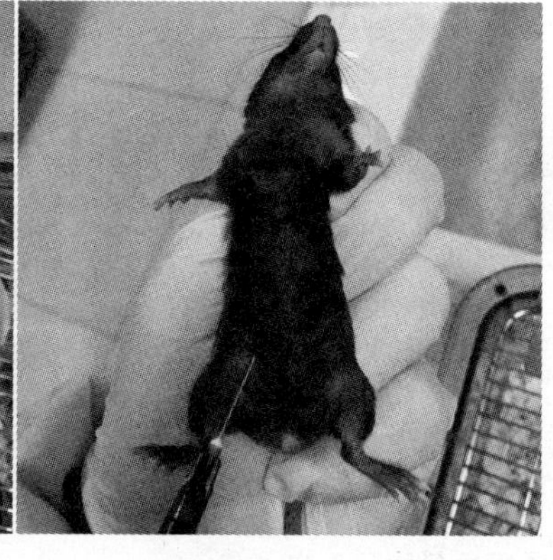

图 6-11 小鼠腹腔注射

药液，若无阻力，表示针头已在静脉中，可继续缓缓推入药液。若轻推药液后阻力较大，而且有白色隆起，说明注射到皮下，需拔出针重新刺入。注射完毕拔出针头，用无菌棉球压迫止血。如需反复注射，应从尾末端开始进针，逐渐向尾根部移动。

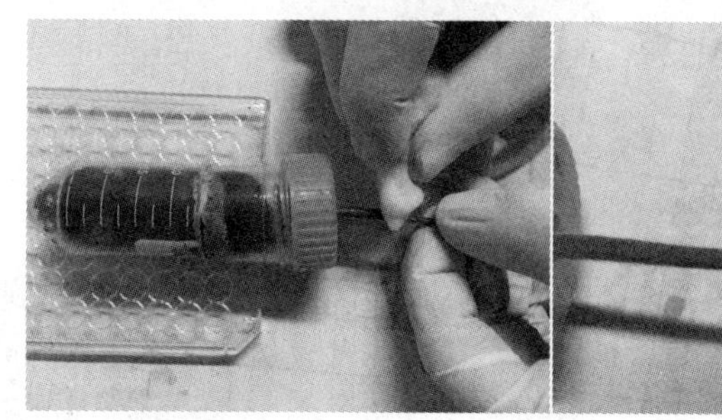
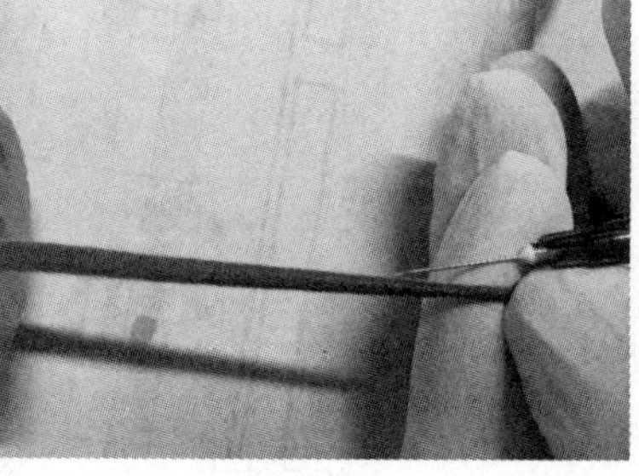

图 6-12 小鼠尾静脉注射

6. 采血

（1）眼眶后静脉丛采血 用一只手固定小鼠，食指和拇指轻轻压迫颈部两侧，使眶后动静脉充血，另一只手持玻璃制的毛细采血管（直径约 1 mm）以大约 45°角从内眼角刺入，并向下旋转，感觉刺入血管后，再向外边退边吸，使血液顺着血管流入小管中，当得到所需血量后，放松颈部的压力，并拔出采血器，以防穿刺孔出血。采血后，用消毒纱布压迫眼球止血 30 s。若技术熟练，此方法在短期内可重复采血，小鼠一次可采血 0.2～0.3 mL（图 6-13）。

（2）尾静脉采血 此种采血方法采血量很少，1～2 滴，可以做试纸检测血糖、血涂片等实验。小鼠固定后，用酒精擦拭尾尖，使血管扩张，然后剪去尾尖 1～2 mm（如图6-14），血液即可流出。若剪尾后，未见血，可用手沿尾根部至尾尖部捋尾巴，血液即可流出，取血后用干棉球压迫止血。

（3）眼球摘除法采血 若一次性采血，可选择摘眼球法从眶动脉或眶静脉采血。取血时用左手固定小鼠，使小鼠头部皮肤绷紧，眼球突出，右手持眼科弯镊夹住眼球根部（如图 6-15），将眼球迅速摘出，并立即将小鼠倒置，头朝下使眼眶内动静脉血液流入容器。

7. 麻醉 10%水合氯醛腹腔麻醉：小鼠称体重后，按 3～5 mL/kg 的药量腹腔注射给药。一般小鼠体重不会超过 30 g，所给 10%水合氯醛一般不会超过 0.1 mL。在经腹

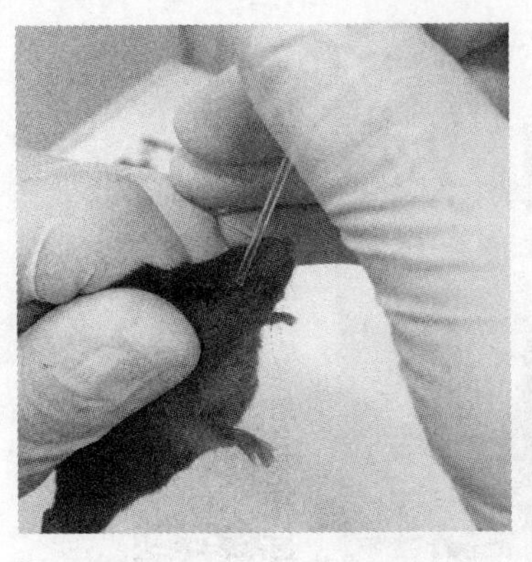

图 6-13 小鼠眼眶后静脉丛采血

图 6-14 小鼠尾静脉采血

腔注射 10%水合氯醛 5 min 左右，即可对小鼠麻醉情况进行检查。如图 6-16 所示，可以用镊子轻夹小鼠的四趾脚趾，如果夹捏后小鼠无任何反应，则判断小鼠进入深麻状态。

图 6-15 小鼠眼球摘除法采血

图 6-16 检测小鼠麻醉

8. 处死 小鼠做完实验后，如果需要处死，可以采用脊椎脱臼法处死。如图 6-17 所示，按住头部，将尾根部向后上方以短促的力量拉即可致死。

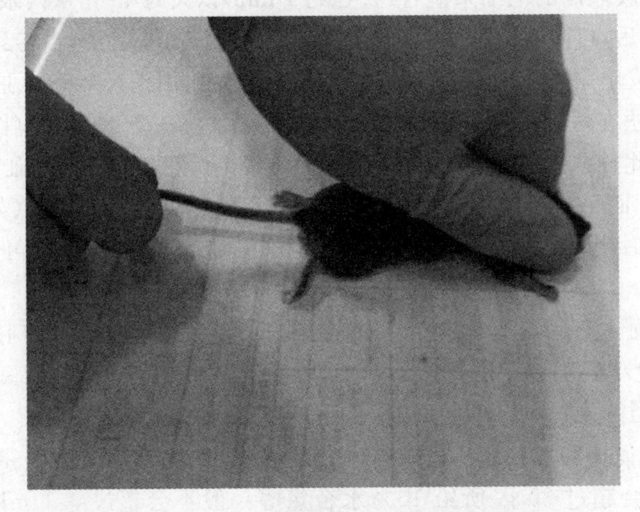

图 6-17 脊椎脱臼法

五、实验结果与讨论

1. 熟练掌握小鼠的抓取、固定、灌胃、腹腔注射、采血、麻醉、处死等操作步骤，简述其操作过程。

2. 除了腹腔注射外，还有哪些常用注射给药方法，简述其操作方法。

六、参考资料

[1] 何诚.实验动物学[M].北京:中国农业大学出版社,2013.

[2] 付雷.几种重要模式动物的研究简史[J].生物学教学,2011,10.

实验七
质粒的大量提取纯化与分析

一、实验目的

1. 掌握碱裂解法大量提取质粒的基本原理及实验操作。

2. 掌握聚乙二醇沉淀法纯化质粒的基本原理及实验操作。

二、实验原理与设计

质粒(Plasmid)是独立于染色体或核区DNA之外的能自主复制且稳定遗传的DNA分子，大多为环形结构，主要存在于细菌、放线菌、真菌以及一些动植物细胞的细胞器中，在细菌细胞中最多，一般以游离超螺旋状态存在。

在基因工程中，常用人工构建的质粒作为目的基因的载体，其结构集多克隆酶切位点、抗生素耐药性基因等多种有用的特征于一体，是目的基因重组、扩增、表达、筛选等重要实验载体，制备高质量质粒是生物学基本实验技能之一。

在制作酶谱、测定序列、制备探针、高效转染哺乳动物细胞等实验中常常需要高纯度、高浓度的质粒DNA，目前实验室中应用广泛、经济可靠的非试剂盒大量提取、纯化质粒的实验策略一般为碱裂解法粗提加聚乙二醇沉淀法纯化。

(一) 碱裂解法粗提质粒

该法是基于染色体DNA与质粒DNA变性与复性的差异而达到分离目的的。在强碱性条件及强阴离子活性剂下，染色体DNA和质粒DNA都会发生氢键断裂，双螺旋结构解开等变性现象，但质粒DNA的超螺旋共价闭合环状结构的两条互补链不会完全分离，因此，当用NaAc/KAc酸性高盐缓冲液将酸性溶液中和至中性时，变性的质粒DNA又恢复到原来的构象并溶解在溶液中，而染色体DNA不能复性，并与变性蛋白质相互缠绕形成大型复合物，该复合物先被十二烷基硫酸钠包盖，当用钾离子取代钠离子时，会从溶液中被有效沉淀下来，通过离心即可除去，从而将质粒DNA分离出来。

(二) 聚乙二醇沉淀法纯化质粒

聚乙二醇(PEG)为水溶性非离子型聚合物，具有各种不同的相对分子质量，可引起水溶液中大分子溶质分子的聚合，用于质粒 DNA 沉淀的 PEG 相对分子质量一般为 6 000～8 000。经多次实验证明，在室温下，40%的 PEG 8000 加上 30 mmol/L $MgCl_2$ 可以得到较高浓度及纯度的质粒 DNA，可用于所有分子克隆中的酶学反应及高效转染哺乳动物细胞。

本实验方案拟从 300 mL 菌液中，提取总量为 300～500 μg，A_{260}/A_{280} 在 1.80 左右的 pEGFP-N1(图 7-1)。

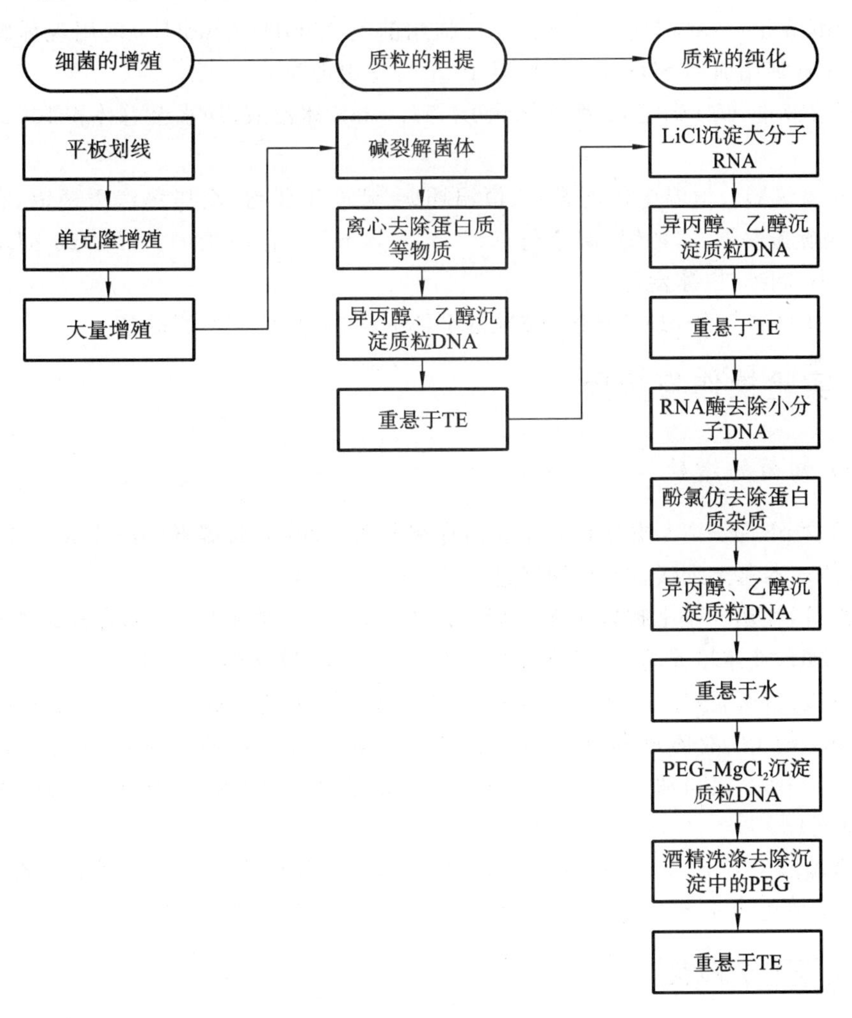

图 7-1 质粒提取实验流程图

在碱裂解菌体的过程中，如果菌体数量过多，裂解液不足，反而会因菌体裂解不充分，极大地影响质粒 DNA 的最后得率，因此可以在本方案的基础上，尝试研究不同菌体数量-裂解液体积-质粒 DNA 得率之间的关系，优化实验条件，提高质粒 DNA 的提取质量。

三、实验仪器与材料

1. 实验试剂 LB 液体、固体培养基、碱裂解液Ⅰ、碱裂解液Ⅱ、碱裂解液Ⅲ、酚/氯仿液(1∶1,V/V)、TE缓冲液(pH 8.0)、STE缓冲液(pH 8.0)、溶菌酶溶液(10 mg/mL,pH 8.0)、LiCl(5 mol/L)、PEG-$MgCl_2$溶液、琼脂糖、DL 5000 DNA相对分子质量标准、50×TAE、GelRed®荧光染料、10×上样缓冲液等。

部分试剂配制方法如下。

碱裂解液Ⅰ:葡萄糖(50 mmol/L),Tris-HCl(25 mmol/L,pH 8.0),EDTA(10 mmol/L,pH 8.0)。0.1 MPa高压蒸汽灭菌20 min,于4 ℃保存。

碱裂解液Ⅱ:NaOH(0.2 mmol/L)(临用前用NaOH(2 mol/L)现用现稀释),SDS(1%,m/V)(临用前用SDS(10%)稀释10倍),现用现配。

碱裂解液Ⅲ:60 mL乙酸钾(5 mol/L),11.5 mL冰乙酸,加水至总体积100 mL,保存于4 ℃。

2. 实验仪器　恒温生化培养箱、恒温摇床、超净工作台、高压蒸汽灭菌锅、高速冷冻离心机、涡旋振荡器、水浴锅、离心管(1.5 mL、50 mL)、移液枪(10 μL、100 μL、1 mL、5 mL)及吸头、制冰机、冰盒等。

3. 生物材料　含pEGFP-N1质粒的DH5α菌种,抗性为卡那霉素。

四、实验操作与步骤

(一) 细菌的增殖

1. 将含pEGFP-N1质粒的DH5α菌种在卡那抗性(卡那霉素终浓度为100 μg/mL)的LB固体培养基上划线,37 ℃倒置过夜培养(12～16 h)。

2. 次日,在培养基上挑取单个克隆,接种于5 mL卡那抗性(卡那霉素终浓度为100 μg/mL)的LB液体培养基中,37 ℃,220 r/min,过夜振荡培养(12～16 h)。

3. 取过夜的菌液以1∶100的比例接入灭菌并预热的卡那抗性(卡那霉素终浓度为100 μg/mL)的LB液体培养基中,37 ℃,220 r/min,振荡培养至细菌生长对数期晚期(A_{600}为0.6～0.8之间)时终止(总体积300 mL,尽量用大容器培养,保证细菌生长时有足够的氧气)。

4. 将菌液4 ℃下,5 000 r/min,离心15 min,分批收集菌体到6个50 mL的无菌离心管中。该菌体可溶于STE(pH 8.0)中,于－20 ℃或－80 ℃暂时保存。

(二) 质粒的粗提

1. 在收集的每管菌体沉淀中加入30 mL冰预冷的STE液,重悬菌体沉淀,形成混悬液。

2. 将重悬的菌液4 ℃下,以5 000 r/min离心15 min,弃上清液,敞开离心管口并倒置离心瓶于吸水纸上,使上清液尽量全部流尽。

3. 将细菌沉淀物重悬于5 mL冰预冷的碱裂解液Ⅰ中,涡旋振荡,充分混匀。

4. 加0.5 mL新配制的溶菌酶溶液(pH值8.0,当溶液的pH值低于8.0时,溶菌酶不能有效工作)。

5. 加10 mL新配制的碱裂解液Ⅱ。盖紧管盖,缓缓颠倒离心管数次,以充分混匀内容物，当液体由浑浊变澄清（菌体裂解充分）时即可进行下一步操作。

6. 加 7.5 mL 冰预冷的碱裂解液Ⅲ。盖紧管盖，温和颠倒、摇动离心管数次，使内容物充分混匀，置冰上放置 10 min，有大量白色絮状沉淀生成。

7. 4 ℃下以 12 000 r/min 离心 15 min。如果细菌碎片贴壁不紧，或上清液中仍有白色絮状沉淀，可以 12 000 r/min 再度离心 20 min。

8. 将上清液尽可能全部通过 4 层纱布过滤后移入另一干净 50 mL 离心管中。

9. 加 0.6 倍体积的异丙醇，充分混匀，室温放置 10 min。

10. 室温下，12 000 r/min 离心 15 min 回收核酸沉淀（注：必须是室温，4 ℃下离心会使盐也沉淀；通过 8～10 步的重复操作，可将 6 管上清液中的质粒 DNA 集中沉淀到 1 个新离心管中）。

11. 小心倒掉上清液，倒置离心管使残余上清液流尽，于室温用 70%乙醇洗涤沉淀和管壁两次。倒出乙醇，将离心管倒置于吸水纸上，直至乙醇挥发殆尽（核酸沉淀始终保持湿润）。

12. 用 3 mL 含 RNA 酶 A（20 μg/mL）的 TE（pH8.0）重新溶解质粒 DNA，混匀，室温消化 RNA 30 min。该溶液可置于－20 ℃暂时保存。

（三）质粒的纯化

1. 将 3 mL 粗制质粒转移到 50 mL 离心管中，在冰浴中冷却至 0 ℃。

2. 加入 3 mL 冰预冷的 5 mol/L LiCl，混匀，于 4 ℃，12 000 r/min 离心 10 min。

3. 转移上清液至另一 50 mL 离心管中，加等体积异丙醇，混匀，室温离心回收核酸，12 000 r/min 离心 15 min。

4. 小心倒去上清液，倒置管口，使液体流干，室温下用 70%乙醇清洗沉淀和管壁。小心将乙醇倒去，将离心管倒置于吸水纸上，直至乙醇挥发殆尽（核酸沉淀始终保持湿润）。

5. 用 500 μL 含 RNA 酶 A 的 TE 缓冲液（pH 8.0）溶解湿润的核酸沉淀。将溶液转移到微量离心管，室温放置 30 min。

6. 在质粒-RNA 酶 A 混合物中加入等体积的酚和氯仿，温和翻转数次混匀，于 4 ℃、12 000 r/min 离心 5 min，吸取上层水相放入另一无菌管中，用氯仿重复抽提一次。

7. 乙醇沉淀：在获取的上清液中加入 1/10 体积的 3 mol/L 的 NaAc（pH 5.2）及 2 倍体积的冰预冷的无水乙醇，混合后温和振荡混匀，置于－20 ℃中 15～30 min。

8. 于 4 ℃、12 000 r/min 离心 15 min，小心移出上清液，吸去管壁上所有的液滴。

9. 加入 1/2 离心管容量的 70%乙醇，12 000 r/min 离心 2 min，小心移出上清液，吸去管壁上所有的液滴。

10. 于室温下将开盖的 EP 管置于实验桌上以使残留的液体挥发至干。

11. 将质粒 DNA 沉淀用 1 mL 灭菌水溶解，加入 500 μL PEG-$MgCl_2$。

12. 室温放置超过 10 min，然后于室温下，12 000 r/min，离心 5 min 以回收沉淀的质粒 DNA，去除上清液。

13. 沉淀用 0.5 mL 70%的乙醇洗涤，以去除微量的 PEG，室温下，12 000 r/min，离心 5 min 回收核酸沉淀，去除上清液。

14. 重复步骤 13 进行第二次洗涤，去上清液后，使离心管开盖，室温放置 10～20

质粒4 质粒3 质粒2 质粒1 DNA Marker

图 7-2 质粒电泳图

min，使乙醇挥发，注意保持沉淀始终处于湿润状态。

15. 湿润的质粒沉淀用 500 μL TE 缓冲液（pH 8.0）溶解。

（四）质粒的分析

1. 琼脂糖电泳法　利用质粒 DNA 在琼脂糖电泳中与其他已经定量的 DNA（如 DNA 相对分子质量标准）之间亮度的比较，估计所提取质粒 DNA 的数量、纯度、形态等。参考结果如图 7-2 所示。

2. 分光光度计法　利用基于分光光度计原理的仪器定量分析质粒 DNA 浓度及纯度。常见仪器有：Eppendorf 核酸蛋白测定仪，Thermo Scientific 公司的 NanoDrop 2000C 超微量分光光度计、美国 Invitrogen Qubit® 2.0 荧光定量仪等。

五、实验结果与讨论

1. 所提取质粒的琼脂糖凝胶电泳图，对质粒 DNA 的数量、纯度、形态等方面进行相关说明与分析。

2. 使用仪器定量分析所提取质粒 DNA 浓度、纯度的相关数据及其分析。

六、参考资料

［1］　Birnboim HC, Doly J. A rapid alkaline extraction procedure for screening recombinant plasmid DNA[J]. Nucleic Acids Res. 1979 Nov 24;7(6):1513-23.

［2］　M. R. 格林（Michael R. Green），J. 萨姆布鲁克（Joseph Sambrook）. 分子克隆实验指南[M]. 贺福初译. 北京：科学出版社，2017.

实验八
人血液基因组 DNA 的提取、纯化与分析

一、实验目的

1. 掌握低渗法裂解红细胞的基本原理及实验操作。
2. 掌握 SDS 法裂解白细胞的基本原理及实验操作。
3. 掌握盐析法沉淀蛋白质、纯化 DNA 的基本原理及实验操作。

二、实验原理与设计

人血液组织由血浆和血细胞组成，血细胞包括红细胞、白细胞和血小板，约占血液容积的 45%，其中白细胞具有细胞核结构，使用恰当方法提取与纯化的人基因组 DNA，可以作为亲子鉴定、遗传分析、突变筛选、基因结构与功能等实验研究的基本材料。

从人血液组织中提取基因组 DNA 的基本策略，是在不损伤白细胞的情况下将红细胞温和裂解、除净，再裂解白细胞，经盐析、酚氯仿等方法去除蛋白后，得到纯化的基因组 DNA。

本实验使用低渗法裂解红细胞，其原理是：在去除了血浆的血细胞中，加入低于红细胞内渗透压的低渗溶液，使其细胞膜因胀破、损伤而发生溶血，再通过离心去除上清液中的红细胞碎片及血红蛋白等，得到白细胞沉淀，用于后续 DNA 的提取。裂解红细胞的低渗溶液主要由低浓度的氯化铵及三羟甲基氨基甲烷构成，既是可以导致红细胞膜破裂的低渗液，同时，NH^+ 可以直接进入红细胞，加大了红细胞内外渗透压差，促进红细胞的裂解。

白细胞的裂解使用 SDS 裂解法。SDS 是一类阴离子表面活性剂，高浓度的 SDS 能通过溶解细胞膜上的磷脂分子及膜蛋白，破坏细胞膜结构，使核内物质释放出来；同时，SDS 还能解聚细胞中的核蛋白，游离基因组 DNA。

与传统的酚氯仿法相比，盐析法沉淀细胞混合液中的蛋白质，具有无毒、得率高、操作简单等优点。本实验用酸性 KAc 高盐溶液使蛋白质沉淀，达到与水相中 DNA 分离的目的。酸性 KAc 高盐溶液在将溶液中和至中性的同时，其钾离子可以取代 SDS 中的钠离子，促使已经与 SDS 互相缠绕形成大型复合物的变性蛋白质更加有效地形成沉淀，通过离心即可去除，从而将 DNA 分离出来。

本实验方案拟从 1 mL 人抗凝血中，提取总量为 1～5 μg，A_{260}/A_{280} 在 1.80 左右，长度不小于 30 kb 的人基因组 DNA。具体流程如图 8-1 所示。

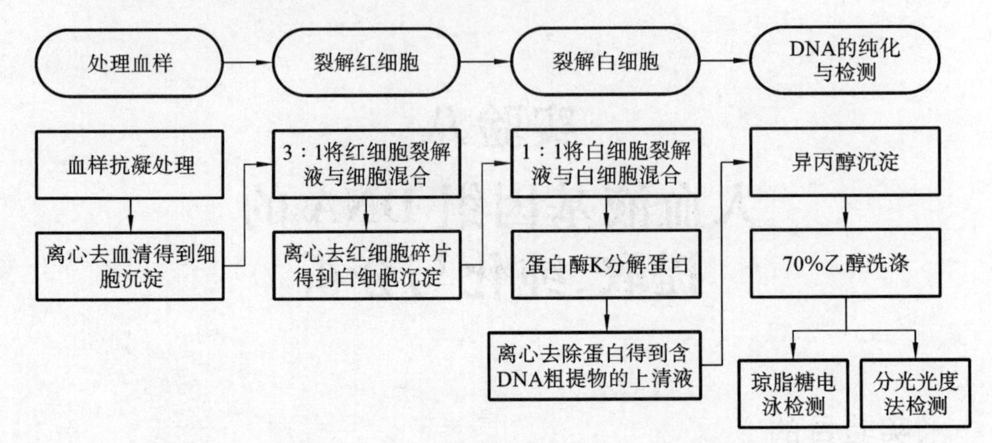

图 8-1　人血液基因组 DNA 提取实验流程图

三、实验仪器与材料

1. 实验试剂　红细胞裂解液(RBC)、白细胞裂解液(WBC)、蛋白沉淀液(PPS)、PBS 缓冲液(pH7.0)、TE 缓冲液(pH8.0)、异丙醇、无水酒精等。

部分试剂配制方法：

(1) 红细胞裂解液(RBC)　称取 7.47 g 氯化铵、三羟甲基氨基甲烷 2.06 g，加 800 mL 水溶解，用 1 mol/L HCl 调 pH 值至 7.2，定容至 1 000 mL，再用 0.22 μm 滤膜过滤除菌，置于 4 ℃保存。

(2) 白细胞裂解液(WBC)　依次加入 20 mL 5 mol/L NaCl、2 mL 0.5 mol/L EDTA (pH 8.0)、50 mL 1 mol/L Tris-HCl(pH 8.0)、50 mL 10%SDS，加水定容至总体积 1 000 mL。

(3) 蛋白沉淀液(PPS)　依次加入 60 mL 5 mol/L 乙酸钾，11.5 mL 冰乙酸，加水定容至总体积 100 mL，保存于 4 ℃。

2. 实验仪器　冷冻离心机、涡旋振荡器、水浴锅、电泳仪、电泳槽、离心管、移液枪(10 μL、100 μL、1 mL、5 mL)及吸头等。

3. 生物材料　柠檬酸或 EDTA 抗凝的人血液。

四、实验操作与步骤

(一) 提取前血样的处理

1. 在采血管上编号并标明血样的体积(1 mL)。
2. 轻轻颠倒混匀抗凝血液，4 ℃，1 000～2 000 r/min 离心 5～10 min。
3. 去除上层的血清，留下血细胞沉淀。

（二）裂解红细胞

1. 取一洁净的 15 mL 离心管，加入 3 mL 红细胞裂解液（血样体积的 3 倍）。

2. 用移液枪缓慢、轻轻地将血细胞沉淀打散，形成均匀的细胞悬液，并全部移入上述离心管中，并迅速上下颠倒 6～8 次，确保细胞沉淀在裂解液中充分混匀。

3. 混匀后，室温下静置 10 min，在此期间可颠倒轻弹混匀数次帮助裂解红细胞。待红细胞完全破碎，4 ℃，2 000 r/min 离心 10 min。

4. 去掉上清液，将细胞沉淀轻轻打散成悬液，并加入 3 mL 红细胞裂解液，迅速上下颠倒 6～8 次，确保细胞沉淀在裂解液中充分混匀。

5. 重复上述第 3 步，离心后，在桌面铺一层纸巾，去掉上清液，将离心管倒扣在纸巾上 10 min 左右，使红细胞裂解液流尽。

注意：若离心后，管底的白细胞团依旧有一些红细胞残片和白细胞团在一起，可以重复上述第 4、5 步。

（三）裂解白细胞

1. 用少量 PBS 缓冲液重悬细胞沉淀，移液枪吹打后，涡旋振荡，直至形成均匀的白细胞悬液。

2. 向充分分散的白细胞中，加入 1 mL 白细胞裂解液（与血样体积比例为 1∶1），迅速吹打，若浑浊的细胞悬液开始变得十分黏稠，则颠倒离心管，直至溶液澄清透明，保证白细胞裂解充分。

注意：若此步仍有肉眼可见团块，可在 45～60 ℃下温育 1 h 以上，至白细胞裂解完全。

3. 往上述溶液中加入 20 μL 20 mg/mL 蛋白酶 K 溶液，56 ℃孵育 30 min 左右。

4. 将裂解好的溶液置于 4 ℃冰箱预冷 10 min。

5. 加入 333 μL 冰预冷的 PPS 溶液（血样体积的 1/3），漩涡振荡 30～60 s，使裂解液与 PPS 溶液充分混匀，保证蛋白质能完全沉淀，与 DNA 分离。

6. 于 4 ℃，12 000 r/min 离心 10 min，小心吸取上清液到两个新的洁净 15 mL 离心管中。

注意：尽量不要吸到蛋白质沉淀；如果上清液中仍有较多蛋白质沉淀或误移取了蛋白质沉淀，可以将上清液再次于 4 ℃下，12 000 r/min 离心 10 min 后取上清液。

（四）纯化 DNA

1. 按 1∶1 比例加入异丙醇，轻柔上下颠倒离心管 10～30 次，直至能看见白色絮状 DNA 沉淀，于室温放置 30 min 左右。

2. 于 4 ℃，12 000 r/min 离心 10 min，弃上清液，并将离心管倒扣在吸水纸上，自然晾干沉淀。

3. 加入 500 μL 70%乙醇冲洗，然后将管内所有固、液全部转移到 1.5 mL EP 管中。

4. 于 4 ℃，12 000 r/min 离心 5 min，弃上清液，并将离心管倒扣在吸水纸上，自然晾干沉淀。

5. 加入 50～200 μL TE 溶解(视 DNA 沉淀多少决定 TE 的体积),60 ℃温育 30～60 min,4 ℃过夜或储存于−20 ℃。

(五) 基因组 DNA 的分析

使用琼脂糖凝胶电泳以及核酸测定仪对所提基因组 DNA 浓度、纯度等进行分析。

五、实验结果与讨论

1. 提供所提取人基因组 DNA 的琼脂糖凝胶电泳图,对 DNA 浓度等方面进行说明与分析。

2. 使用仪器定量分析所提取人基因组 DNA 浓度、纯度并进行分析。

六、参考资料

刘青青,孙丹丹,冯 巍,等.常备试剂法提取人外周血 DNA[J].河南科技大学学报(医学版),2016,9(03):219-222.

实验九
拟南芥基因组DNA的提取纯化与分析

一、实验目的

1. 理解植物基因组DNA提取的原理。
2. 掌握CTAB法从植物组织中提取DNA的方法。

二、实验原理与设计

与动物组织细胞不同的是，在植物细胞膜外围存在一层厚的细胞壁，这增加了破碎植物细胞的难度，而且很多植物细胞质中含有多糖、多酚及色素类化合物等次生代谢产物，它们会影响DNA提取的质量，如多酚类物质会降解基因组DNA，而DNA中污染的多糖能抑制限制性内切酶、连接酶及DNA聚合酶等酶类的生物学活性，影响后续实验。因此，一般尽可能选幼嫩的、代谢旺盛的新鲜组织作为DNA提取的材料。一方面这些组织的细胞分裂旺盛，细胞核较大，核酸浓度高，另一方面次生代谢产物、蛋白质及多糖类物质相对较少。一般采用机械研磨(或者使用化学处理如加入乙基黄原酸钾)的方法破碎组织和细胞，在研磨的时候加入液氮不仅使材料易于破碎，还可以使材料处于冷冻状态，抑制各种酶类的活性，防止DNA被降解。

植物基因组DNA的提取方法就其提取原理主要有两种：CTAB(Cetyltrimethyl trimethyl ammonium bromide，十六烷基三甲基溴化铵)法、SDS(Sodium dodecyl sulfate，十二烷基硫酸钠)法。由于每一种植物材料都有自己的特点，并没有一种能完全适用于所有植物基因组DNA提取的方法，因此一般会根据每一种植物或材料的特点及DNA用途对提取方法进行不同的改动。植物基因组DNA提取的一般步骤是，先用机械研磨破坏植物细胞壁，然后使用CTAB、SDS这样的去污剂溶解细胞膜，使DNA从植物细胞中释放出来，然后再用缓冲液提取及进行后续操作。本实验中主要使用CTAB法提取植物基因组DNA。CTAB是一种阳离子去污剂，可溶解细胞膜，它能与核酸形成复合物，此复合物在高盐溶液(NaCl浓度大于0.7 mol/L)中可溶，并稳定存在，多糖在这个盐浓度下因不溶而沉淀出来。因此，通过有机溶剂抽提，去除蛋白质、多糖、酚类等杂质后，通过乙醇或异丙醇沉淀即可使核酸游离出来，沉淀溶于TE溶液中，即得植物总DNA溶液。CTAB法具有简便、快速、DNA产量高等特点，但DNA纯度比SDS法的稍低。

在提取 DNA 的过程中，需要避免 DNA 因操作剧烈而发生剪切，导致提取 DNA 片段过小，同时还应防止 DNA 被核酸酶或一些其他次生化合物降解。因此，DNA 提取时应尽量减少剧烈振荡操作的次数。为了防止 DNA 被降解，通常会在用于提取的缓冲液中添加 EDTA 来螯合 Mg^{2+} 或 Mn^{2+} 离子，以抑制 DNase 活性。在缓冲液中加入抗氧化剂或强还原剂(如巯基乙醇)，可以防止植物组织匀浆中酚氧化成醌，避免褐变，同时还可以抑制多种酶(如氧化酶类、DNase)的活性，保护 DNA 免受硫化物、过氧化物酶和多酚氧化酶等的影响，防止它们对核酸完整性造成破坏。有时也在缓冲液中添加 PVP(聚乙烯吡咯烷酮)，它能与多酚形成一种不溶的络合物质，有效去除多酚，也能和多糖结合，有效去除多糖，从而降低这些化合物对 DNA 的影响，提高产物 DNA 的质量。

本实验拟从 100 mg 拟南芥新鲜叶片中提取基因组 DNA，并使用琼脂糖凝胶电泳法和分光光度法检测，定性和定量分析拟南芥基因组 DNA 浓度及纯度，具体实验流程如图 9-1 所示。

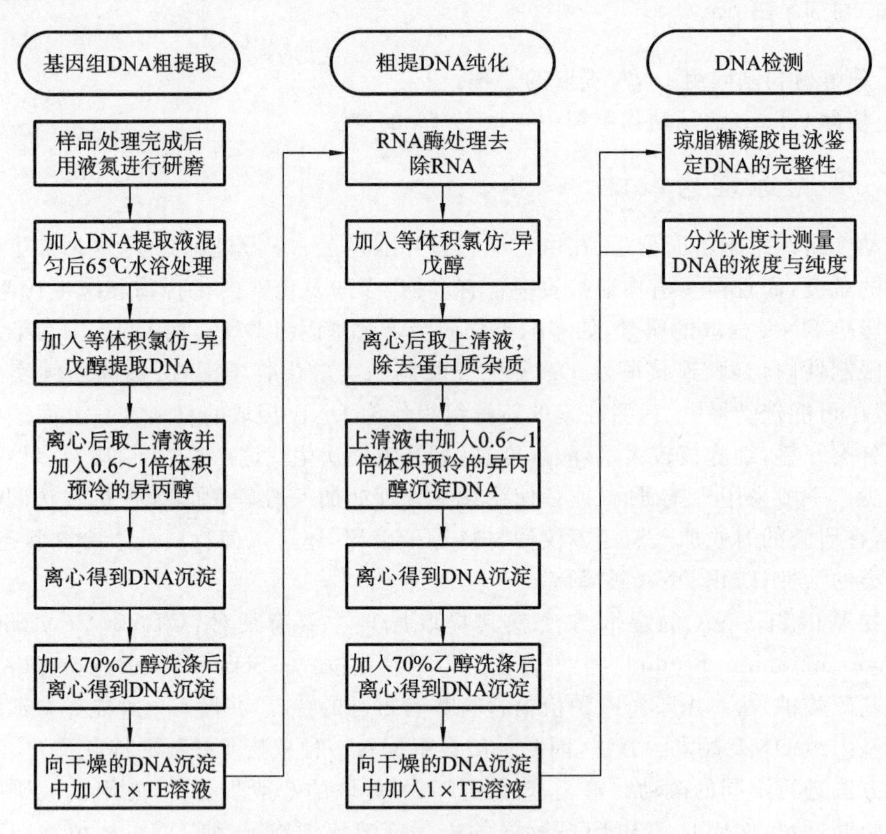

图 9-1　拟南芥基因组 DNA 提取实验流程图

三、实验仪器与材料

1. 实验试剂　1 mol/L Tris-HCl(pH 8.0)、0.5 mol/L EDTA(pH 8.0)、5 mol/L NaCl、10% CTAB(m/V)、DNA 提取用缓冲液、β-巯基乙醇、氯仿-异戊醇(24∶1，V/V)、无水乙醇或异丙醇、70%乙醇、RNA 酶 A(RNase A，10 mg/mL)、TE 缓冲液、琼脂糖、1×

TAE 缓冲液、核酸染料、核酸电泳用 10×上样缓冲液等。

DNA 提取用缓冲液：依次量取 100 mL 1 mol/L Tris-HCl(pH 8.0)、40 mL 0.5 mol/L EDTA(pH 8.0)、280 mL 5 mol/L NaCl 溶液、200 mL 10% CTAB 溶液，称取 20 g 聚乙烯吡咯烷酮(PVP K-30)，加入蒸馏水溶解，定容至 1 000 mL。

2. 实验仪器

液氮罐、研钵、1.5 mL 离心管、1.5 mL 离心管架、水浴锅、移液枪(10 μL、100 μL、1 000 μL)及枪头、高速离心机、剪刀、电泳仪、电泳槽、制胶器及梳子、凝胶成像仪、NanoDrop® 2000C 超微量分光光度计或紫外分光光度计等。

3. 生物材料

新鲜拟南芥(或小麦、水稻、烟草、油菜等)叶片或－80 ℃超低温冰箱中冻存的植物材料。

四、实验操作与步骤

(一) 基因组 DNA 粗提取

1. 剪取植株新鲜叶片约 100 mg，放于 1.5 mL 离心管中，做好标记，迅速放入液氮罐中保存。

注意：

①可以用 70%乙醇擦拭叶片表面后再取样；

②野外采集的材料要清洗，然后以 70%乙醇表面消毒后晾干，再放入液氮中；

③为防止 DNA 降解，剪取的材料最好放入液氮中冻存，也可放在冰盒中短时间存储，如果样品需要存放一段时间，应经液氮速冻后转入－80 ℃条件下保存；

④取材的时候应尽量剪取植物幼嫩的组织。

2. 将叶片放入预冷的研钵中，加入适量液氮，迅速研磨成粉状。

注意：

①在向研钵中放入植物材料之前，可以先向研钵中加入液氮预冷；

②研磨过程中应避免样品反复冻融导致 DNA 降解，可在研钵中液氮快要干时及时添加液氮；

③为了保证 DNA 提取的效率，叶片应研磨得越细越好，可在液氮中多研磨几次。

3. 将叶片粉末转入 1.5 mL 离心管中，加入 600 μL 65 ℃预热的 DNA 提取缓冲液(含 0.2% β-巯基乙醇)并混匀，65 ℃水浴 20～60 min，在此期间轻轻颠倒混匀几次。

注意：

①实验开始前先计算好用量，然后根据用量分装出需要的 DNA 提取缓冲液，加入 β-巯基乙醇使其浓度为 0.2%；

②使用前 DNA 提取缓冲液可能会有沉淀，先水浴加热溶解混匀后再使用；

③第一次颠倒混匀时，颠倒的幅度可以稍微大一些，之后的操作应轻柔，防止剪切力过大，DNA 断裂。

4. 取出离心管，加入 600 μL 氯仿-异戊醇(24∶1)，颠倒数次，充分混匀，然后 12 000

r/min 离心 10 min。

注意：

①可等离心管冷却至室温之后，再加入氯仿-异戊醇；

②进行颠倒混匀时应尽量避免剧烈晃动，防止 DNA 断裂；

③可先静置放置 3～5 min，待离心管中的液体分层，然后再放入离心机中离心。

5. 吸取上层水相，转移到一个新的离心管中，加入 0.6～1 倍体积预冷的异丙醇(或 2 倍体积预冷的无水乙醇)，轻柔颠倒，充分混匀，－20 ℃放置 10 min(或 4 ℃放置过夜)。

注意：

①吸取上层水相时，应尽量避开中间层的杂质；

②颠倒混匀即可，不可剧烈振荡；如果加入乙醇前溶液颜色较深，可待 DNA 完全沉淀之后用干净的枪头或带钩的毛细管(可自己提前烧制)将 DNA 挑出，转移到 70%乙醇中，再进行离心操作。

6. 12 000 r/min 离心 1 min，收集 DNA 沉淀。

7. 弃去上清液，用 70%乙醇漂洗沉淀 2 次。

8. 将离心管倒置在滤纸上沥干后，室温放置使 DNA 干燥，加入 200 μL 1×TE 缓冲液或双蒸水(又称重蒸馏水)至 DNA 完全溶解，放入 4 ℃冰箱保存(也可置于－20 ℃保存)。

注意：

①如果后续实验对 DNA 纯度要求不高(如提取的 DNA 只是用于转基因后代阳性检测)，可以不用再进行后续的 DNA 纯化操作，此时可根据 DNA 沉淀的多少加入适量 1×TE 缓冲液或双蒸水溶解，得到的溶液即可用于 PCR 实验；

②若想去除 RNA，可直接向 DNA 溶液中加入 RNA 酶 A 溶液，然后再放入冰箱中保存，或进行后续 PCR 分析；

③若想使 DNA 尽快溶解，可在 65 ℃条件下水浴，边水浴边观察，直至 DNA 完全溶解。

(二) DNA 纯化

1. 向粗提取的 DNA 溶液中加入 4～10 μL 无 DNA 酶的 RNA 酶 A 溶液(10 mg/mL)，37 ℃孵育 1 h。

2. 向离心管中加入 1×TE 缓冲液将 DNA 溶液补至 500 μL，加入 500 μL 氯仿-异戊醇(24∶1)，轻轻颠倒混匀，12 000 r/min 离心 5 min。

3. 小心吸取上层水相，并转移到一个新的离心管中，加入等体积氯仿-异戊醇(24∶1)，轻轻颠倒混匀，12 000 r/min 离心 5 min。

4. 若在水相与有机相之间仍有白色蛋白质沉淀，重复步骤 3。

5. 小心吸取上层水相，转移到一个新的离心管中，加入 0.6～1 倍体积预冷的异丙醇(或 2 倍体积预冷的无水乙醇)，轻柔颠倒，充分混匀，－20 ℃放置 10 min(或 4 ℃放置过夜)。

注意：

①颠倒混匀即可，不可剧烈振荡；

②如果加入乙醇前溶液颜色较深，可待 DNA 完全沉淀之后用干净的枪头或带钩的毛细管(可自己提前烧制)将 DNA 挑出，转移到 70%乙醇中，再进行离心操作。

6. 12 000 r/min 离心 1 min，收集沉淀 DNA。

7. 弃去上清液，用 70%乙醇漂洗沉淀 2 次。

8. 将离心管倒置在滤纸上沥干后，室温放置干燥 DNA，加入适量 1×TE 缓冲液或双蒸水至 DNA 完全溶解，放入 4 ℃冰箱短期保存(或−20 ℃长期储存)。

(三) 基因组 DNA 的分析

1. 琼脂糖凝胶电泳检测提取的基因组 DNA 的纯度和完整性，图 9-2 为五种植物基因组 DNA 电泳结果图，供参考。

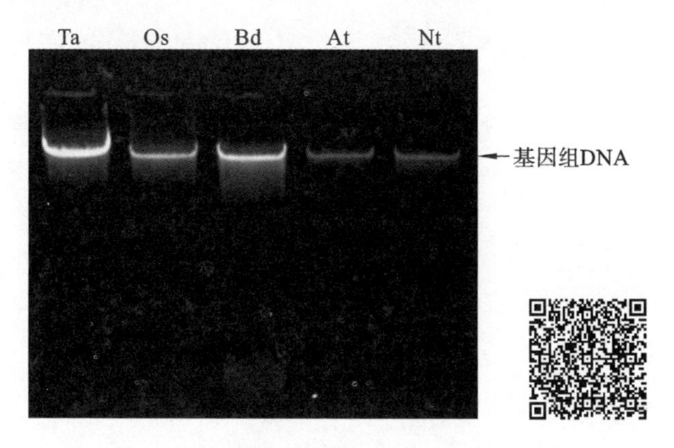

图 9-2　五种植物基因组 DNA 电泳结果图

(Ta，小麦(*Triticum aestivum*)；Os，水稻(*Oryza sativa*)；Bd，二穗短柄草(*Brachypodium distachyon*)；At，拟南芥(*A. thaliana*)；Nt，烟草(*Nicotiana tabacum*))

2. 利用仪器定量分析提取的基因组 DNA 的浓度、纯度等。

五、实验结果与讨论

1. 提供所提取拟南芥基因组 DNA 的琼脂糖凝胶电泳图，对 DNA 浓度等方面进行说明与分析。

2. 使用仪器定量分析所提取拟南芥基因组 DNA 浓度、纯度并进行分析。

六、参考资料

[1]　Murray M G, Thompson W F. Rapid Isolation of High Molecular Weight Plant DNA [J]. Nucleic Acids Research, 1980, 8(19): 4321-4325.

[2]　Martinez-Zapater J M, Salinas J. *Arabidopsis* Protocols[M]. New Jersey: Humana Press, 1998: 55-60.

[3]　Rapley R. The Nucleic Acid Protocols Handbook[M]. New Jersey: Humana

Press,2000:13-16.

[4] Pascale B. Molecular Plant Taxonomy: Methods and Protocols[M]. New Jersey: Humana Press,2014:53-67.

[5] Miodrag M. Sample Preparation Techniques for Soil, Plant, and Animal Samples[M]. New Jersey: Humana Press,2016:245-263.

实验十 拟南芥叶片总RNA的提取纯化与分析

一、实验目的

1. 掌握植物 RNA 提取的基本操作和原理。
2. 了解影响 RNA 提取质量的因素及其原因。

二、实验原理与设计

cDNA 末端快速扩增技术(rapid amplification of cDNA ends,RACE)技术、逆转录PCR(Reverse Transcription-PCR,RT-PCR)、Northern 印迹杂交分析、转录组测序、构建cDNA 杂交文库等技术已经逐渐成为植物分子生物学研究实验方法的重要组成部分。因而,为了满足植物基因克隆、表达分析以及功能研究等的需求,需要从植物不同发育阶段、不同部位或者经过不同处理的细胞或组织中提取 RNA。保证从植物组织中提取的 RNA 具有较高的纯度和完整性对于进行植物分子生物学后续实验至关重要。

RNA 是单链结构,RNA 分子中存在的 2′-羟基具有很强的亲核作用,使 RNA 很容易受到外部因素的影响而降解,尤其是 RNA 酶的作用。因此,RNA 提取需要严格在无 RNA 酶的环境下完成,以降低其对 RNA 质量的影响。由于 RNA 酶广泛存在且很稳定,通常在 RNA 提取的操作过程中需要实验者戴口罩和手套,实验中使用的器皿如研钵可经高温处理,其他不耐高温的器皿可用 0.1% DEPC(焦炭酸二乙酯)溶液处理后再用蒸馏水冲洗干净,试剂可用经 DEPC 处理过的水进行配制。DEPC 能通过与 RNA 酶活性基团中组氨酸的咪唑环反应而抑制其酶活性。器皿或溶液中残留的 DEPC 会通过与腺嘌呤作用而影响提取 RNA 的质量,可利用其不耐高温的特点,将经 DEPC 处理后的器皿、试剂进行高温高压灭菌去除其影响。DEPC 还可与氨水溶液混合会产生致癌物,使用时需小心。除了使用 DEPC 外,RNA 提取过程使用的蛋白质变性剂如酚、氯仿、SDS、Sarkosyl(十二烷基肌氨酸钠)、DOC(脱氧胆酸钠)、盐酸胍、异硫氰酸胍、4-氨基水杨酸钠、三异丙基萘磺酸钠等也可以抑制 RNA 酶活性,另外,还可以使用 RNasin、氧钒核糖核苷复合物等 RNA 酶抑制剂。

此外,很多植物细胞中存在的次生代谢产物如多糖、酚类等化合物能与 RNA 结合形成不溶性复合物,从而影响 RNA 的质量和产量。比如在 RNA 提取过程中酚类化合物会被氧化成醌类化合物，与 RNA 稳定结合后，导致 RNA 活性丧失并形成不溶性复合物，而多糖会形成难溶的胶状物，与 RNA 共沉淀下来，从而降低 RNA 产量。对于这样的植物材料，用常规的 RNA 提取方法很难达到理想的提取效果。所以，不同植物的 RNA 提取方法可能会有差别，需要经过不断的探索和实践才能建立。

目前，用于提取植物总 RNA 的方法有很多，如热酚-SDS 法、酚-LiCl 沉淀法、CTAB-NaCl 法、LiCl 沉淀法、异硫氰酸胍-酚-氯仿法、PVP-乙醇沉淀法、Trizol® 法等。这些方法也并不是一成不变的，随着植物分子生物学的发展，植物总 RNA 提取的方法也在不断改进以适应不同的实验需求。

植物 RNA 提取的一般步骤是先经过液氮研磨粉碎组织，然后利用变性剂破碎细胞或组织，经有机溶剂提取分离 RNA，最后沉淀出 RNA。这种方法得到的是植物的总 RNA，如需从总 RNA 中分离出 mRNA，可根据成熟 mRNA 在 3′端有 polyA 尾的特征，借助 Oligo dT 纤维素层析实现。

本实验主要采用 Trizol® 法提取植物总 RNA，Trizol 试剂的主要成分包括异硫氰酸胍、苯酚、β-巯基乙醇、8-羟基喹啉、sarcosyl（十二烷基肌氨酸钠）等。异硫氰酸胍与十二烷基肌氨酸钠一起可使核蛋白体迅速解离；与还原剂 β-巯基乙醇合用可抑制 RNA 酶活力，将异硫氰酸胍、β-巯基乙醇、十二烷基肌氨酸钠联用，强有力地抑制 RNA 降解，增强了核蛋白体的解离，使大量的 RNA 释放到溶液中，然后用酸性酚（pH 3.5）抽提，既能保证 RNA 的稳定，又可抑制 DNA 的解离，使 DNA 与蛋白质一起沉淀，用酚-氯仿有机溶剂抽提即可去除蛋白质，RNA 则溶于上清液中，然后用异丙醇沉淀出 RNA。

细胞中的总 RNA 主要包括 mRNA、rRNA、tRNA 以及一些小 RNA（sRNA），其中 rRNA 主要由 28S、18S、5S、5.8S 几类组成，占细胞总 RNA 的 70%～80%。可用普通琼脂糖凝胶电泳检测 RNA 完整性，电泳后可以看到非常明显的两条大小约为 5 kb 和 2 kb 的条带，分别相当于 28S 和 18S rRNA，其中 28S rRNA 条带的亮度约为 18S rRNA 条带的两倍。如果两条带亮度比例偏差较大，表示 RNA 样品有降解发生。由于植物叶片中含有大量的叶绿体 RNA，如果 RNA 的完整性好，会出现 3 条甚至更多条带。若条带不清晰，出现弥散状或条带消失表明 RNA 样品降解严重，已经不适合再用来进行后续实验了。

本实验方案拟从 100 mg 拟南芥新鲜叶片中提取总 RNA，实验流程如图 10-1。

三、实验仪器与材料

1. 实验试剂　Tris-HCl（1 mol/L pH 8.0）、柠檬酸缓冲液（0.75 mol/L pH 7.0）、NaAc 溶液（2 mol/L pH 4.0）、10%十二烷基肌氨酸钠（Sarcosyl）溶液（质量体积比）、β-巯基乙醇、8-羟基喹啉、重蒸苯酚溶液、Trizol 提取液、氯仿-异戊醇（49∶1，体积比）、无水乙醇或异丙醇、70%乙醇、无 RNA 酶无菌水、琼脂糖、1× TAE 或 TBE 缓冲液、核酸染料（琼脂糖凝胶电泳用）、核酸电泳用 10×上样缓冲液等。

重蒸苯酚溶液：向重蒸苯酚中加入 8-羟基喹啉至终浓度为 0.1%，加入 β-巯基乙醇至终浓度 0.2%，4 ℃避光保存。

Trizol 提取液：称取 250 g 异硫氢酸胍，加入 293 mL 无 RNA 酶无菌水中，然后依次

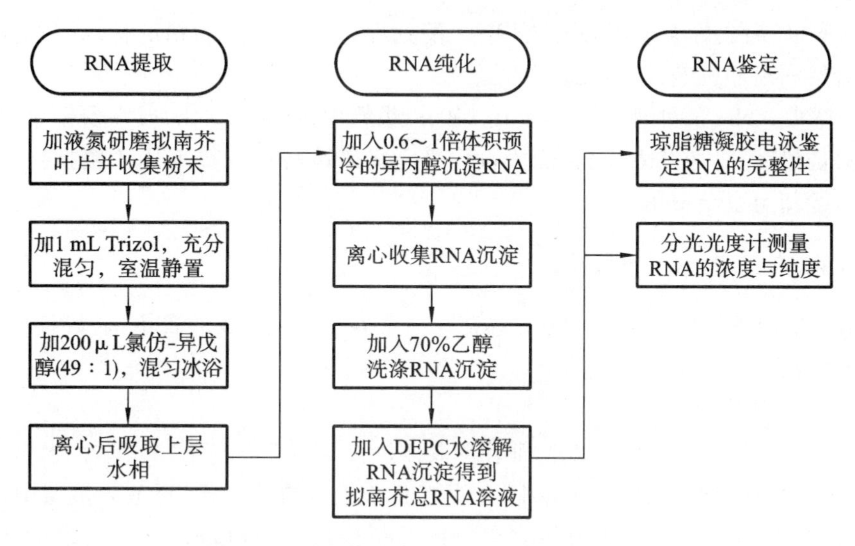

图 10-1 拟南芥叶片总 RNA 提取实验流程图

加入 17.6 mL 0.75 mol/L 柠檬酸缓冲液(pH 7.0)、26.4 mL 10%十二烷基肌氨酸钠溶液，加热至 60～65 ℃直至完全溶解，然后分别加入 50 mL 2 mol/L NaAc 溶液(pH 4.0)和 500 mL 重蒸苯酚溶液，混匀后 4 ℃避光保存。

0.75 mol/L 柠檬酸缓冲液(pH 7.0)：

(1) 1 mol/L 柠檬酸钠溶液　分别称取 29.4 g 二水柠檬酸三钠($C_6H_5Na_3O_7 \cdot 2H_2O$)、19.2 g 柠檬酸($C_6H_8O_7$)(或 21.0 g 一水柠檬酸($C_6H_8O_7 \cdot H_2O$))，加无 RNA 酶无菌水溶解，定容至 100 mL。

(2) 1 mol/L 柠檬酸溶液　称取 19.2 g 柠檬酸($C_6H_8O_7$)(或 21.0 g 一水合柠檬酸($C_6H_8O_7 \cdot H_2O$))，加无 RNA 酶无菌水溶解，定容至 100 mL。

(3) 0.75 mol/L 柠檬酸缓冲液(pH 7.0)　取 20 mL 1 mol/L 柠檬酸钠溶液，向其中缓慢加入 1 mol/L 柠檬酸溶液，边加边调 pH 值至 7.0，然后加入无 RNA 酶无菌水稀释至 0.75 mol/L。

2. 实验仪器　液氮罐、研钵、1.5 mL 离心管、1.5 mL 离心管架、移液枪(10 μL、200 μL、1 000 μL)及枪头、枪头盒、镊子、高速冷冻离心机、剪刀、制冰机、冰盒、电泳仪、电泳槽、制胶器及梳子、凝胶成像仪、NanoDrop® 2000C 超微量分光光度计或紫外分光光度计等。

3. 生物材料　新鲜拟南芥(或小麦、水稻、烟草、油菜等)叶片。

四、实验操作与步骤

(一) 实验用品的预处理

1. DEPC 处理枪头、枪头盒、离心管和镊子。用 0.1%的 DEPC 水过夜浸泡需要使用的枪头(10 μL、200 μL、1 000 μL)、枪头盒、离心管和镊子。捞起枪头、枪头盒、离心管和镊子，在烘箱中烘干后用镊子装好枪头，镊子、离心管等用铝箔包好，高压灭菌 30 min 左右，烘干后备用。

2. 移液枪、离心管架及离心机去 RNA 酶处理。用含 70%酒精的棉球仔细擦拭移液枪、离心管架和离心机表面，备用。

3. 研钵去 RNA 酶处理。研钵放在 200 ℃烘箱中烘烤 2～4 h，或在研钵中倒入少量酒精，用火烧研钵，烘烤结束(或火熄灭)后，小心将研钵转移到提前用酒精擦拭过的超净工作台中，冷却至室温备用。

(二) 拟南芥总 RNA 提取

1. 剪取拟南芥新鲜叶片约 100 mg，放于 1.5 mL 预冷的离心管中，做好标记，迅速放入液氮罐中保存。

注意：

①可以用 70%乙醇擦拭叶片表面后再取样；

②野外采集的材料要清洗，然后以 70%乙醇表面消毒后晾干，再放入液氮中；

③为防止 RNA 降解，先将剪刀放在液氮中预冷，然后再剪取叶片，剪取的叶片材料可以放入用液氮预冷的 1.5 mL 离心管中，也可用铝箔包裹做好标记后，放入液氮中冻存，如果样品需要存放一段时间，应经液氮速冻后转入－80 ℃条件下保存；

④剪取的材料应尽量避免反复冻融，防止 RNA 降解。

2. 将叶片放入预冷的无 RNA 酶研钵中，加入适量液氮，迅速研磨成粉状。

注意：

①样品研磨之前，先用高温处理研钵，使 RNA 酶灭活，冷却至室温之后再用；

②在向研钵中放入植物材料之前，先向研钵中加入液氮预冷；

③研磨过程中应避免样品反复冻融导致 RNA 降解，可在研钵中液氮快要干时及时添加液氮，使材料始终处于冷冻状态；

④为保证 RNA 提取的效率，叶片应研磨的越细越好，可在液氮中多研磨几次；

⑤RNA 提取时环境温度不应太高。

3. 将叶片粉末转入 1.5 mL 无 RNA 酶离心管中，用无 RNA 酶枪头加入 1 mL Trizol 提取液并彻底混匀，室温静置 5 min。

注意：

①如果提取 RNA 的样品较多，在叶片粉末中加入 Trizol 试剂混匀后，将离心管插入冰中保存；

②可根据实验材料的多少酌情调整 Trizol 用量；

③不可直接用手取新的离心管，应使用经 DEPC 处理过的镊子夹取离心管。

4. 用无 RNA 酶枪头向离心管中加入 200 μL 氯仿-异戊醇(49∶1)，用手剧烈振荡 10 s 混匀，冰浴 15 min。

注意：不要使用涡旋振荡器混匀，防止基因组 DNA 断裂。

5. 将离心管放入预冷的高速冷冻离心机中，4 ℃ 12 000 r/min 离心 10 min。

注意：高速冷冻离心机应提前预冷，使用前应用 70%乙醇溶液小心擦拭一遍离心机。

6. 用无 RNA 酶枪头小心吸取上层水相，并转移到一个新的无 RNA 酶离心管中。

注意：离心结束后，离心管中的溶液应分为上层水相、下层有机相和中间层，一般吸取的上层水相在 500～600 μL，不可为了尽可能多地吸取上层水相而碰到中间层。

7. 用无 RNA 酶枪头加入 500 μL 预冷的异丙醇，轻柔颠倒，充分混匀，－20 ℃放置 10 min（或 4 ℃放置过夜）。

8. 4 ℃ 12 000 r/min 离心 10 min，弃上清液。

9. 用无 RNA 酶枪头向 RNA 沉淀中加入 1 mL 70% 乙醇，涡旋混匀。

10. 4 ℃ 12 000 r/min 离心 5 min，弃上清液。

11. 在无 RNA 酶环境中室温晾干 RNA 沉淀，用无 RNA 酶枪头加入 30～50 μL 无 RNA 酶无菌水溶解 RNA 沉淀，并将 RNA 溶液转移到－80 ℃冰箱中储存备用。

（三）所提总 RNA 的分析

使用琼脂糖凝胶电泳以及核酸测定仪对所提总 RNA 浓度、纯度、完整性等进行分析。图 10-2 为参考电泳图。

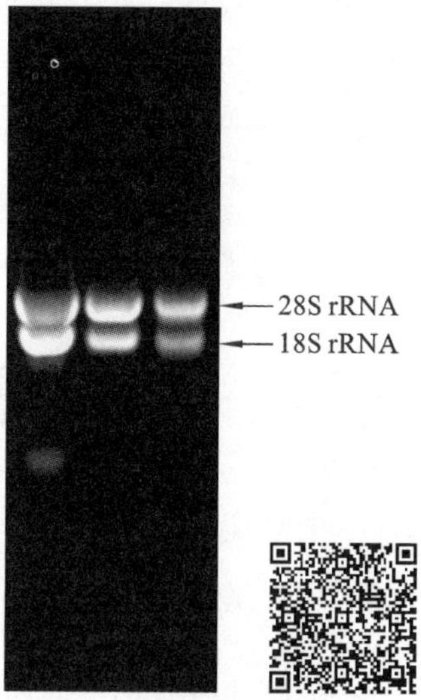

28S rRNA
18S rRNA

图 10-2 拟南芥叶片总 RNA 琼脂糖电泳图

五、实验结果与讨论

1. 提供用于鉴定所提取拟南芥总 RNA 完整性的琼脂糖电泳图以及相关说明与分析。

2. 使用仪器定量分析所提取拟南芥总 RNA 浓度、纯度并进行分析。

六、参考文献

[1] Chomczynski P. A Reagent for the Single-Step Simultaneous Isolation of RNA，DNA and Proteins from Cell and Tissue Samples[J]. Biotechniques，1993，15(3)：532-534，536-537.

[2] Chomczynski P，Sacchi N. The Single-step Method of RNA Isolation by Acid Guanidinium Thiocyanate-phenol-chloroform Extraction：Twenty-something Years on [J]. Nature Protocols，2006，1(2)：581-585.

[3] Salinas J，Sanchez-Serrano J J. *Arabidopsis* Protocols[M]. New Jersey：Humana Press，2006：345-348.

[4] Weigel D，Glazebrook J. *Arabidopsis*：A Laboratory Manual [M]. New York：Cold Spring Harbor Laboratory Press，2009：172-176.

[5] Meng L，Feldman L. A Rapid TRIzol-based Two-step Method for DNA-free RNA Extraction from *Arabidopsis* Siliques and Dry Seeds[J]. Biotechnology Journal，2010，5(2)：183-186.

[6] Yockteng R，Almeida AM，Yee S，et al. A Method for Extracting High-quality RNA from Diverse Plants for Next-generation Sequencing and Gene Expression Analyses[J]. Applications in Plant Sciences，2013，1(12)：1300070.

实验十一
动物细胞总 RNA 的提取纯化与分析

一、实验目的

1. 掌握 Trizol 试剂法提取动物细胞总 RNA 的基本原理及实验操作。
2. 掌握细胞总 RNA 纯化、质量鉴定的基本原理及实验操作。

二、实验原理与设计

研究基因的表达和调控需要从组织或细胞中分离、纯化 RNA。获得高质量的 RNA，是成功进行 RT-PCR 和 Northern Blot 等分子生物学实验的前提，也是构建高水平 cDNA 文库的关键。

本实验采用的 Trizol 试剂法是提取 RNA 的常用方法之一。

Trizol 试剂是一种含有水饱和酚、8-羟基喹啉、异硫氰酸胍、β-巯基乙醇等成分的混合物。其工作原理是首先通过苯酚、异硫氰酸胍裂解细胞，使细胞中的 RNA 释放；8-羟基喹啉、异硫氰酸胍、β-巯基乙醇等可以抑制 RNA 酶活性，保护 RNA 完整性；随后加入的氯仿则促使细胞裂解液分层，DNA、蛋白质与苯酚结合后存在于下层的氯仿有机相，而 RNA 存在与上层的水相，从而实现 RNA 的分离与提取。上层水相中的 RNA，经过异丙醇与乙醇的多步沉淀与洗涤，去除盐杂质以及多余的水，得到纯化的 RNA 分子，最后使用琼脂糖凝胶电泳检测所提纯的总 RNA 浓度以及完整性，用核酸测定仪进行精确定量。

RNA 极易受环境中广泛存在的 RNA 酶的催化而降解，因此，在提取 RNA 前，需要将实验耗材及环境中的 RNA 酶尽量去除或抑制其活性，以保护所提取 RNA 分子不被降解。常用的处理试剂有 70%乙醇、氯仿、焦碳酸二乙酯(Diethy pyrocarbonate，DEPC)等。

70%乙醇与氯仿可使 RNA 酶发生蛋白质变性。RNA 提取前可以将需要用的各规格的移液枪、枪头及离心管于氯仿中浸泡 10 min，再高温灭菌、烘干。70%乙醇可用于 RNA 提取操作区域(一般为超净工作台)的擦拭。

DEPC 是常用的 RNA 酶抑制剂，它可以通过和 RNA 酶组氨酸中的咪唑环发生反应而抑制酶活性。使用时的终浓度为 0.1%，需处理的物品在该溶液中浸泡过夜后，再经过高温高压灭菌、烘干等过程即可用于 RNA 的相关实验操作。

本实验方案拟应用 Trizol 等试剂，从约 10^6 个动物培养细胞中，提取总量为 5～15

μg，A_{260}/A_{280} 在 2.00 左右的总 RNA。用琼脂糖凝胶电泳和核酸测定仪对提出的 RNA 进行定性和定量检测分析。具体实验流程如图 11-1 所示。

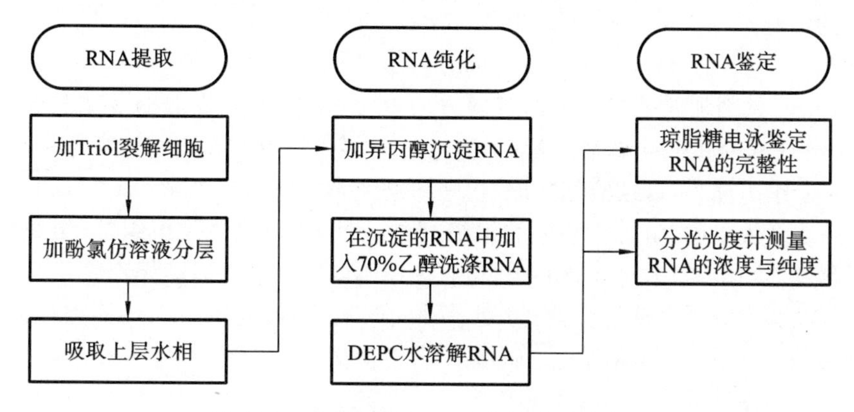

图 11-1 动物细胞总 RNA 提取实验流程图

三、实验仪器与材料

1. 实验试剂 焦碳酸二乙酯(Diethy pyrocarbonate，DEPC)、Trizol 试剂、氯仿、PBS(pH 7.4)、异丙醇、无水乙醇等。

2. 实验仪器 超净工作台、高压蒸汽灭菌锅、高速冷冻离心机、离心管(1.5 mL)、移液枪(10 μL、100 μL、1 mL)及吸头、制冰机、冰盒等。

3. 生物材料 贴壁培养的 HeLa 细胞，悬浮细胞或者动物、植物组织也可应用此方法获得总 RNA。

四、实验操作与步骤

(一) 实验耗材的预处理

方法一：将需要用的各种规格的移液枪枪头及离心管于氯仿中浸泡 10 min，再在 0.1 MPa、121 ℃的条件灭菌 30 min，然后烘干。RNA 提取操作区域(最好在超净工作台中操作)需要用 70%乙醇擦拭。

方法二：取适量 DEPC，加入去离子水，在通风橱内，用磁力搅拌器促使其溶解，其终浓度为 0.1%；将需处理的物品放入一个可以高温灭菌的容器中，注入 DEPC 水溶液，使物品的所有部分都浸泡到溶液中，在通风柜中室温处理过夜；将 DEPC 水溶液小心倒到废液瓶中，在 0.1 MPa、121 ℃的条件下蒸汽灭菌用 DEPC 水溶液处理过的物品至少 30 min 后，烘箱烘烤至干燥。

方法三：直接使用市售的无 RNA 酶的枪头与离心管等实验材料。

(二) RNA 的提取

1. 培养 HeLa 细胞至融合率约为 90%以上时，吸干细胞培养基，加 3 mL PBS 缓冲液洗两遍。

注意:RNA 来源除贴壁细胞外,悬浮细胞,或者动物、植物组织也可。

2. 加 1 mL Trizol 试剂,可见细胞因蛋白质变性呈现白色,用枪头将细胞冲刮下来,吸取裂解的细胞至 1.5 mL 离心管。

注意:

(1) Trizol 试剂加入量与样本的裂解方式直接影响 RNA 提取的效率与纯度。细胞量过少,可酌情减少 Trizol 试剂用量;细胞量过多,会引起 DNA 对 RNA 的污染。

(2) 对于组织样品,可经液氮冷冻、快速研磨后再加 Trizol 裂解,辅之以匀浆器匀浆。

(3) 高浓度蛋白质、脂肪或多糖类组织,肌肉组织或块状植物组织等,组织匀浆或液氮研磨后须 4 ℃ 12 000 r/min 离心 10 min 去掉不溶物后进行后续操作。

(4) 若没有液氮或电动匀浆器,可用手动匀浆器代替,此时组织块不宜过大,且需先用眼科剪刀将组织剪碎,然后再充分研磨。

(5) 上述操作尽可能在低温下操作。

(6) 如近期不提 RNA,可将样品放入−80 ℃长期保存。

3. 加入 200 μL 氯仿,剧烈振荡 15 s。

4. 4 ℃离心 12 000 r/min 15 min。可见样品分层。上层为水相(RNA 溶解在水相中),下层为酚相。

5. 小心吸取上层水相至新的 1.5 mL 离心管。

(三) RNA 的纯化

1. 加 500 μL 异丙醇,翻转混匀离心管,室温放置 10 min。

2. 4 ℃ 12 000 r/min 离心 10 min,弃去上清液,可见少量 RNA 白色沉淀于管底。

3. 加入 1 mL 75%乙醇,温和振荡离心管,悬浮沉淀。

4. 4 ℃ 8 000 r/min 离心 5 min,弃去上清液。

5. 4 ℃ 8 000 r/min 离心 1 min,使用 10 μL 移液器吸干乙醇。

6. 室温晾干乙醇(5 min 左右)。加入 50 μL DEPC 处理过的水(即经过 0.1 MPa、121 ℃灭菌 20～30 min、0.1% 的 DEPC 水溶液),可见白色沉淀迅速溶解。

(四) 所提总 RNA 的分析

使用琼脂糖凝胶电泳以及核酸测定仪对所提总 RNA 浓度、纯度、完整性等进行分析。

五、实验结果与讨论

1. 琼脂糖电泳检测 RNA 完整性

总 RNA 中,28S、18S、5S、5.8S 核糖体 RNA 由于长度均一且含量高,经琼脂糖凝胶电泳、核酸染料染色后在紫外灯下应该可见三条条带,其中 28S 以及 18S 处条带最清晰(图 11-2)。若提取的总 RNA 发生降解,则核糖体 RNA 也会降解,电泳条带会发生弥散。利用 RNA 在琼脂糖电泳中与其他已经定量的 DNA(如 DNA 相对分子质量标准)之间亮度的比较,可粗略地估计 RNA 的含量。

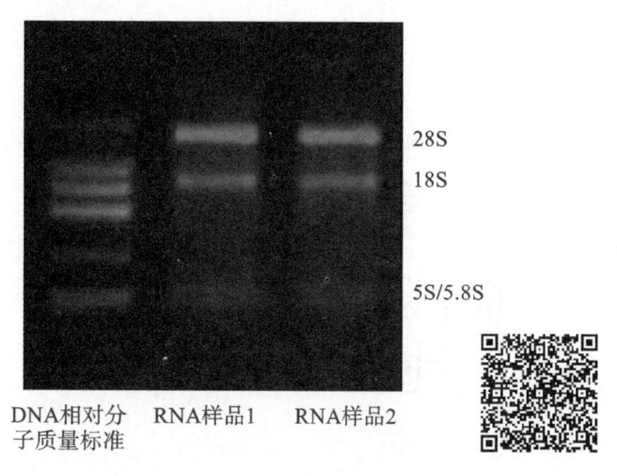

图 11-2 总 RNA 琼脂糖凝胶电泳图

请提供琼脂糖凝胶电泳图，显示所提取的总 RNA 情况，并进行相关分析。

2. 分光光度计法检测 RNA 浓度与纯度

利用基于分光光度计原理的仪器定量分析核酸浓度及纯度。核酸最大吸收峰在紫外波段的 260 nm，按照 $A=1$ 相当于 40 μg/mL 计算 RNA 浓度。蛋白质吸收峰在 280 nm，比较纯的 RNA A_{260}/A_{280} 在 2.0 左右。

请列出所提出的 RNA A_{260}/A_{280} 值，并进行分析与讨论。

六、参考资料

[1] Ahmad J, Baig M A, Ali A A, et al. Comparative assessment of four RNA extraction methods and modification to obtain high-quality RNA from Parthenium hysterophorus leaf[J]. 3 Biotech. 2017 Dec;7(6):373.

[2] 贺庆华，邱翔. 一种低危害的基因组 DNA 和总 RNA 的提取方法[J]. 西南民族大学学报(自然科学版)，2017，43(6)：562-566.

实验十二
血红蛋白的提取纯化及分析

一、实验目的

1. 学习从哺乳动物血液中提取分离血红蛋白的基本原理和方法。
2. 掌握超声波破碎法、盐析、凝胶层析等蛋白质常用提纯实验技术。
3. 掌握福林-酚法测定总蛋白浓度及文齐氏法测定血红蛋白浓度的方法。
4. 掌握聚丙烯酰胺凝胶电泳等蛋白质分析方法。

二、实验原理与设计

脊椎动物的血红蛋白(Hemoglobin,Hb)一般由四个多肽亚基构成的四聚体,两个称α亚基,有141个氨基酸,两个称β亚基,由146个氨基酸构成。每个亚基都有一个血红素基和一个氧结合部位。两个α亚基和两个β亚基的相对分子质量之和就是血红蛋白的相对分子质量,即64 458。血红蛋白是红细胞的主要组成部分,能与氧结合,是运输氧和二氧化碳的主要载体。在血红蛋白与氧结合及释放过程中,体现了别构蛋白各亚基之间相互作用的正协同效应特征,是研究别构蛋白特性的良好材料。

此外,血红蛋白的单亚基结构还与食用肉主要色素蛋白——肌红蛋白(Myoglobin,Mb)的结构非常相似,均为血红素蛋白质,具有一个血红素活性中心。只是Mb是单亚基结构,而Hb为4亚基结构,相当于Mb的4倍体。Hb和Mb均具有三种天然诱导体构型,即氧合型(Oxy-Hb;Oxy-Mb),还原型(Red-Hb;Red-Mb)和氧化型(Met-Hb;Met-Mb)。两种蛋白质的相同构型均具有相同的颜色及相似的光谱学特性。

目前市售的Hb多采用冷冻干燥法制备,多为Met-Hb构型,其纯度较低,氧合活性较差,且该产品不能进行诱导体构型转化的调制,不能满足人们对食用肉色调变化进行研究的要求。

用丰富而廉价动物血液为原料,通过简便生产工艺制备Hb结晶(该结晶属氧化型)可进行多种诱导体形态的调制,调制出的各种诱导体具有类似于天然Hb的氧合功能特性,保持了别构蛋白与底物结合的正协同效应特点,且具有与天然诱导体形态相同的色调变化规律和光谱学特征,可以满足人们进行别构蛋白及食肉色调研究的需求。此结晶具有稳定的理化性质,可长期保存。

本实验拟从 80～100 mL 哺乳动物(猪)新鲜血液中，运用超声波破碎法使红细胞溶解，用饱和硫酸铵盐析法得到血红蛋白粗提液，用交联葡聚糖凝胶(Sephadex)G-100 凝胶层析法进一步纯化血红蛋白，采用福林-酚法和文齐氏液法测定总蛋白质和血红蛋白含量，最后用聚丙烯酰胺凝胶电泳法进行血红蛋白纯度等鉴定。实验基本流程如图 12-1 所示。

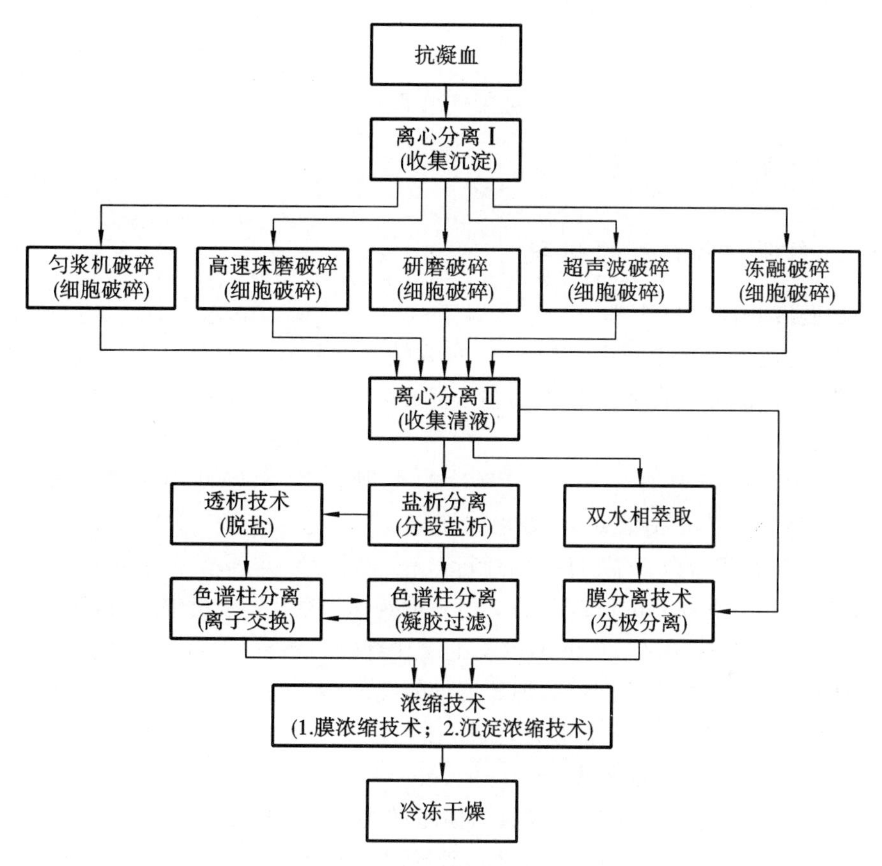

图 12-1 血红蛋白提取纯化工艺流程

本实验的重点是要获得高产量、高纯度的血红蛋白，研究过程中需要对各步骤进行条件优化，建立优化的分离纯化工艺，难点是凝胶柱层析和聚丙烯酰胺凝胶电泳操作过程。

三、实验仪器与材料

(一) 实验仪器

冷冻离心机、冰箱、烘箱、紫外-可见光分光光度计、旋涡混合器、稳压直流电源(300～500 V，电流 50～100 mA)、垂直板电泳槽、凝胶模及玻璃板、梯度混合器、自动部分收集器、蠕动泵、Φ15×(600～800)mm 色谱柱及支架、移液枪(200 μL、1 mL、5 mL)及吸头、10 mL 注射器及针头、50 mL 离心管、7 mL 离心管、Φ150 mm 培养皿、18 mm×180 mm 试管、烧杯、玻璃棒、胶头滴管、记号笔等。

（二）实验试剂

肝素、0.1 mol/L NaCl、0.1 mol/L PBS(pH 7.2)、20 mmol/L PBS(pH 7.2)、硫酸铵、饱和硫酸铵、交联葡聚糖凝胶(Sephadex G-100)、福林-酚试剂、聚丙烯酰胺凝胶电泳试剂、文齐氏液、牛血清蛋白(BSA,250 μg/mL)、TEMED 等。

（三）生物材料

动物(猪)血液(80～100 mL,加入抗凝剂肝素)。

四、实验操作与步骤

（一）血红蛋白粗提液的制备

1. 动物血液的收集与处理

(1) 取动物血液 80～100 mL,按 1∶1 加入抗凝剂肝素(1 250 U/mL)混匀。

(2) 将抗凝血液分装在 2 支 50 mL 离心管中,3 000 r/min,4 ℃,离心 10 min,弃去上清液,收集红细胞。

(3) 向压积红细胞中加 3～5 倍量预冷的生理盐水,轻轻搅匀洗涤,3 000 r/min,4 ℃,离心 10 min,吸出上清液弃去,收集红细胞。

2. 红细胞的破碎和血红蛋白原液的制备

(1) 方法一　将洗涤后的红细胞加 2 倍量的纯水,置 4 ℃冰箱中过夜,使其自然溶胀破碎,8 000 r/min,4 ℃,离心 20 min,收集上层血红蛋白溶液(血红蛋白粗提液)。

(2) 方法二　将洗涤后的红细胞加 2 倍量的纯水,置－20 ℃冰箱中冰冻过夜,次日将冰冻红细胞放置室温或 37 ℃水浴使之融化,摇匀,8 000 r/min,4 ℃,离心 20 min,收集上层血红蛋白溶液(血红蛋白粗提液)。

(3) 方法三　将洗涤后的红细胞加 2 倍量的纯水,超声波破碎,破碎条件:功率 500 W,能量 80%,室温,脉冲选择开 3 s 停 2 s,破碎时间 60～180 s。8 000 r/min,4 ℃,离心 20 min,收集上层血红蛋白溶液(血红蛋白粗提液,准确量出总体积)。

注意:取 2～5 mL 血红蛋白粗提液留做血红蛋白含量测定(文齐氏法)和纯度分析(聚丙烯酰胺凝胶电泳),取 40～45 mL 血红蛋白粗提液制作盐析曲线,剩余部分(准确量体积)用于血红蛋白的盐析制备。

（二）血红蛋白的盐析制备

1. 血红蛋白盐析曲线的制作　血红蛋白盐析曲线的制作需要约 35 mL 血红蛋白粗提取液,具体操作如下。

(1) 取 7 支 18 mm×180 mm 干净试管编号 1～7,分别加入粗提液 5 mL。

(2) 分别向 1～5 号试管中加入饱和硫酸铵 1 mL、2 mL、3 mL、4 mL、5 mL,然后再分别加入蒸馏水 4 mL、3 mL、2 mL、1 mL、0 mL;分别向 6 号、7 号试管中加先加入固体硫酸铵 0.66 g 和 1.37 g,再加入饱和硫酸铵 5 mL,充分摇晃,使其溶解完全。7 支管中硫酸铵的饱和度分别为：

管号	1号	2号	3号	4号	5号	6号	7号
饱和度	10%	20%	30%	40%	50%	60%	70%

注意：

①向6号、7号管的血红蛋白粗提取液中加入固体硫酸铵时要缓慢加入。

②6号、7号管中所加固体硫酸铵的量参照附录Ⅰ中的“调整硫酸铵溶液饱和度计算表”。

(3) 每管混匀后等分装入7 mL×2离心管(需要平衡)中，并编号，20 ℃以下静置2 h以上，放入离心机中，8 000 r/min，离心20 min，弃去上清液，收集沉淀。

(4) 向收集的沉淀加入5 mL 0.1 mol/LPBS(pH 7.2)溶解沉淀物。

(5) 采用福林-酚法测定各管中总蛋白质的浓度，采用文齐氏液测定血红蛋白含量。

①福林-酚法测定各管中总蛋白质浓度的具体操作如下。

取试管编号，按下列顺序加入各试剂，制作标准曲线和测定样品蛋白质浓度。

编　　号	1	2	3	4	5	6	7	8	9
BSA含量/μg	0	25	50	100	150	200	250	—	—
250 μg/mL BSA/mL	0	0.1	0.2	0.4	0.6	0.8	1.0	—	—
待测蛋白质/mL	—	—	—	—	—	—	—	0.5	1.0
水/mL	1.0	0.9	0.8	0.6	0.4	0.2	—	0.5	—
试剂甲	均加入5 mL摇匀，室温下放置10 min								
试剂乙/(1 mol/L)	均加入0.5 mL，立即混匀，室温放置30 min后比色								
A_{650}									

计算：以吸光度(A_{650})对标准蛋白质BSA含量作图，根据此图求待测蛋白质含量。

②文齐氏法测量血红蛋白浓度：

文齐氏液是氰化法(HiCN法)的稀释剂，当血液加入文齐氏液内时，可将血红蛋白两价铁氧化为三价铁，它再与氰化物结合形成稳定棕红色的氰化高铁血红蛋白(HiCN)，这种溶液在540 nm波长的血红蛋白计或绿色滤光片的光电比色计或分光光度计上可测定哺乳动物血液中的血红蛋白浓度。

市场上购买的文齐氏液一般为浓缩试剂，使用时吸10 mL浓缩型试剂加蒸馏水至500 mL，并储存于棕色玻璃瓶内，于4～8 ℃冰箱内保存。该稀释液应尽快使用，如果溶液发生混浊或颜色变绿则不可继续使用。

操作时用吸管准确吸取20 μL血液样品，放入盛有5 mL文齐氏液50倍稀释液的试管内，反复吸打直至吸管至无色，然后摇匀试管并放置5 min，在波长540 nm，比色杯光径1.0 cm，杯温20～30 ℃下，以蒸馏水或空白文齐氏稀释液调零，测定样品吸光度(A_{540})，按照下述公式计算样品中血红蛋白含量：

$$\text{Hb(g/L)}=(A_{540}/44)\times(64\ 458/1\ 000)\times 251=A_{540}\times 367.7$$

其中：A_{540}为样本在 540 nm 下的吸光度值，44 为 HiCN 在波长 540 nm，光径 1.0 cm 条件下的毫摩尔消光系数（$L \cdot mmol^{-1} \cdot cm^{-1}$），64 458 为 Hb 的毫克相对分子质量，即 1 mmol/L Hb 溶液中的 Hb 毫克数，251 为血液稀释倍数。

（6）以硫酸铵饱和度为横坐标，蛋白质浓度和血红蛋白的含量为纵坐标作图，得到蛋白质盐析曲线和血红蛋白盐析曲线。

2. 饱和硫酸铵沉淀法制备血红蛋白提取液

（1）根据血红蛋白盐析曲线选择适当硫酸铵饱和度（一般为 25%～35%）以去除杂质，再选择适当硫酸铵饱和度（一般为 50%～60%）以沉淀血红蛋白。

（2）计算每升溶液达到 25%～35%饱和度和达到 50%～60%饱和度所需要的固体硫酸铵的量(g)，根据血红蛋白粗提液的体积计算相应饱和度时实际所需要的固体硫酸铵的量(g)。

（3）在血红蛋白粗提液中加入经研细的硫酸铵粉末，使其达到需要的饱和度（一般为 25%～35%），充分溶解后，20 ℃以下静置 2 h 以上，4 ℃，8 000 r/min，离心 20 min，除去沉淀。收集上清液。继续向上清液中加入硫酸铵粉末，使其达到需要的饱和度（一般为 50%～60%），充分溶解后，20 ℃以下静置 2 h 以上，4 ℃，8 000 r/min，离心 20 min，弃去上清液，收集血红蛋白沉淀。

（4）将血红蛋白沉淀溶于少量 0.1 mol/L PBS(pH 7.2)（10～20 mL，记录体积）中，取 2～5 mL 血红蛋白粗提液留做血红蛋白含量测定（文齐氏法）和纯度分析（聚丙烯酰胺凝胶电泳），其余用于进一步纯化。

（三）血红蛋白的纯化——凝胶层析法

血红蛋白相对分子质量为 64 458，故选用 Sephadex G-100 葡聚糖凝胶，Φ15×600～800 mm 层析柱分离纯化血红蛋白，加样量 2～3 mL（含蛋白质 60～100 mg），用 20 mmol/L PBS(pH 7.2)进行洗脱，洗脱速度可控制为 1 mL/($min \cdot cm^2$)，每管 3.5～4 mL，可用 A_{280} 的紫外线检测器配合记录仪采集信息，也可以通过紫外分光光度计比色分析。具体操作如下。

1. 准备

（1）Sephadex G-100 凝胶预处理　称取 10 gsephadex G-100 于 500 mL 烧杯，加入约 400 mL 去离子水，浸泡溶胀 24 h；倾去 Sephadex G-100 凝胶上层的水，用 0.1 mol/L 氯化钠溶液漂洗 3～4 次，倾去细小颗粒；将 Sephadex G-100 凝胶水溶液盛放于抽滤瓶中，减压抽气 30 min，除去凝胶颗粒内部的气泡后，凝胶保留部分上清液，装于蓝盖试剂瓶中备用。

（2）层析系统安装调试　将层析柱与地面垂直固定在架子上，将层析柱下端流出口用可调止水夹夹紧，在柱中加约 1/3 柱容积的洗脱液，打开层析柱下端流出口的止水夹，排除滤板下方气泡，使滤板底部及硅胶管中完全充满液体，然后将层析柱下端流出口止水夹夹紧。

将梯度混合器、蠕动泵、层析柱、自动部分收集器等按顺序组装好（图 12-2）。在梯度混合器中注入洗脱液，用软管连接蠕动泵，调整蠕动泵使输液流速约为 1 mL($min \cdot cm^2$)。

在自动部分收集器上放适宜数量的试管(约 30 支),调整自动部分收集器,使其收集速度为每管 3～4 min,以便自动收集。将洗脱液泵入整个层析系统,检查系统气密性和自动部分收集器的运行状况。

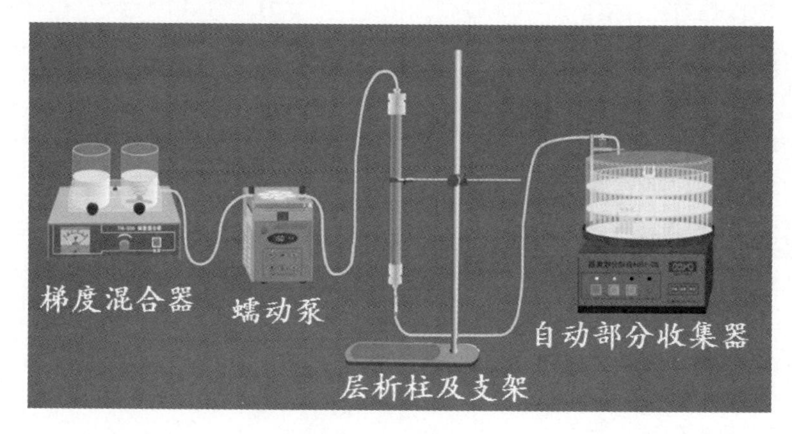

图 12-2 柱层析系统

2. 装柱 在柱中加约 1/3 柱容积的 20 mmol/L PBS(pH 7.0),把已经溶胀好的凝胶倒入烧杯中,用 20 mmol/L(pH 7.0)PBS 漂洗一次,将凝胶悬液在玻璃棒的引流下缓慢、连续地倒入层析柱,使胶粒逐渐扩散下沉。当沉积的凝胶达到约 3 cm 高时,打开层析柱下端流出口止水夹,并将流出口提高到 Sephadex G-100 的操作压以下,即柱顶至流出口大约 30 cm。调节止水夹,控制流速 0.5～1 mL/min 或 1 滴/3 s,用烧杯收集流出液,继续往层析柱中添加凝胶,直到所需要的床体高度。然后将层析柱下端流出口用止水夹夹紧,放置 20～30 min。

注意:操作压过大可能会使葡聚糖凝胶颗粒变形,从而影响层析时液体的流速。如 Sephadex G-100 的操作压为 30 cm 水柱,Sephadex G-200 的操作压只有 10 cm 水柱。装柱过程中要防止空气进入凝胶床体。

3. 平衡、上样、洗脱 用 PBS(20 mmol/L,pH 7.2)过柱平衡(1 倍的床体积),柱内凝胶应稳定在固定高度即可加样。样品体积为 2～3 mL(2%床体积)。加样方式如图 12-3 所示。待样品进入凝胶后,加入洗脱液高于凝胶表面 3～4 cm,连接柱层析系统,按照预设的流速和收集时间连续洗脱并自动收集。

4. Sephadex G-100 柱层析洗脱曲线测定 每管取 0.2～0.5 mL 稀释至 4 mL,用紫外分光光度计测量 A_{280}。以 A_{280} 测量值为纵坐标,收集管号为横坐标绘制洗脱曲线,收集血红蛋白洗脱峰处的液体(内含较高浓度血红蛋白),取 2～5 mL 血红蛋白收集液留做血红蛋白含量测定与理化性质分析,剩余部分测量体积,置于冻干管中冷冻干燥(纯品血红蛋白)。

(四) 血红蛋白纯度检测——SDS-PAGE 分析法

将上述各个血红蛋白提取/纯化过程中得到的样品同时进行 SDS-PAGE 凝胶电泳分析血红蛋白的纯度。具体操作如下。

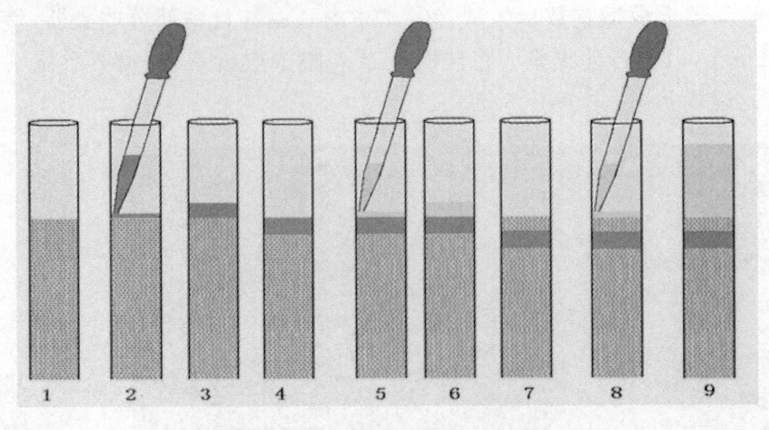

图 12-3 柱层析加样过程示意图

(1. 平衡好的层析柱;2. 沿管壁将样品溶液小心加到凝胶床面上;3～4. 打开下口夹子,使样品溶液流入柱内,同时收集流出液;5～7. 当样品溶液流至与胶面相切时,夹紧下口夹子,按加样操作,用 1 mL 洗脱液冲洗管壁 2 次;8～9. 最后加入 3～4 mL 洗脱液于凝胶上)

1. 配胶与制胶

(1) 清洗玻璃板,靠在架子上晾干,下面垫吸水纸控水。

(2) 把洗净、控干的玻璃板装在夹子上,注意保证底端两玻璃板平齐。

(3) 根据目的蛋白质的相对分子质量大小选择合适的分离胶浓度(参见附录 H),并配制分离胶。

(4) 加入 TEMED 后,迅速混匀,用移液器注入准备好的玻璃板内,直至距玻璃板上沿约 3 cm 处,接着注入水或无水酒精至玻璃板口,使分离胶胶面平整、无气泡。

(5) 静置 30～40 min 至分离胶完全凝固,界面清晰可见,倒去水,斜置控干。

(6) 按照附录 H 中相关表格配制 SDS-PAGE 的浓缩胶,当加入 TEMED 时,混匀胶液,迅速用移液器将浓缩胶注入板内至玻璃板上沿,插入梳子,注意齿下不应有气泡。静置至胶凝固。

(7) 2 h 后取出玻璃板,如暂时不用,可将胶置于 PE 手套中 4 ℃过夜。

2. 电泳

(1) 把玻璃板架在电泳槽上,配制并加入 Tris-甘氨酸电极缓冲液,使液面淹过短玻璃板约 0.5 cm,稍许浸泡,拔出梳子。

(2) 将样品煮沸变性,与上样缓冲液混合后,用微量注射器取 5～10 μL 加到凝胶加样孔中;加入剩余的缓冲液,盖好电极。

(3) 70 V 恒压电泳约 20 min,当样品在两胶交界处呈线形时,调电压为 110 V,继续电泳约 1.5 h,至溴酚蓝条带跑到胶的底部。

(4) 电泳结束后,取出并撬开玻璃板,割下需要部分的胶,移至大培养皿中。

(5) 染色:用 0.05%考马斯亮蓝 R250(内含 20%磺基水杨酸)染色液染色,使染色液没过胶板,染色 15 min 左右。

(6) 脱色:用 7%乙酸浸泡漂洗数次,直至背景透明、条带清晰。中间可换洗脱液。

五、实验结果与讨论

1. 画出用于福林-酚法测定蛋白质浓度的蛋白质标准曲线。
2. 画出蛋白质盐析曲线和血红蛋白盐析曲线。
3. 根据柱层析结果，画出 Sephadex G-100 柱层析洗脱曲线。
4. 将各步提纯结果填入下表(分离纯化进程结果的比较)

纯化步骤	总蛋白质/mg	血红蛋白/mg	相对纯度	纯化倍数
血红蛋白粗提液				
硫酸铵沉淀				
凝胶色谱				
其他方法				

5. 完成血红蛋白聚丙烯酰胺凝胶电泳，提供结果图谱并进行分析讨论。
6. 计算血红蛋白产量与纯度。

六、参考资料

[1] 杨成民，李家增，季阳. 基础输血学[M]. 北京：中国科学技术出版社，2001.

[2] 周勃，边六交，等. 从猪血中分离纯化高纯度的猪血红蛋白[J]. Chinese Journal of Chromatography，2008，26(3)：384-387.

[3] Feola M，Simoni J，Canizaro P C，et al. Toxicity of polymerized hemoglobin solutions. Surg Gynecol Obstet. 1988，166(3)：211-222.

实验十三 藻蓝蛋白的提取、纯化及分析

一、实验目的

1. 学习从螺旋藻粉中提取、纯化藻蓝蛋白的基本原理和方法。
2. 掌握超声波破碎法、盐析、凝胶层析等提纯蛋白质的基本实验技术。
3. 掌握聚丙烯酰胺凝胶电泳等蛋白质分析的常用方法。

二、实验原理与设计

藻蓝蛋白(phycocyanin,PC)是一种存在于蓝藻细胞内的光合色素,能高效捕获光能,一般由α亚单位和β亚单位组成稳定的单体(αβ),单体(αβ)相对分子质量为40 000左右,再以单体聚合成三体$(\alpha\beta)_3$或六体$(\alpha\beta)_6$等形式存在,相对分子质量为230 000左右。肽链上共价结合1个开链的四吡咯环辅基,类似动物红细胞的血红素结构。天然存在的藻蓝蛋白通常以六体$(\alpha\beta)_6$的形式存在。与之相近的别藻蓝蛋白(Anthocyanin,APC)为三体$(\alpha\beta)_3$,在650 nm处有最大吸收峰。分离纯化的水溶藻蓝蛋白在溶液中呈蓝色,并发出紫色荧光,在波长620 nm具有特异吸收峰,可用吸光度比值A_{620}/A_{280}表示其纯度。因水溶性好、无毒、清亮、着色力强等优点,藻蓝蛋白被广泛用于食品着色剂和化妆品的添加剂。藻蓝蛋白带有荧光,可用作荧光标记物,不论是以单体、三体,还是以六体形式存在,在可见光下均呈现出美丽的蓝宝石颜色,色泽鲜艳,经测定在多种理化因素下都是相当稳定的。

藻蓝蛋白在以下几个方面有着较广泛的应用:①作为天然色素广泛应用于食品、化妆品、染料等工业;②具有强烈荧光可制成荧光试剂、荧光探针、荧光示踪物质等,用于临床医学诊断、免疫化学及生物工程等研究领域中;③作为一种重要的生理活性成分,可制成药品用于医疗保健上,体外培养能明显抑制血癌细胞株的生长,对人胃癌细胞的生长也有明显的抑制作用;④是一种无毒副作用的理想光敏剂。

本实验拟从3.0 g钝顶螺旋藻粉中,通过饱和硫酸铵盐析,Sephadex G-200色谱纯化的方法提纯藻蓝蛋白,并用聚丙烯酰胺凝胶电泳、分光光度法等对纯化样品纯度、浓度等进行初步分析。通过设置不同条件,初步研究温度、酸碱度等对藻蓝蛋白稳定性的影响。实验基本流程见图13-1。

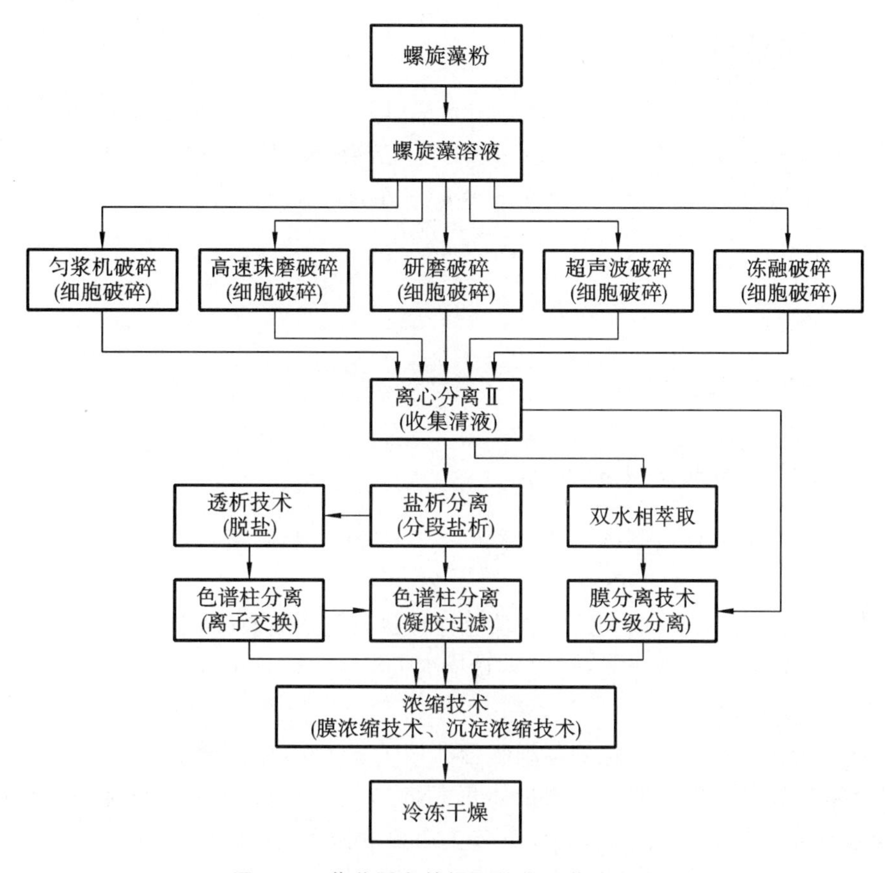

图 13-1　藻蓝蛋白的提取纯化工艺流程图

藻蓝蛋白的提取、纯化方法多种多样，除盐析及葡聚糖凝胶层析外，还有双水相萃取、离子交换、等电点沉淀等多种方法，可以尝试比较各种方法的不同，寻找最佳纯化工艺流程。

藻蓝蛋白提纯后，化学性质受环境中多种因素的影响，除了本实验提到的温度、酸碱度等因素外，可以尝试用其他常见的影响因素进行测试，并寻找最佳保存条件。

三、实验仪器与材料

（一）实验仪器

冷冻离心机、冰箱、烘箱、紫外-可见光分光光度计、旋涡混合器、稳压直流电源（300～500 V，电流 50～100 mA）、垂直板电泳槽、凝胶模及玻璃板、梯度混合器、自动部分收集器、蠕动泵、ϕ15×（600～800）mm 色谱柱及支架、移液枪（200 μL、1 mL、5 mL）及吸头、10 mL 注射器及针头、50 mL 离心管、7 mL 离心管、ϕ150 mm 培养皿、18 mm×180 mm 试管、烧杯、玻璃棒、胶头滴管、记号笔等。

（二）实验试剂

0.01 mol/L PBS（pH 7.0）、20 mmol/L PBS（pH 7.0）、硫酸铵、饱和硫酸铵、Sephadex G-200 葡聚糖凝胶、0.1 mol/L H_2SO_4溶液、聚丙烯酰胺凝胶电泳试剂、考马斯亮蓝 G-250 溶液、牛血清白蛋白（BSA，500 μg/mL）等。

（三）生物材料

钝顶螺旋藻粉。

四、实验操作与步骤

（一）藻蓝蛋白粗提液的制备

1. 螺旋藻细胞悬浮液制备　准确称取 2.0～3.0 g 螺旋藻粉，加入 0.01 mol/L PBS（pH 7.0），4 ℃下，浸泡过夜备用。

2. 超声波细胞破碎　取上述螺旋藻悬浮液进行超声波破碎，破碎条件：功率 500 W，能量 80%，室温，脉冲选择开 3 s 停 2 s，破碎时间 2～5 min，在显微镜下观察计数细胞破碎率（在 90%以上即可）。

3. 离心分离　将破碎的螺旋藻细胞悬浊液于 8 000 r/min 离心 20 min，收集上清液可得到含藻蓝蛋白的粗提液Ⅰ。测量体积，测定 A_{280}、A_{620} 和 A_{650}，计算藻蓝蛋白的含量（方法见操作步骤（四）），取 2～5 mL 藻蓝蛋白提取液Ⅰ，使用考马斯亮蓝法测定蛋白质含量，使用聚丙烯酰胺凝胶电泳进行纯度分析（参见实验十二）。

考马斯亮蓝法测定蛋白质含量的操作过程如下。

取洁净试管编号。按下列顺序加入各试剂，制作标准曲线和测定样品蛋白质浓度。

试管编号	1	2	3	4	5	6	7-样	8-样
500 μg/mL BSA/μL	0	50	100	150	200	250	—	—
分析样品/μL	—	—	—	—	—	—	250	500
蒸馏水/μL	500	450	400	350	300	250	250	0
考马斯亮蓝 G-250/mL	3	3	3	3	3	3	3	3
操作	混匀，室温放置 15 min							
A_{595}								

以 1～6 号管标准蛋白质质量浓度为横坐标，1～6 号管 A_{595} 为纵坐标作图，即得标准曲线。未知浓度样品 1∶100 倍稀释后按照 7-样和 8-样操作测定，根据 A_{595} 推算出浓度。

（二）饱和硫酸铵沉淀法纯化藻蓝蛋白

1. 藻蓝蛋白盐析曲线的制作　藻蓝蛋白盐析曲线的制作约需要藻蓝蛋白粗提液Ⅰ 40～50 mL，具体操作参见实验十二。

2. 盐析沉淀纯化藻蓝蛋白　根据藻蓝蛋白盐析曲线，选择适当硫酸铵饱和度并参照实验十二的操作方法收集藻蓝蛋白沉淀。

收集到的藻蓝蛋白按照下述步骤透析或离心，进一步纯化。

(1) 方法一　将饱和硫酸铵沉淀的藻蓝蛋白用 10～20 mL 的 0.01 mol/L PBS(pH 7.0)溶解，并倾倒于透析袋中，置于去离子水中透析 24 h(每隔 4～6 h 更换一次去离子水)，透析结束后，冷冻(−4 ℃)离心机中，以 8 000 r/min 离心 20 min，收集上清液(藻蓝蛋白提取液Ⅱ)，测量体积，测定 A_{280}、A_{620} 和 A_{650}，计算藻蓝蛋白的含量(方法见操作步骤(四))，取 2～5 mL 藻蓝蛋白提取液Ⅱ留做蛋白质含量测定(考马斯亮蓝法)和纯度分析(聚丙烯酰胺凝胶电泳，见实验十二)。其余部分可用于离子交换柱层析进一步纯化，也可直接冷冻干燥得到藻蓝蛋白粗制品。

(2) 方法二　将沉淀的藻蓝蛋白用 10～20 mL 的 0.01 mol/L PBS(pH 7.0)溶解，置于冷冻(4 ℃)离心机中，以 8 000 r/min 离心 20 min，收集上清液(藻蓝蛋白提取液Ⅱ)，测量体积，测定 A_{280}、A_{620} 和 A_{650}，计算藻蓝蛋白的含量，取 2～5 mL 藻蓝蛋白提取液Ⅱ留做蛋白含量测定(考马斯亮蓝法)和纯度分析(聚丙烯酰胺凝胶电泳，见实验十二)。其余部分可直接进行凝胶柱层析进一步纯化。

(三) 凝胶层析纯化藻蓝蛋白

凝胶层析纯化藻蓝蛋白的流程见图 13-2，具体操作见实验十二。

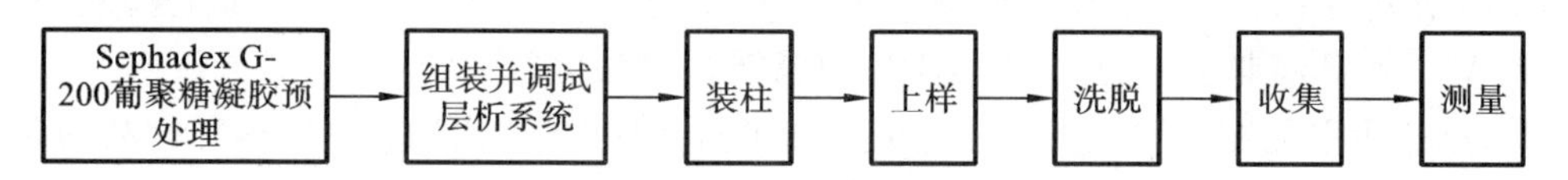

图 13-2　凝胶层析纯化藻蓝蛋白的流程

藻蓝蛋白相对分子质量为 230 000 左右，故选用 Sephadex G-200 葡聚糖凝胶，ϕ15×(600～800) mm 层析柱进行分离纯化，样品体积为 2～3 mL(2%床体积，含蛋白质60～100 mg)，用 20 mmol/L PBS(pH 为 7.0)进行洗脱，洗脱速度可控制为 0.5～1.0 mL/min，每管 4 mL，可用 A_{280} 的紫外线分光光度计进行检测。以 A_{280} 测量值为纵坐标，收集管号为横坐标，绘制洗脱曲线，收集藻蓝蛋白洗脱峰，测量体积，取 2～5 mL 用藻蓝蛋白含量测定与理化性质分析，剩余部分置于冻干管中冷冻干燥(纯品藻蓝蛋白)。

(四) 藻蓝蛋白浓度、纯度及得率的计算方法

1. 藻蓝蛋白浓度的测定

(1) 方法一　用紫外分光光度计对粗提的藻蓝蛋白溶液进行全波段扫描，可见藻蓝蛋白的特征吸收在 620 nm，异藻蓝蛋白的特征吸收在 650 nm 处。提取液中藻蓝蛋白浓度(c)按下式计算。

$$c = \frac{A_{620} - 0.474A_{650}}{5.34}(\mathrm{mg/mL}) \tag{1}$$

(2) 方法二　螺旋藻中以藻蓝蛋白吸收光谱的差异作为其测定标准。藻蓝蛋白(PC)在 620 nm 处有最大吸收峰，其含量测定方法如下。

$$c_{PC} = 0.1425A_{620} \tag{1'}$$

2. 藻蓝蛋白的纯度测定　藻蓝蛋白的纯度为溶液在 620 nm 和 280 nm 处吸光度的比值，而别藻蓝蛋白（APC）最大吸收峰在 650 nm，其含量的测定方法如下。

$$c_{ACP} = \frac{A_{650} - 0.208A_{620}}{5.09} \tag{2}$$

在上述式子中，c_{PC}和 c_{APC}分别代表藻蓝蛋白和别藻蓝蛋白的质量浓度（g/L），A_{620}和 A_{650}分别代表样品在波长 620 nm 和 650 nm 处的吸光度。

3. 藻蓝蛋白提取得率的计算　藻蓝蛋白提取得率（T）为提取液中藻蓝蛋白的重量与原料重量的比值。按公式（2）计算。

$$T = \frac{nV(A_{620} - 0.474A_{650})}{5.34} \times 100 \tag{3}$$

式中：n——样品稀释倍数；V——提取液总体积，mL；G——原料质量，mg。

（五）藻蓝蛋白的稳定性试验

1. 温度稳定性试验　取凝胶柱层析得到的藻蓝蛋白溶液适当稀释，分别置于 20 ℃、30 ℃、40 ℃和 50 ℃的水浴中，开始计时并每隔 0.5 h 测量上清液 A_{280}、A_{620}和 A_{650}，计算藻蓝蛋白的浓度，以考察藻蓝蛋白对温度的稳定性。

2. 酸碱稳定性试验　取凝胶柱层析得到的藻蓝蛋白溶液适当稀释，用 0.1 mol/L 稀 H_2SO_4溶液调节 pH 值为 3.0、5.0、8.0 和 9.0，置于 20 ℃的水浴中，测量上清液 A_{280}、A_{620}和 A_{650}，计算藻蓝蛋白的浓度，以考察藻蓝蛋白对酸碱的稳定性。

3. 藻蓝蛋白纯度检测　将上述各个血红蛋白在提取、纯化过程中取得的样品同时上样，进行聚丙烯酰胺凝胶电泳，检验各个环节中血红蛋白的纯度。具体操作参见实验十二。

五、实验结果与讨论

1. 画出用于考马斯亮蓝法测定蛋白质的蛋白质标准曲线。

2. 画出藻蓝蛋白的盐析曲线，并进行分析讨论。

3. 画出藻蓝蛋白 Sephadex G-200 柱层析图谱。

4. 将各步提纯结果填入如下表格中。

（1）PC 的各级纯化结果

分离程序	A_{620}/A_{280}
细胞破碎粗提	
硫酸铵盐析	
等电点沉淀	
Sephadex G-200 分子筛	

(2) 分离纯化进程结果比较

纯化步骤	总蛋白质/mg	藻蓝蛋白/mg	相对纯度	纯化倍数
粗提液				
硫酸铵沉淀				
等电点沉淀				
凝胶色谱				

5. 完成聚丙烯酰胺凝胶电泳,对聚丙烯酰胺凝胶电泳图谱进行分析与讨论。
6. 分析、讨论 pH 值对等电点沉淀藻蓝蛋白富集分离的影响。
7. 分析、讨论温度对藻蓝蛋白稳定性的影响。
8. 分析、讨论酸碱对藻蓝蛋白稳定性的影响。

六、参考资料

[1] 曲文娟,马海乐,张厚森. 钝顶螺旋藻藻蓝蛋白的脉冲超声辅助提取技术[J]. 食品科学,2007,(5),135-138.

[2] 刘杨,王雪青,赵培,等. 水提分离钝顶螺旋藻藻蓝蛋白及其稳定性研究[J]. 天津师范大学学报(自然科学版),2008,28(3):11-14.

[3] 王广策,周百成,曾呈奎. 钝顶螺旋藻 c-藻蓝蛋白和多管藻 R-藻红蛋白的分离及其摩尔消光系数的测定[J]. 海洋科学 1996,20(1):52-55.

[4] Kaplan D, Calvert H E, Peters G A. The Azolla-Anabaena azollae Relationship: Ⅻ. Nitrogenase Activity and Phycobiliproteins of the Endophyte as a Function of Leaf Age and Cell Type[J]. Plant Physiol,1986,80(4):884-890.

[5] 李冰,张学成,高美华,等. 钝顶螺旋藻藻蓝蛋白提取纯化新工艺[J]. 海洋科学,2007,31(8):48-52.

实验十四

酵母蔗糖酶的提取纯化及分析

一、实验目的

1. 学习从干酵母中提取、纯化蔗糖酶的基本原理和方法。
2. 掌握超声波破碎法、盐析、离子交换、凝胶层析等提纯蛋白质的基本实验技术。
3. 掌握聚丙烯酰胺凝胶电泳、酶的动力学特性等蛋白质常见分析方法。

二、实验原理与设计

蔗糖酶(EC. 3. 2. 1. 26,β-D-呋喃果糖苷水解酶)能特异性地催化非还原糖中的 α-呋喃果糖苷键水解,具有相对专一性,不仅能催化蔗糖水解为D-葡萄糖和D-果糖,也能催化棉子糖水解,生成密二糖和果糖。由于果糖甜度高,其甜度为蔗糖的 1.36～1.60 倍,在工业上具有较高的经济价值。蔗糖酶可用于转化蔗糖,增加甜味,制造人造蜂蜜。蔗糖酶在畜牧、农业、食品等领域有广泛应用。

每摩尔蔗糖水解产生两摩尔还原糖,蔗糖的裂解速率可以通过 Nelson 法测定还原糖产生的数量进行计算。一个酶活力单位规定为在标准分析条件下每分钟催化底物转化的数量。比活力单位为每毫克蛋白质含有酶活力单位。

蔗糖酶以两种形式存在于酵母细胞膜的外侧和内侧,在细胞膜外细胞壁中的称为外蔗糖酶,其活力占蔗糖酶活力的大部分,是含有 50% 糖成分的糖蛋白。在细胞膜内侧细胞质中的称为内蔗糖酶,含有少量的糖。两种酶的蛋白质部分均为双亚基,二聚体,两种形式的酶的氨基酸组成不同,外酶每个亚基比内酶多两个氨基酸,即丝氨酸和甲硫氨酸,它们的相对分子质量也不同,外酶约为 270 000(或 220 000,与酵母的来源有关),内酶约为 135 000。尽管这两种酶在组成上有较大的差别,但其底物专一性和动力学性质仍十分相似,因此,本实验未区分内酶与外酶,而且由于内酶含量很少,极难提取,因此本实验提取纯化的主要是外酶。

酵母(啤酒酵母)中含有丰富的蔗糖酶,关于酵母中蔗糖酶提取纯化方面的研究较多,本实验以啤酒干酵母为原料,物理方法破碎酵母细胞,利用饱和硫酸铵盐析分离、二乙基氨基乙基纤维素(DEAE 纤维素)或 Sephadex G-150 凝胶层析等步骤纯化蔗糖酶,最后用聚丙烯酰胺凝胶电泳检验蔗糖酶的纯度,并进行理化性质分析,如测定蔗糖酶的 K_m 值、最适 pH 值、最适反应温度等。具体实验流程如图 14-1。

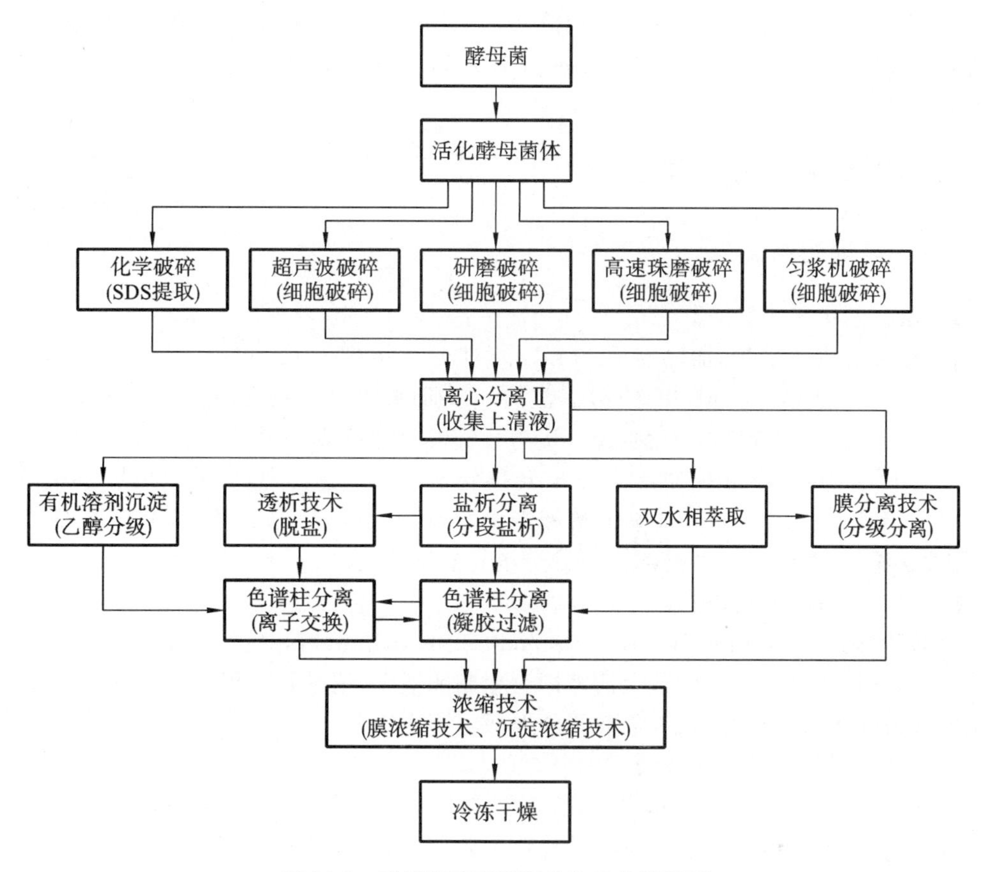

图 14-1 酵母蔗糖酶提取纯化工艺流程图

本实验可采用高速珠磨、研磨、超声破碎法破碎细胞、盐析或有机溶剂沉淀法初步纯化，采用 DEAE 纤维素或 Sephadex G-150 或 G-200 凝胶层析进一步纯化，实验过程中需要优化的因素很多，如细胞破碎方法与实践，盐析或有机溶剂沉淀条件等，可以选择某一个方面进行优化，以提高蔗糖酶的得率以及纯度。

三、实验仪器与材料

1. 实验仪器 分析天平、精密天平、超声波细胞破碎仪、冷冻离心机(8 000～10 000 r/min，50 mL×6)、普通离心机(5 000 r/min，200 mL×4)、台式离心机(16 000 r/min，7 mL×6)、冷冻干燥机、−80 ℃冰箱、制冰机、电热恒温水浴锅、部分收集器、蠕动泵、Φ10～25 mm×300～500 mm 和 Φ15×600～800 mm 层析柱及支架、电泳仪(300～500 V，电流 50～100 mA)及垂直板电泳槽、紫外-可见分光光度计、振动混合器、移液枪(100～1 000 μL、10～200 μL)、18 mm×180 mm 试管、离心管(7、50、200 mL)、移液管(5 mL)、量筒(100 mL)、烧杯等。

2. 实验试剂 牛血清蛋白(BSA，250 μg/mL)、葡萄糖标准液(1 mg/mL)、0.1 mol/L 蔗糖溶液、1 mol/L 乙酸、0.1 mol/L(pH 4.6)NaAc-HAc 缓冲液、甲苯、0.3 mmol/L

SDS、95%乙醇;DEAE-纤维素(DE_{52});Sephadex G-150;0.05 mol/L Tris-HCl(pH 7.3)缓冲液、石英砂、固体硫酸铵、饱和硫酸铵、0.1 mol/L PBS(pH 7.0)、福林-酚试剂、聚丙烯酰胺凝胶电泳试剂、3,5-二硝基水杨酸(DNS试剂)、美蓝染色液等。

3. 生物材料　啤酒酵母。

四、实验操作与步骤

(一) 蔗糖酶粗提取

【方法一　甲苯研磨法】

1. 称取20 g干酵母,加蒸馏水80 mL,搅拌10 min,3 000 r/min离心15 min,收集酵母泥,加10 g石英砂、20 mL甲苯(分三次加入),研磨10 min左右,使其呈糊状。

2. 将研磨好的内容物转移到50 mL离心管中,平衡后以8 000 r/min离心20 min。

3. 用吸管小心将离心后的中间水层转移到干净的离心管中,勿带上层甲苯相,然后以8 000 r/min离心20 min,收集上清液即为粗制酶液Ⅰ,记录其体积,4 ℃保存。取2 mL留做酶活力和蛋白浓度测定,余下部分进行后续纯化。

【方法二　SDS抽提法】

称取酵母泥50 g,加入50 mL 0.3 mmol/L的SDS溶解,40 ℃水浴10 h后取出,4 ℃、8 000 r/min离心20 min,取上清液即为粗制酶液Ⅰ,记录其体积,4 ℃保存。取2 mL留做酶活力和蛋白质浓度测定,余下部分进行后续纯化。

【方法三　超声波细胞破碎】

频率超过15～20 kHz的超声波,在较高的输入功率下(100～250 W)可破碎细胞。细胞破碎过程中,细胞破碎率的检测对破碎工艺的选择、工艺放大起着非常重要的作用。最常用的检测细胞破碎效果的方法是将细胞染色后通过显微镜直接观察,也可以通过测定核酸与蛋白质的含量判断细胞破碎率。

酵母细胞超声波破碎的效率受多种因素的影响,为达到最佳实验效果,可以在正式实验前应用正交实验进行细胞超声破碎条件的探究。

正交实验法是研究与处理多因素实验的一种实验设计方法,它可以利用规格化的正交表通过整体设计、综合比较和统计分析,能在很多的试验条件中选出代表性强的少数条件,并能通过较少次数的试验找到较好的实验条件,即最优或较优的方案。在生产实践和科学研究中对于因素多、周期长、有误差的一类试验问题,正交实验法的效果尤其显著。

本实验应用正交实验法选择酵母细胞超声破碎的最佳实验条件,主要考察三个因素:即细胞浓度、超声能量和破碎时间,每个因素有四个位级(或称水平)(表14-1)。

表14-1　酵母细胞超声破碎实验条件的因素位级表

因素 / 试验号	A. 细胞浓度	B. 超声能量	C. 破碎时间/min
1	3%	20%	3
2	6%	40%	6
3	9%	60%	9
4	12%	80%	12

如果每个因素各个位级的所有组合都做试验，要做 $4^3=64$ 次。为了使试验次数减少而又能得到较好的结果，需要选用合适的正交表。

现有正交表 $L_{16}(4^5)$，能安排 5 个 4 位级的因素，只需做 16 次试验（表 14-2）。本实验中有 3 个 4 位级的因素，所以可以选用此表来安排试验。如果不考虑因素之间的交互作用，进行表头设计时，则把因素 A、B、C 分别放入正交表 $L_{16}(4^5)$ 的第 5、2 和 1 列上。

表 14-2 $L_{16}(4^5)$ 正交表

试验号 \ 列号	1	2	3	4	5
1	1	1	1	1	1
2	1	2	2	2	2
3	1	3	3	3	3
4	1	4	4	4	4
5	2	1	2	3	4
6	2	2	1	4	3
7	2	3	4	1	2
8	2	4	3	2	1
9	3	1	3	4	2
10	3	2	4	3	1
11	3	3	1	2	4
12	3	4	2	1	3
13	4	1	4	2	3
14	4	2	3	1	4
15	4	3	2	4	1
16	4	4	1	3	2

通过研究可以获得最佳细胞破碎条件，此条件用于酵母细胞蔗糖酶的提取可以获得较高的产量。

1. 细胞悬浮液制备　称取 10～20 g 干酵母，加入 200～300 mL 的蒸馏水，于 37 ℃水浴锅中放置 30 min，不断搅拌制成悬浊液。取悬浊液 3 000 r/min 离心 15 min，收集细胞泥称重，加入一定量的蒸馏水搅拌均匀，使其湿浓度达到 8%～15%。

2. 细胞破碎与镜检　探头置于细胞溶液下 1.5～2 cm，细胞泥浓度为 8%～15%，脉冲（间歇时间）为开 3 s，停 2 s。破碎时间与破碎功率为 10 min/100 mL，500 W；破碎温度为冰水浴。

细胞破碎检测：每隔 5 min 检测 1 次，采用相同稀释度的样品用美蓝染色，显微镜检查细胞破壁率，破壁的酵母呈蓝色，而未破壁的酵母呈无色，镜检记数，破壁率 > 90% 即可。破壁率计算公式如下。

$$\alpha(\%)=\left(\frac{C-C'\times\frac{n_1}{n_1+n_2}}{C}\right)\times 100\%$$

式中：α——破壁率(100%)；

C——破壁前的细胞数(相同稀释倍数)；

C'——破壁后的细胞数(相同稀释倍数)；

n_1——染色后呈紫色细胞数；

n_2——染色后呈粉红色细胞数。

3. 离心收集粗酶液　将细胞破碎后的悬浮液(破壁率>90%)置于离心机中 3 000 r/min离心 20 min，或过滤得到粗酶液Ⅰ。测量粗酶液Ⅰ的体积，取 2～5 mL 于 EP 管中用于分析，其余置于试剂瓶，4 ℃冰箱保存，用于进一步纯化。

(二) 蔗糖酶的纯化——饱和硫酸铵沉淀法

1. 制作蔗糖酶盐析曲线　蔗糖酶盐析曲线的制作需要蔗糖酶粗提液 40～50 mL，具体操作参见实验十二。

2. 分段盐析沉淀纯化蔗糖酶　根据蔗糖酶盐析曲线选择适当硫酸铵饱和度进行分段盐析，操作过程参照实验十二，收集蔗糖酶沉淀；向沉淀中加入少许 0.1 mol/L PBS (pH 7.0)溶解沉淀物，8 000 r/min 离心 20 min，收集上清液(粗酶液Ⅱa)，测量体积，取 2～5 mL 用于分析，其余用于进一步纯化，如 Sephadex G-150 凝胶柱层析。

3. 透析脱盐　将粗酶液Ⅱa 对 0.1 mol/L PBS(pH 7.0)透析约 12 h(4 ℃更换 1～2 次透析液)，收集蔗糖酶溶液(粗酶液Ⅱb)，量体积，取 2～5 mL 用于分析，其余用于进一步纯化，如 DEAE-纤维素柱层析。

(三) 蔗糖酶的纯化

1. 方法一　DEAE-纤维素柱层析(装柱、上样、洗脱方式同凝胶柱层析)。

选用 Φ10～15 mm×200～300 mm 层析柱，按照实验十二中凝胶柱层析的操作方法连接柱层析系统，DEAE-纤维素(DE_{52})经常规处理与脱气后装柱(高 150～200 mm)，用起始缓冲液 0.05 mol/L Tris-HCl(pH 7.3)缓冲液平衡，调节流速为 0.5～1 mL/min 按照 3%～5%的床体积加样，先用 0.05 mol/L Tris-HCl(pH 7.3)缓冲液洗脱，然后盐度梯度洗脱，由 0.05 mol/L Tris-HCl(pH 7.3)缓冲液到 0.1 mol/L NaCl 的 0.05 mol/L Tris-HCl(pH 7.3)缓冲液，每管收集 4 mL，洗脱约 120 min，将收集管按顺序比色，测定 A_{280}，获得洗脱曲线，同时测定峰管的酶活力，将最高酶活力的若干管酶液集中，测量体积，取 2～5 mL 酶液留着分析，其余分装后低温保存或继续纯化或冷冻干燥。

2. 方法二　Sephadex G-150 凝胶柱层析。

选用 Φ15×600～800 mm Sephadex G-150 层析柱，用 NaCl 溶液(0.1 mol/L)装柱、平衡后，取 2～5 mL 粗酶液Ⅱb 加样，用 NaCl 溶液(0.1 mol/L)用进行洗脱，洗脱速度可控制为 0.5～1.0 mL/min，每管收集约 4 mL，共收集 50 管左右，各管用 A_{280} 的紫外线进行检测，获得洗脱曲线。具体操作参见实验十二。收集峰管酶液，取 2～5 mL 酶液留着分析，其余分装后低温保存或冷冻干燥。

（四）蔗糖酶干酶粉的制备——冷冻干燥

真空冷冻干燥又称升华干燥。将含水物料冷冻到冰点以下，使水转变为冰，然后在较高真空下将冰转变为蒸汽而除去水的干燥方法。物料可先在冷冻装置（−80 ℃冰箱）内冷冻，再进行升华干燥。也可直接在干燥室内迅速抽成真空而冷冻。

将经过 Sephadex G-150 柱层析纯化的酶溶液放入冻存管中，置于−80 ℃冰箱中预冻 24 h 以上，再置于冷冻干燥机中冷冻干燥，直至得到酶粉。

（五）酵母蔗糖酶理化性质研究

1\. 酵母蔗糖酶米氏常数值的测定　米氏常数（K_m）是酶促反应达最大速度（v_m）一半时底物（S）的浓度。它是酶的一个特征性物理量，是极为重要的动力学参数，其大小与酶的性质有关，也随测定的底物种类、反应的温度、pH 值及离子强度而改变。在酶学和代谢研究中是重要特征数据。同一种酶如果有几种底物，就有几个 K_m，K_m 代表同一种酶对不同底物的亲和力。一般用 $1/K_m$ 近似地表示酶对底物亲和力的大小，$1/K_m$ 愈大，表示酶对该底物的亲和力愈大，酶促反应易于进行。在测定酶活性时，如果要使得测得的初速度基本上接近于 v_{max}，而过量的底物又不至于抑制酶活性时，一般底物浓度[S]值需为 K_m 的 10 倍以上。米氏方程式如下。

$$v=\frac{v_{max}\cdot[S]}{K_m+[S]}$$

式中：v_{max}是该酶促反应的最大速度；[S]为底物浓度；K_m 是米氏常数；v 是在某一底物浓度时相应的反应速度。

将米氏方程式以 $1/v$-$1/[S]$ 作图，即可得到如图 14-2 所示的一条直线，此即为 Lineweaver-Burk 双倒数作图法。

$$\frac{1}{v}=\frac{K_m}{v_{max}}\left(\frac{1}{[S]}\right)+\frac{1}{v_{max}}$$

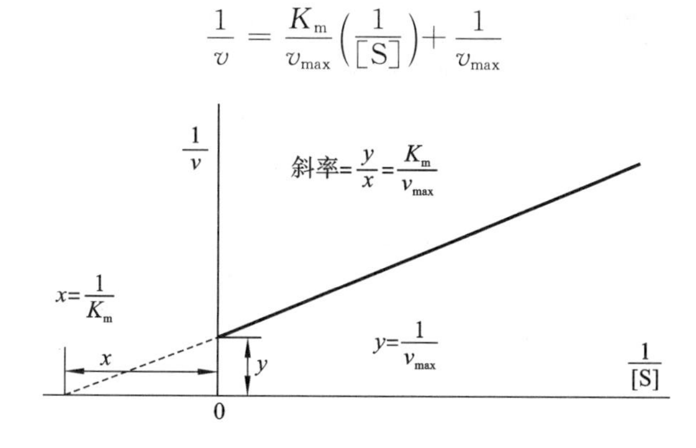

图 14-2 Lineweaver-Burk 双倒数作图法

酵母蔗糖酶米氏常数测定的具体操作如下。

（1）取试管编号，并按下表操作。

单位:mL

试管号	0	1	2	3	4	5	6	7	8
0.1 mol/L 蔗糖	0	0.1	0.2	0.3	0.4	0.5	0.6	0.8	0.1
蒸馏水	1	0.9	0.8	0.7	0.6	0.5	0.4	0.2	0
0.1 mol/L NaAc-HAc(pH 4.6)	0.2	0.2	0.2	0.2	0.2	0.2	0.2	0.2	0.2
操作	于 37 ℃水浴锅中预热 5 min								
稀释酶液	0.2	0.2	0.2	0.2	0.2	0.2	0.2	0.2	0.2
操作	于 37 ℃水浴锅中准确反应 15 min								
1 mol/L NaOH	0.1	0.1	0.1	0.1	0.1	0.1	0.1	0.1	0.1
DNS	0.5	0.5	0.5	0.5	0.5	0.5	0.5	0.5	0.5
操作	沸水浴 5 min,各加 5 mL 蒸馏水混匀,放置 20 min								
A_{540}									

(2) 计算各试管中的[S](蔗糖浓度)和 v(还原糖 μmol/min),用反应速率对底物浓度作图,用 L/v 对 $L/[S]$ 作图。计算出 K_m 和 v_{max}。

2. 蔗糖酶最适 pH 值的测定

(1) 缓冲溶液的配制:

①0.2 mol/L 丁二酸缓冲液三种(pH 2.5、pH 3.0、pH 3.5) 用 50 mL 水溶解 5.4 g 丁二酸钠(相对分子质量为 270.0),用 4 mol/L HCl 调 pH 至 2.5 或 3.0 或 3.5,再定容到 100 mL。

②0.2 mol/L 乙酸缓冲液 用少量水将无水乙酸钠溶解,加酸后用水定容到 100 mL 容量瓶中,见下表。

pH	无水乙酸钠/g	1 mol/L 乙酸/mL
3.5	0.078	19.1
4.0	0.223	17.3
4.5	0.549	13.3
5.0	1.00	7.8
5.5	1.37	3.3
6.0	1.54	1.2

③0.2 mol/L 磷酸钾缓冲液(pH 6.0、pH 6.5、pH 7.0) 2.72 g KH_2PO_4 溶于50 mL 蒸馏水中,用 1 mol/L KOH 调 pH 至 6.0 或 6.5 或 7.0,最后定容到 100 mL 容量瓶中。

(2) 蔗糖酶最适 pH 值的测定 见下表。

单位:mL

试管编号	1	2	3	4	5	6	7	8	9	10
pH 值设置	2.5	3	3.5	4	4.5	5	5.5	6	6.5	7
缓冲系统	丁二酸缓冲系统			乙酸缓冲液系统				磷酸钾缓冲系统		
缓冲液	0.2	0.2	0.2	0.2	0.2	0.2	0.2	0.2	0.2	0.2
0.1 mol/L 蔗糖	1	1	1	1	1	1	1	1	1	1
酶液(稀释)	0.2	0.2	0.2	0.2	0.2	0.2	0.2	0.2	0.2	0.2
操作	混匀,37 ℃保温 10 min									
1 mol/L NaOH	0.1	0.1	0.1	0.1	0.1	0.1	0.1	0.1	0.1	0.1
DNS	0.5	0.5	0.5	0.5	0.5	0.5	0.5	0.5	0.5	0.5
操作	混匀,置沸水浴 5 min,各加蒸馏水 5 mL,混匀放置 20 min									
A_{540}										

3. 酵母蔗糖酶最适反应温度的测定 取 7 支试管编号,按照下表加入试剂,以温度为横坐标,酶活为纵坐标作图。

单位:mL

试管号	0	1	2	3	4	5	6
温度/℃	室温	20	30	40	50	60	70
0.1 mol/L 蔗糖	1						
0.1 mol/L NaAc-HAc(pH 4.6)	0.2	0.2	0.2	0.2	0.2	0.2	0.2
操作	在各管对应的温度下预热 5 min						
稀释酶液	0.2	0.2	0.2	0.2	0.2	0.2	0.2
操作	于 37 ℃水浴锅中准确反应 15 min						
1 mol/L NaOH	0.1	0.1	0.1	0.1	0.1	0.1	0.1
DNS	0.5	0.5	0.5	0.5	0.5	0.5	0.5
操作	沸水浴 15 min,各加 5 mL 蒸馏水混匀,放置 20 min						
A_{540}							

4. 蔗糖酶纯度检测 将上述各个提取、纯化过程中取得的蔗糖酶样品同时上样,进行聚丙烯酰胺凝胶电泳,检验各个环节中蔗糖酶的纯度。具体操作参见实验十二。

五、实验结果与讨论

1. 本实验使用福林-酚法测量蛋白质浓度,请画出相应的蛋白质标准曲线。
2. 画出蔗糖酶盐析曲线,并分析硫酸铵浓度对蔗糖酶沉淀的影响。
3. 画出 DEAE-纤维素柱层析或 Sephadex G-200 柱层析图谱,分析讨论最高峰的时间等。
4. 将各步提纯结果填入下表。

纯化步骤	总蛋白质/mg	蔗糖酶活力	比活力	纯化倍数
粗酶液Ⅰ				
硫酸铵盐析				
DEAE-纤维素柱层析				
Sephadex G-150 凝胶层析				

5. 完成各个阶段蔗糖酶的聚丙烯酰胺凝胶电泳，并根据电泳图谱进行分析讨论。

6. 画出米氏常数测量中用反应速率对底物浓度作的图，用 L/v 对 L/[S]作的图。计算出 K_m 和 v_{max}。

7. 根据最适 pH 值以及最适温度的实验结果，得出结论并进行相关讨论与分析。

六、参考资料

[1] 张俊，李云平，王保玉. 蔗糖酶催化蔗糖水解反应[J]. 洛阳师范学院学报，2011，30(2)：54-55.

[2] 梁敏，李楠楠，邹东恢. 蔗糖酶的提取工艺及性质研究[J]. 湖北农业科学，2010，49(9)：2218-2220.

[3] 赵蕾，任明. 酵母蔗糖酶的纯化及其化学修饰[J]. 食品与生物技术学报，2010，29(6)：901-904.

[4] 邓林. 酵母蔗糖酶酶学性质的研究[J]. 四川食品与发酵，2008，44(2)：41-42.

[5] 李楠，庄苏星，丁益. 酵母蔗糖酶的提取方法[J]. 食品与生物技术学报，2007，26(4)：83-87.

[6] 孙国志，冯惠勇，徐亲民. 蔗糖酶提取方法的研究[J]. 食品工业科技，2002，23(4)：54-55.

[7] 许培雅，邱乐泉. 离子交换层析纯化蔗糖酶实验方法改进研究[J]. 实验室研究与探索，2002，21(3)：82-84.

[8] 徐桦，陆珊华，孙爱民. 酵母蔗糖酶 Km 值的测定[J]. 南京医科大学学报，1999，19(4)：329-330.

[9] 陈冰，林轩，梁诗莹等. 蔗糖酶水解蔗糖的研究[J]. 湛江师范学院学报(自然科学版)，1997，18(2)：57-60.

[10] 范荫恒，徐洋，吕莹. 分光光度法测蔗糖酶米氏常数数据处理方法[J]. 牡丹江师范学院学报(自然科学版)，2007，4：22-23.

实验十五 大蒜超氧化物歧化酶的提取纯化与分析

一、实验目的

1. 学习从大蒜中提取、纯化超氧化物歧化酶的基本原理和方法。
2. 掌握蛋白质盐析曲线的制作及盐析法粗提蛋白质的基本过程。
3. 掌握凝胶层析纯化蛋白质的方法。
4. 掌握考马斯亮蓝法测定蛋白浓度的方法。
5. 掌握邻苯三酚自氧化法测定酶活性的方法。

二、实验原理与设计

超氧化物歧化酶(Superoxide dismutase,SOD)是生物体内防御氧化损伤的一种十分重要的金属酶,按金属辅基成分不同可分为三类:第一类含 Cu 和 Zn(简称 Cu/Zn-SOD 型),呈绿色,主要存在于真核细胞和叶绿体的基质中,如动物的血液、肝脏、植物的叶、果实等均含有 Cu/Zn-SOD;第二类含 Mn(简称 Mn-SOD 型),呈紫色,主要存在于真核细胞和原核细胞以及线粒体的基质中;第三类含 Fe(简称 Fe-SOD 型),呈黄褐色,主要存在于原核细胞及少数植物中。这三类 SOD 都有催化歧化反应的功能,这种歧化反应本身就是自身氧化还原反应,超氧阴离子在 H^+ 存在的情况下,经 SOD 催化,一半氧化为 O_2,另一半还原为 H_2O_2,即 $2 \cdot O_2^- + 2H^+ \rightarrow H_2O_2 + O_2$。

SOD 的等电点偏酸性,为酸性蛋白质,在水中有较好的溶解性能,对热、酸碱和蛋白水解酶的稳定性比一般的酶要高。结构已研究较多的 Cu/Zn-SOD 大多由 2 个亚基组成,亚基的结构核心是一个由八股反平行的 β 折叠围成的圆桶状结构,称之为 β 桶(β-barrel),其一侧还有两个无代表性结构的环(loop),整个结构含 α 螺旋较少,相对分子质量为 31 000~33 000,每个 R 基含 1 个铜离子和 1 个锌离子。

SOD 作为超氧阴离子自由基的专一清除剂,在疾病的治疗、食品、化妆品、农业等方面具有广泛的应用。

大蒜细胞中含有丰富的 Cu/Zn-SOD,其相对分子质量约为 32 000,与从牛血等动物血红蛋白中所提取的 SOD 各项性能十分接近。

本实验拟将市售新鲜大蒜进行破碎匀浆后,采用 PBS 提取和热变性制备粗酶液,等电点沉淀分别与丙酮沉淀、硫酸铵分级盐析相结合的方法提纯，葡聚糖凝胶柱层析进一步纯化，经双蒸水充分透析得到高纯度、具有独特生理功能的大蒜超氧化物歧化酶。最后采用邻苯三酚自氧化法测定酶的活性，考马斯亮蓝 G-250 染色法测定蛋白质含量，经聚丙烯酰胺凝胶电泳检验 SOD 的纯度。具体实验流程见图 15-1。

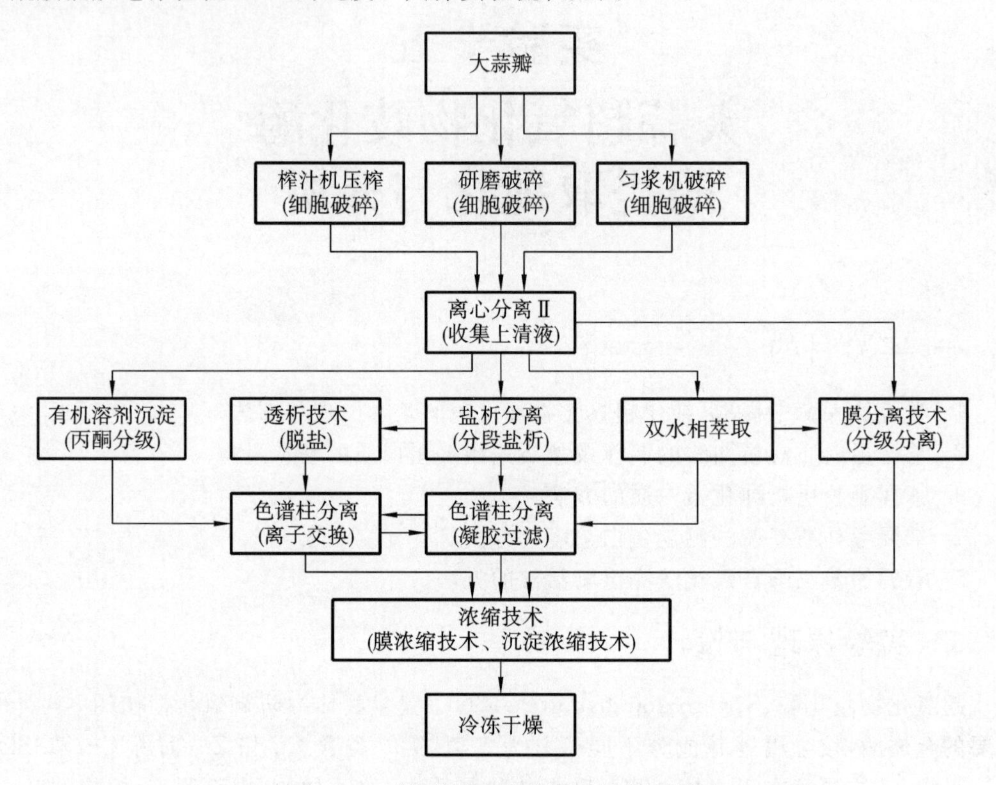

图 15-1 过氧化物歧化酶提取纯化流程图

三、实验仪器与材料

1. 实验仪器 分析天平、精密天平、匀浆机、冷冻离心机（8 000～10 000 r/min，50 mL×6）、普通离心机（5 000 r/min，200 mL×4）、台式离心机（16 000 r/min，7 mL×6）、冷冻干燥机、−80 ℃冰箱、制冰机、电热恒温水浴锅、部分收集器、蠕动泵、Φ10～25 mm×300～500 mm 和 Φ15×600～800 mm 层析柱及支架、电泳仪（300～500 V，电流 50～100 mA）及垂直板电泳槽、紫外-可见分光光度计、振动混合器、移液枪（100～1 000 μL、20～200 μL）、18 mm×180 mm 试管、离心管（7 mL、50 mL、200 mL）、移液管（5 mL）、量筒、烧杯等。

2. 实验试剂 0.1 mol/L PBS（pH 7.6）、1 mol/L HCl、固体硫酸铵、饱和硫酸铵、丙酮、Sephadex G-75 葡聚糖凝胶、聚丙烯酰胺凝胶电泳试剂、考马斯亮蓝 G-250 溶液、牛血清白蛋白（BSA，500 μg/mL）、50 mmol/L K_2HPO_4-KH_2PO_4 缓冲液（pH 8.3）、50 mmol/L 邻苯三酚溶液（用 10 mmol/L 的盐酸溶液配，现配现用）等。

3. 生物材料 新鲜蒜瓣。

四、实验操作与步骤

（一）酶的提取与初步分离

1. 酶的提取

（1）PBS 提取法 将新鲜的大蒜去皮，清水洗净，再用蒸馏水清洗，滤纸吸干后称取100～200 g 绞成蒜泥，加 50 mmol/L PBS(pH 7.6)浸泡 1 h，过滤。残渣继续绞碎重复提取。合并两次滤液，以 8 000 r/min 冷冻离心 20 min，取上清液，测体积，即为粗提酶液Ⅰa，测量体积，取 2～5 mL 用于分析，其余用于进一步纯化。

（2）热变性提取法 将新鲜的大蒜去皮，清水洗净，再用蒸馏水清洗，滤纸吸干后称取 100～200 g，放入榨汁机内破碎匀浆，过滤，取上清液，测体积。将上清液置于 60 ℃水浴锅中 20 min，使杂蛋白质热变性，然后以 8 000 r/min 冷冻离心 20 min，收集上清液，测体积，即为粗提酶液Ⅰb，测量体积，取 2～5 mL 用于分析，其余用于进一步纯化。

2. 初步纯化

1）丙酮沉淀法 粗提酶液Ⅰ用盐酸调节 pH 至 5.0，缓缓加入 0.6 倍体积的冷丙酮，搅匀，静置沉淀 15 min，8 000 r/min 离心 20 min。上清液继续加冷丙酮至 1.5 倍体积，冷藏静置 1 h 以上，8 000 r/min 离心 20 min，收集沉淀用少量 50 mmol/L PBS(pH 7.6)溶解，并在 4 ℃环境中，对 50 mmol/L PBS(pH 7.6)透析过夜，8 000 r/min 离心 20 min，收集上清液，即为粗提酶液Ⅱ，测量体积，取 2～5 mL 用于分析，其余用于进一步纯化。

2）分段盐析法

（1）SOD 盐析曲线的制作参考实验十二。

（2）分段盐析 根据 SOD 盐析曲线选择适当硫酸铵饱和度进行分段盐析。按照粗提酶液的体积，计算或查硫酸铵饱和度表（见附录 I）将一定质量的粉末硫酸铵缓慢加入到 SOD 粗提液中，达到 40%～50%饱和度，使之完全溶解，放置于 4 ℃冰箱内 30 min，8 000 r/min冷冻离心 20 min，除去杂蛋白，在上清液中再加入粉末硫酸铵至 75%～90%饱和度，放置于 4 ℃ 冰箱内 2 h，8 000 r/min 冷冻离心 20 min，收集沉淀，溶于最小量的50 mmol/L PBS(pH 7.6)，并在 4 ℃环境中对 50 mmol/L PBS(pH 7.6)透析过夜，8 000 r/min离心 15 min，收集上清液，即为粗提酶液Ⅱ。

（二）SOD 的凝胶层析法纯化

将初步提纯后的 SOD 溶液用 Sephadex G-75 色谱柱(Φ15×600～800 mm)进行纯化，洗脱液采用 50 mmol/L PBS(pH 7.6)。具体步骤见实验十二。

（三）SOD 理化性质分析

1. 邻苯三酚自氧化法测定 SOD 活性

（1）邻苯三酚自氧化速率的测定 取 4.5 mL 50 mmol/L K_2HPO_4-KH_2PO_4(pH 8.3)缓冲液于试管中，加入 0.5 mL 蒸馏水，在 25 ℃水浴保温 20 min，取出后立即加入在25 ℃预热过的 50 mmol/L 邻苯三酚溶液 10 μL，迅速摇匀倒入比色杯（光径 1 cm），用带有恒温池(25 ℃)的紫外分光光度计,每隔 30 s 测 A_{325} 一次,共测 4 min。计算线性范围内每分钟 A_{325} 的增值,此即为邻苯三酚的自氧化速率。

(2) 酶活力测定　操作同上,在加入邻苯三酚前,先加一定体积的 SOD 溶液,蒸馏水减少相应体积,其他均与上述邻苯三酚自氧化速率的测定一致,计算加酶后邻苯三酚自氧化速率。每毫升反应液中,每分钟抑制邻苯三酚自氧化速率达 50% 的酶量定义为一个酶单位。

2. 聚丙烯酰胺凝胶电泳检验 SOD 纯度　将前述各个提取纯化阶段得到的 SOD 液进行聚丙烯酰胺凝胶电泳,比较、分析各酶液中 SOD 的得率、纯度等。具体操作见实验十二。

五、实验结果与讨论

1. 本实验采用考马斯亮蓝 G-250 染色法测定蛋白质含量,请画出相应的蛋白质标准曲线。

2. 画出 SOD 盐析曲线,并分析硫酸铵浓度对 SOD 沉淀形成的影响。

3. 画出 Sephadex G-75 柱层析图谱。

4. 将各步提纯结果填入下表。

纯化步骤	总蛋白质/mg	SOD 活力	比活力	纯化倍数
粗酶液Ⅰ				
粗酶液Ⅱ				
Sephadex G-75 柱层析				

5. 完成各个阶段提取纯化 SOD 的聚丙烯酰胺凝胶电泳,并根据图谱分析、比较各个阶段的提取纯化效果。

6. 计算邻苯三酚自氧化速率。

六、参考资料

[1]　谢卫华,姚菊芳,袁勤生.连苯三酚自氧化法测定超氧化物歧化酶活性的改进[J].医药工业,1988,19(5):217-219.

[2]　杨林莎.蔬菜中超氧化物歧化酶的提取及活性测定[J].河南化工,1995(7):8-9.

[3]　顾孔书,林泽喜,储榆林,等.邻苯三酚比色法测定红细胞超氧化物歧化酶的影响因素[J].中华血液学杂志,1991,12(12):655-656.

[4]　袁艺,李纯,张小青.桑叶超氧化物歧化酶的提纯和性质的研究[J].安徽农业大学学报,1997,24(3):296-301.

[5]　邓旭,李清彪,孙道华,等.从大蒜细胞中分离纯化出超氧化物歧化酶[J].食品科学,2001,22(9):47-49.

[6]　孙永君.大蒜中 SOD 的提取研究[J].化学与生物工程,2005(10):23-25.

实验十六
Taq 酶的诱导提取纯化与分析

一、实验目的

1. 掌握 Taq 酶的诱导与提取、纯化原理。
2. 掌握 Taq 酶诱导表达及提纯的实验技术，获得可用于 PCR 的有活性的 Taq 酶。

二、实验原理与设计

Taq 酶是从水生栖热菌 Thermus Aquaticus(Taq)中分离出的具有热稳定性的 DNA 聚合酶，是最常用的 PCR 反应聚合酶。相对分子质量大约为 94 000。在 70～80 ℃镁离子存在的条件下，该酶可催化三磷酸脱氧核苷酸沿 $5' \rightarrow 3'$ 方向发生聚合反应，合成 DNA，速率可达每秒 150 个碱基。通过原核表达技术将 Taq 酶基因导入大肠杆菌中的表达质粒后，经过诱导可使大肠杆菌大量制造 Taq 酶，再通过裂解、盐析、透析等方法可批量提取出具有 DNA 聚合酶活性的 Taq 酶。

本实验拟用异丙基硫代半乳糖苷(IPTG)诱导 pTTQ18 Taq 酶菌株中 Taq 酶的大量表达，再通过盐析及透析纯化，得到一定活性及浓度的 Taq 酶，该酶通过 SDS-PAGE、PCR 等方法进一步进行纯度及活性等分析。具体流程见图 16-1。

在本实验中，诱导时间、温度、IPTG 浓度等诱导条件的摸索可以优化实验过程，使 Taq 酶的得率及活性有较大的提高。

三、实验仪器与材料

1. 实验仪器　离心机、超净工作台、高压蒸汽灭菌锅、分析天平、精密天平、－80 ℃冰箱、制冰机、电热恒温水浴锅、电泳仪(300～500 V，电流 50～100 mA)及垂直板电泳槽、紫外-可见分光光度计、振动混合器、移液枪(5 mL、100～1 000 μL、20～200 μL)、离心管(1.5 mL、15 mL、50 mL)、量筒、烧杯、载玻片、酒精灯、接种环、冰盒等。

2. 实验试剂　LB 液体和固体培养基、固体硫酸铵、Sephadex G-100、聚丙烯酰胺凝胶电泳试剂、考马斯亮蓝 G-250 溶液、牛血清白蛋白(BSA，500 μg/mL)、羧苄青霉素、IPTG、Tris-盐酸(pH 8.0)、KCl、EDTA、PMSF、Tween 20、NP-40、DTT、甘油等。

本实验所用缓冲溶液的配制见表 16-1。

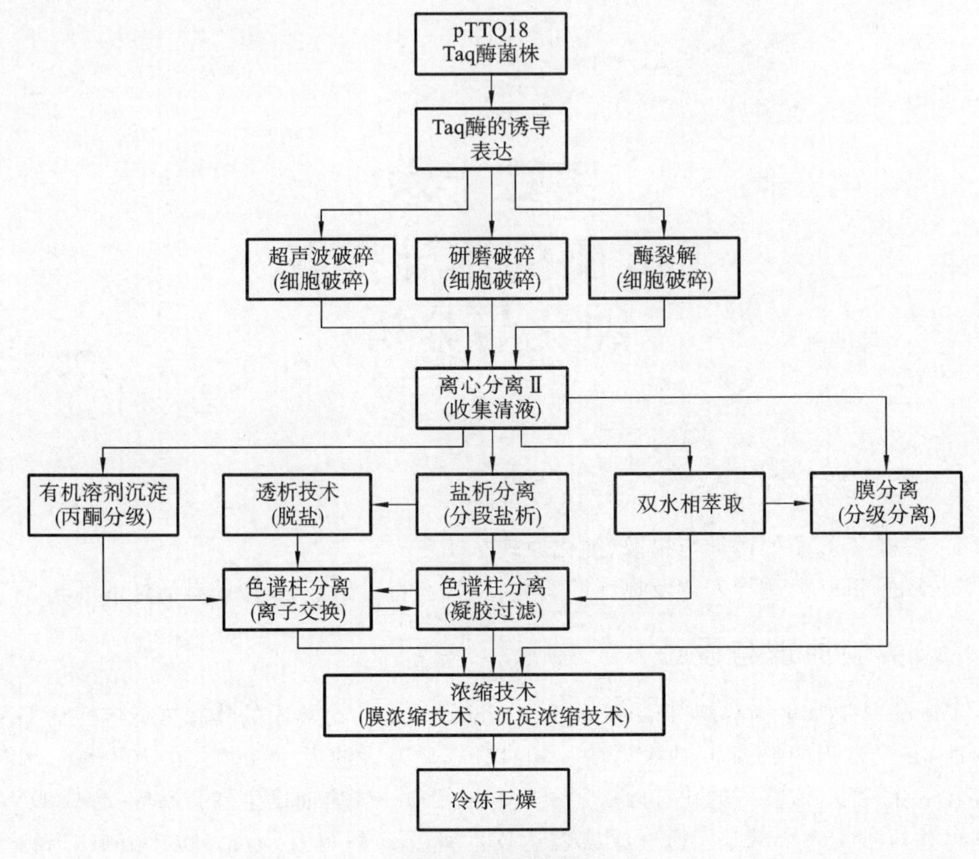

图 16-1　实验流程

表 16-1　缓冲溶液的配制

组分	缓冲液 A	缓冲液 B	缓冲液 C	储存缓冲液
Tris-盐酸 pH 8.0	50 mmol/L	10 mmol/L	20 mmol/L	20 mmol/L
葡萄糖	50 mmol/L	—	—	—
EDTA	1 mmol/L	1 mmol/L	1 mmol/L	0.1 mmol/L
PMSF	—	1 mmol/L	0.5 mmol/L	0.5 mmol/L
KCl	—	50 mmol/L	100 mmol/L	100 mmol/L
Tween 20	—	0.50%	0.50%	0.50%
NP-40	—	0.50%	0.50%	0.50%
DTT	—	—	—	1 mmol/L
甘油	—	—	—	50%

3. 生物材料　pTTQ18 Taq 酶菌株。

四、实验操作与步骤

（一）Taq 酶的诱导

1. 将保种的 pTTQ18 Taq 酶菌株自－80 ℃冰箱取出，划线接种到带有羧苄青霉素的 LB 固体培养基平板上，37 ℃培养箱中倒置培养 16 h 左右(单菌落直径为 1～2 mm)。

2. 挑起单菌落至 10 mL LB 液体培养基，37 ℃摇床中，220 r/min，过夜培养(16 h 内)。

3. 第二天，在每 100 mL 新鲜 LB 液体培养基中接入 1～2 mL 过夜培养物，37 ℃摇床中，220 r/min，培养约 6 h，在菌液达到 0.6 左右(可在菌液刚出现浑浊时，每半小时测一次 A_{600})，加入 IPTG 至终浓度为 125 mg/L(约为 0.5 mmol/L)，37 ℃摇床中，220 r/min，继续培养约 12 h。

注意：

①诱导 IPTG 一般加到 1 mmol/L 终浓度，最高不超过 2 mmol/L，诱导时间相对较短。本次实验将浓度降低，使诱导时间相应延长，以便过夜摇菌。

②加 IPTG 前取样(500 μL×2)以备后期做蛋白质电泳分析。

③诱导时间及 IPTG 浓度视实验条件的不同可能会有区别，为达到最佳诱导效果，可以通过预实验来确定。

④为保证最后提取纯化的 Taq 酶有一定产量，本实验诱导的菌液总体积为 300 mL。

（二）Taq 酶的提取

1. 将诱导后的培养物分装到 50 mL 离心管中，4 ℃，5 000 r/min 离心 20 min 后，弃掉上清液，收集菌体。

注意：

①可以保留 1 mL 左右上清液，用于蛋白质电泳分析。

②此步也可用大容量的离心瓶进行离心，则步骤 2 中合并菌体可以不用做。

2. 合并所有离心管的菌体：用 50～80 mL 缓冲液 A 洗涤打散离心管中的菌体，使菌体重悬，将所有离心管中的菌体合并，均分后分别移入 2 支 50 mL 离心管中，4 ℃，5 000 r/min离心 20 min 后，收集菌体。

3. 每支离心管中加入 10 mL 缓冲液 A 及 20 mg 溶菌酶，振荡混匀菌体，室温放置 15 min，使菌体充分裂解。

4. 每支离心管中加入 10 mL 缓冲液 B，75 ℃水浴 60 min，迅速置冰上冷却 10 min 以上，4 ℃，8 000 r/min 离心 20 min，收集上清液，即 Taq 酶的粗提液，冷藏备用。取 1 mL 粗酶液用于蛋白质电泳分析。

（三）Taq 酶的初步纯化

1. 制作 Taq 酶的硫酸铵盐析曲线，具体操作参见实验十二(如果需要较多的产量，则这步可以省略)。

2. 将 Taq 酶的粗提液置于烧杯中，根据盐析曲线算出需加入的硫酸铵粉末(100 mL 粗提液约加入 30 g 粉末硫酸铵)，边加边搅拌，使其完全溶解。置于冰箱中沉淀 2～3 h。

注意：

①为避免局部盐浓度过高导致 Taq 酶变性失活，要边加边摇。

②摇烧杯时要注意不要产生泡沫，泡沫会使酶活性降低。

3. 将烧杯中的液体转入 50 mL 离心管中，4 ℃，8 000 r/min 离心 20 min，收集沉淀(Taq 酶粗产品，Taq 酶常常呈黄色固体漂浮于液面或管壁)。

注意：

①此步也可在室温下离心，可增快蛋白质沉淀。

②上清液可反复离心，便可以将沉淀完全离心下来。

③可以取 1 mL 上清液用于蛋白质电泳分析。

4. Taq 酶粗产品用尽量少的缓冲液 A 溶解(一般 5 mL 缓冲液 A 对应 100 mL 粗提液，可根据蛋白质的量增加缓冲液 A 的用量)，4 ℃，8 000 r/min 离心 20 min，收集上清液，装入透析袋，先用缓冲液 C 4 ℃透析 12 h，再以 1 L 储存缓冲液 4 ℃透析 12 h。

注意：在透析前后分别取样 1 mL 用于后期蛋白质电泳分析。

5. 将透析后的 Taq 酶溶液置于离心管中，－20 ℃保存。

(四) Taq 酶的性质分析

1. Taq 酶浓度分析　采用考马斯亮蓝法测定所提取的 Taq 酶浓度，具体操作参见实验十二。

2. Taq 酶纯度分析　采用 SDS-PAGE 检测所提取 Taq 酶的纯度及大小，具体操作参见实验十二。

注意：将各个阶段收集的液体按照先后上样，便于比较与分析。

3. Taq 酶活性分析　在很多公司出售的 Taq 酶说明书中，Taq 酶活性的定义为："在 74 ℃条件下，30 min 内催化 10 nmol/L dNTPs 掺入反应成为酸不溶性物质所需的酶量定义为一个活性单位。"

在分析时，以公司出售的 Taq 酶为标准对照，采用不同的 Taq 酶量进行 PCR 扩增，如 1 U、0.75 U、0.5 U、0.25 U、0.1 U 等。同时，将提取纯化得到的 Taq 酶按照一定的浓度梯度进行稀释(如 1、1/10、1/50、1/100、1/200、1/300、1/400、1/500)，用于 PCR。PCR 其余条件均匀一致。PCR 结束后，均使用 10 μL 上样量进行琼脂糖凝胶电泳。通过与标准对照 Taq 酶比较电泳条带的亮度，估算自制 Taq 酶的酶活力以及酶比活力。

五、实验结果与讨论

1. 画出考马斯亮蓝法测蛋白质的标准曲线。

2. 完成 SDS-PAGE，并根据电泳图分析讨论 Taq 酶提取纯化过程中各个阶段的情况。

3. 完成各种不同参数下的 PCR 反应，并根据琼脂糖凝胶电泳图比较分析相应条带的情况。

4. 根据 PCR 结果，计算所提取纯化的 Taq 酶的酶活力以及酶比活力。

5. 根据上述计算结果，计算此次实验得到的 Taq 酶总量以及将其稀释到工作液的稀释度。

六、参考资料

肖朝文，杜娟，李晚忱. Taq DNA 聚合酶制备技术的优化[J]. 四川农业大学学报，2004，22(4)：318-321.

实验十七
紫薯花青素的提取纯化及分析

一、实验目的

1. 了解花青素类成分的提取纯化原理及方法。
2. 掌握色谱柱分离和薄层鉴定的实验操作。
3. 掌握分光光度法含量测定的方法和实验操作。

二、实验原理与设计

花青素(anthocyanidins)属酚类化合物中的类黄酮类，是一种水溶性色素，一般存在于植物花瓣、果实的组织中及茎叶的表面细胞与下表皮层。其色泽随 pH 值不同而改变，由此赋予了自然界许多植物明亮而鲜艳的颜色。在自然状态下，花青素在植物体内常与一个或多个葡萄糖、鼠李糖、半乳糖、阿拉伯糖、木糖等形成糖苷，称为花色苷(anthocyanin)。花青素中的糖苷基和羟基还可以与一个或几个分子的香豆酸、阿魏酸、咖啡酸、对羟基苯甲酸等芳香酸和脂肪酸通过酯键形成酸基化的花青素。

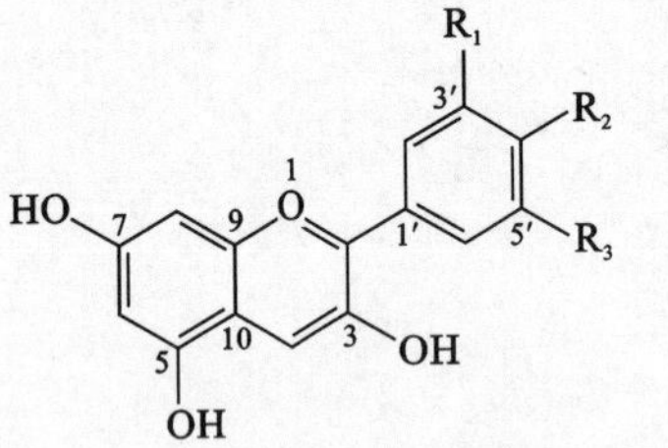

图 17-1　花青素的分子结构母环

花青素分子中存在高度分子共轭体系，含有酸性与碱性基团，易溶于水、甲醇、乙醇、稀碱与稀酸等极性溶剂中。在紫外与可见光区域均具较强吸收，紫外区最大吸收波长在 280 nm 附近，可见光区域最大吸收波长在 500～550 nm 范围内。花青素类物质的颜色随 pH 值变化而变化，pH 7 时呈红色，pH 7～8 时呈紫色，pH>11 时呈蓝色。已知天然存在的花色素有 250 多种，存在于 27 个科 73 个属的植物中。目前已确定的有 20 种花青素，在植物中常见的有 6 种，即矢车菊色素(Cyanidin，Cy)、飞燕草色素(Delphinidin，Dp)、锦葵色素(Malvidin，My)、天竺葵色素(Pelargonidin，Pg)、芍药色素(Peonidin，Pn)、牵牛花色素(Petunidin，Pt)，见图 17-1 和表 17-1。

表 17-1 自然界中常见六种花青素的具体结构信息

花青素	R_1	R_2	R_3
矢车菊色素(Cyanidin,Cy)	OH	OH	H
飞燕草色素(Delphinidin,Dp)	OH	OH	OH
锦葵色素(Malvidin,My)	OCH_3	OH	OCH_3
天竺葵色素(Pelargonidin,Pg)	H	OH	H
芍药色素(Peonidin,Pn)	OCH_3	OH	H
牵牛花色素(Petunidin,Pt)	OCH_3	OH	OH

紫甘薯又称紫薯,紫甘薯为旋花科一年生草本植物,薯肉呈紫至深紫色,研究表明,紫甘薯红色素具有花青素类色素的一般通性,色调和稳定性易受 pH 值的影响;酸性时色素稳定,呈红色或紫红色,而碱性时不稳定,呈黄绿色;在酸性介质中色素在可见光区的最大吸收峰为 540 nm。紫甘薯红色素的固态呈紫黑色,其稀酸液为鲜艳透亮的深红色,1%色素液呈红色。紫甘薯色素结构中所含的多个酚羟基,使它具有亲水性,能溶于水、无水乙醇、甲醇等低级醇类,不溶于石油醚。紫甘薯块根中的花青素主要为咖啡酸、阿魏酸、对羟基苯甲酸等芳香族有机酸酰化的矢车菊色素和芍药色素,不同紫甘薯品种所含花色苷的种类有所区别。

所有的花色素和花色苷都是 2-苯基-苯并吡喃阳离子结构的衍生物,种类繁多,其分离鉴定的方法也有多种,包括纸层析法、光谱鉴定法、薄层层析法、毛细管电泳法、高效液相色谱法、液相色谱-质谱联用技术及液相色谱-核磁共振联用技术等。紫甘薯中花色苷含量测定方法主要包括色价法、pH 示差法和消光系数法。以矢车菊色素为标准品,也可采用可见分光光度法进行定量检测,矢车菊色素在 0~30 μg/mL 范围内成线性响应,检测限 0.5 μg/mL。

(1) 色价法 该法快速准确,简便易行,且不需要标准样品。用普通分光光度计,先测定色素在所用提取液中的最大吸收峰波长,然后在此波长下测定定量样品的吸光度,就可求得色价。具体算式如下:色价 $E_{1\ \mathrm{cm}}^{1\%}=A/W$。式中 A 表示样品溶于 100 mL 提取剂中,在一定波长下,用 1 cm 比色皿,控制在 0.2~0.7 范围内的吸光度。如果吸光度超过此范围,则可通过相应地增减样品量来控制。W 表示样品重量(g)。

(2) 消光系数法 取 1.0 g 样品,用 50 mL 酸化乙醇(95%乙醇和 1.5 mol/L HCl,体积比为 85 : 15),提取完全后,过滤,离心,稀释相同倍数后,于 1 cm 比色皿中,波长 535 nm处测定吸光度。总花色苷含量计算公式如下。

$$\text{总花色苷含量(mg/100 g)}=\frac{E\times V}{98.2\times M}\times 100$$

式中:E——535 nm 处直接测定的吸光度(A_{535});

V——萃取液测定时稀释的总体积(mL);

M——样品质量(g);

98.2——1%的花色苷 1 mol 消光系数。

(3) 产率法 为使测定结果更为合理精确,国内外常用做法是以矢车菊色素标准品

(或合成苋菜红)为对照品来计算其绝对含量,该法是依据紫甘薯中花色苷和矢车菊(苋菜红)色素的最大吸收波长都是 520 nm 来设计的。配制矢车菊(苋菜红)色素系列浓度对照溶液,以吸光度为横坐标,矢车菊(苋菜红)色素浓度为纵坐标制作标准曲线,从而通过样品的吸光度计算出样品浓度,再根据样品重量计算提取产率。此法可以较准确地反映色素总含量,但需要对照样品。

本实验拟用紫苷薯作为原料,采用 0.5%盐酸等多种提取液粗提花色苷,粗提液用大孔树脂纯化,矢车菊(苋菜红)色素法测量浓度,并对花色苷药理活性进行了初探。具体流程见图 17-2。

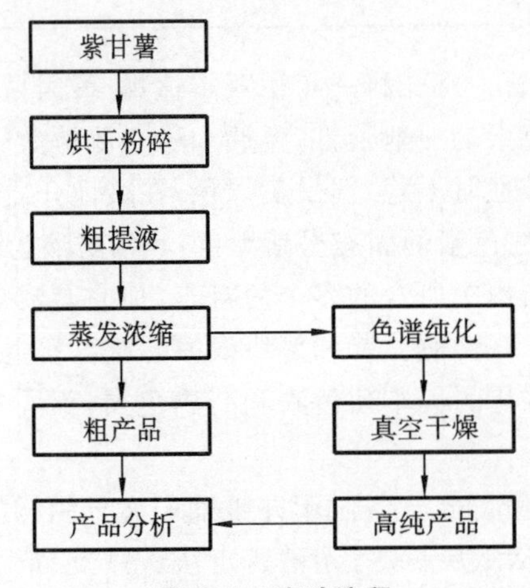

图 17-2 实验流程

在实验中,以下几个环节可以用于花色苷提取工艺的优化或活性的初步研究。

(1) 花色苷的提取　花色苷的提取溶剂和提取方法不同,所得提取物的收率及提取物所含花色苷的含量也不同,此步骤可尝试不同的方法,选择最佳紫甘薯花色苷提取工艺。

(2) 花色苷纯化　花色苷多用大孔树脂色谱进行纯化,大孔树脂种类繁多,洗脱剂也可选择不同比例的乙醇或者甲醇,此步骤可尝试不同方法,选择最佳紫甘薯花色苷纯化工艺。

(3) 花色苷鉴定　在花色苷提取和纯化工艺考察过程中,需要选择合适的指标对不同工艺进行评价,此步骤可尝试薄层定性鉴别或分光光度定量鉴别。

(4) 花色苷抗氧化活性研究　抗氧化药理活性模型报道较多,此步骤可选择不同药理模型进行花色苷抗氧化活性考察。

三、实验仪器与材料

1. 实验仪器　固体粉碎机、超声波细胞破碎仪、超声洗涤器、数显恒温水浴锅、紫外-可见分光光度计、离心机(5 000 r/min,200 mL×4),电子天平、循环水真空泵、旋转蒸发仪、蠕动泵、自动部分收集器、层析柱(Φ15 mm～25 mm×200 mm～300 mm)及支架、电热鼓风干燥器、固体粉碎机、－80 ℃冰箱、冷冻干燥机、移液枪、试管、离心管、移液管、量筒、烧杯、抽滤瓶等。

2. 实验试剂　0.1 mol/L 柠檬酸，0.5%盐酸，80%乙醇，10% Na_2SO_3 溶液，AB-8 大孔树脂，无水乙醇，1%氯化钠、1%碳酸钠，30%双氧水，氢氧化钾，矢车菊色素标准品（可用苋菜红代替）等。

3. 生物材料　新鲜紫甘薯。

四、实验操作与步骤

（一）样品干燥与粉碎

新鲜紫甘薯若干，洗净后用刨子刨成小片，放入 60 ℃烘箱中干燥。将烘干后紫色甘薯片放入粉碎机中粉碎成粉末，过 100 目筛，装于棕色瓶中贮藏备用。

（二）花色苷的提取

花色苷的提取方法主要有如下几种。

溶剂萃取法：传统的有机溶剂提取法有回流、渗漉及恒温水浴等方法。花色苷易溶于极性溶剂中，目前报道的主要溶剂有水、甲醇、乙醇和丙酮等。

超声提取法：该技术具有时间短，效率高，提取量高等特点，同时可防止提取物在长时间、高温条件下发生降解、褪色等变化。

另外还有发酵提取法、果胶酶制剂处理法等。

下述为溶剂萃取法的主要操作步骤。

1. 提取剂　实验可选取纯水、0.5%盐酸水溶液、0.5%柠檬酸水溶液和 95%乙醇、0.5%盐酸化乙醇、0.5%柠檬酸化乙醇为提取剂。

2. 提取条件研究　称取 1.0 g 紫甘薯粉末于具塞的三角烧瓶中，加入提取溶剂 50 mL，加塞后于 60 ℃水浴超声提取 2 h，冷却，4 000 r/min 离心 20 min，收集上清液。

取上清液 1 mL，加入 9 mL 酸化乙醇（95%乙醇：1.5 mol/L 盐酸＝85：15（体积比））中平衡 30 min，于 1 cm 比色皿中，波长为 535 nm 处测定吸光度。采用消光系数法计算花色苷含量。

比较各种不同提取剂的效率。

3. 大量制备花色苷提取液　称取 20 g 紫薯粉放入 1 000 mL 烧杯中，加入 500 mL 提取剂，按照最佳提取条件提取，4 000 r/min 离心 20 min（或抽滤）收集上清液（红色液体），沉淀重复提取一次。合并两次提取液，量取体积，取 5 mL 提取液用于性质分析，其余用于进一步纯化。

（三）花色苷的纯化

溶剂法提取的色素液含有较多的糖、有机酸和其他杂质，产品质量稳定性差，色素纯度低，溶解性差。为获得纯度高、质量稳定的产品须进一步纯化，去除花色苷色素以外的杂质，色素组成分析和结构鉴定也必须进行纯化。目前，一般采用树脂纯化的方法，如 D125 弱酸性阳离子交换树脂、AB-8 大孔吸附树脂、HP-20 吸附树脂、XAD-2000 树脂等。

以下是 AB-8 大孔树脂纯化的主要操作步骤。

1. AB-8 大孔树脂的预处理　AB-8 大孔树脂用无水乙醇充分浸泡 24 h，用蒸馏水反复冲洗取代乙醇，再用 1%氯化钠和碳酸钠溶液冲洗，除去树脂中痕量的防腐剂和残留的单体化合物，最后再用蒸馏水冲洗至无醇味。

2. 装柱　将层析柱固定在铁架台上，接好恒流泵和自动部分收集器。先在色谱柱中加入三分之一体积的蒸馏水，检查有无漏液情况。随后打开流速调节阀，边搅拌边将树脂装入层析柱中，使树脂在层析柱中较为均一，柱床面距层析柱上口高度 3 cm 左右。

3. 上样与洗脱　打开层析柱止水夹，使柱床上方的水流至与树脂床面相切，关闭止水夹，将紫甘薯花色苷提取液小心加到树脂床面上高约 3 cm，连接蠕动泵，打开层析柱止水夹，继续上样(根据床面面积，上样流速为 1.0 mL/(min・cm^2)，直至流出液出现微粉红色(表明上样接近饱和)，断开蠕动泵，使树脂床面上的提取液继续下流至与树脂床面相切，用少许蒸馏水洗涤管壁并使蒸馏水下流至与树脂床面相切，关闭层析柱止水夹。随后用浓度为 80%的乙醇进行解吸，操作与流速控制同上样过程。流出液呈红色时开始收集至红色消失为止，也可以用部分收集器收集流出液，每管收集约 10 mL，待层析柱中红色完全消失时结束解吸。量取收集液体积，取 5 mL 提取液用于性质分析，其余用于减压浓缩，除去乙醇得纯化的花色苷。

4. 花色苷醇溶液的减压浓缩与冷冻干燥　将上步所得花色苷醇溶液装入旋转蒸发仪的圆底烧瓶(旋转瓶)中，60 ℃水浴环境旋转蒸发 30～60 min，尽量蒸干，除去乙醇，将浓缩液转移至冻干瓶中，圆底烧瓶中加入少许蒸馏水，置于超声洗涤器中，超声洗涤使瓶壁上的花色苷充分溶解，合并花色苷溶液。取 0.5～1.0 mL 用于理化性质分析，剩余溶液放入－80 ℃冰箱中冷冻 4 h 以上，随后放入冷冻干燥机中冻干。

旋转蒸发仪操作说明：①往恒温水浴锅注入自来水(水位离锅口 3～4 cm)；②按照示意图(图 17-3)安装旋转瓶、收集瓶，进料口接上约 20 cm 的硅胶管，其阀处于关闭状态；③用橡皮管(或硅胶管)连接进水口与自来水管，用橡皮管连接出水口并引入水池；④用橡皮管将抽气头与水循环真空泵的抽气口连接；⑤通过升降手柄调节旋转瓶的高度，使其 1/2 浸入水中；⑥打开冷凝水龙头，接上水循环真空泵和旋转蒸发仪电源，开启开关，检查系统真空状态，调节恒温水浴锅预定温度(如 60 ℃)和旋转电机转速(10～60 r/min)；⑦通过进料口插入样品杯，开启进样阀，使样品缓缓吸入旋转瓶，关闭进样阀，样品开始旋转蒸发。

(四) 花色苷的含量测定

1. 矢车菊色素标准曲线的绘制　在弱光下精确称取 1.35 mg 矢车菊标准样品，转移至 25 mL 容量瓶中，烧杯用 10 mL 0.1 mol/L 柠檬酸水溶液洗涤三次，洗涤液转移至容量瓶中，然后用 0.1 mol/L 柠檬酸水溶液定容，即为 54 μg/mL 的矢车菊色素标准溶液。分别移取 5 mL、2 mL、1 mL、0.5 mL、0 mL 矢车菊色素标准溶液于 10 mL 比色管，并用柠檬酸缓冲溶液定容至 10 mL，即配制成 27 μg/mL、10.8 μg/mL、5.40 μg/mL、2.70 μg/mL、0 μg/mL的矢车菊色素标准溶液。空白溶液在定容前加入 0.5 mL 10%亚硫酸钠溶液。在最大吸收波长下检测吸光度，并绘制标准曲线，得回归直线方程。

2. 苋菜红标准曲线的绘制　精密称取干燥至恒重的苋菜红适量，用蒸馏水定容作为

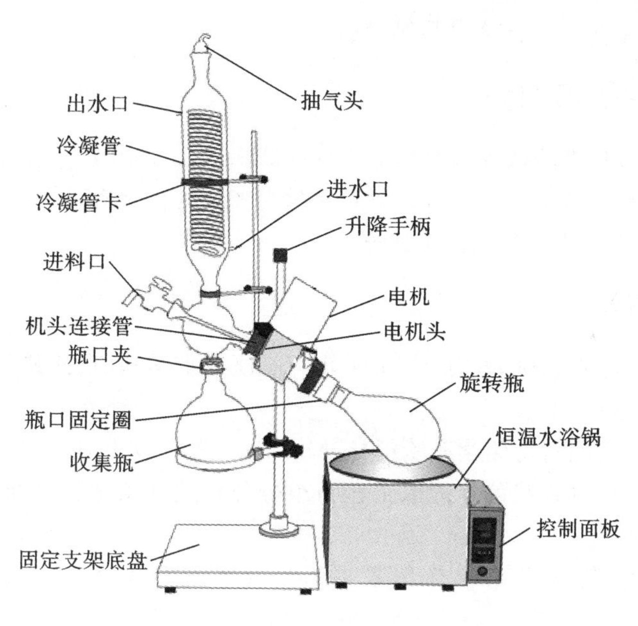

图 17-3　旋转蒸发仪示意图

对照品储备溶液(参考浓度为 0.2 mg/mL)。精确量取不同体积储备液于 10 mL 的容量瓶中,加蒸馏水稀释至刻度,525 nm 下测定吸光度。将所得数据进行回归处理,建立标准曲线,得回归直线方程。

上述两种方法根据实际情况完成一个即可。

3. 紫甘薯花色苷含量测定　取实验步骤(三)所得紫甘薯花色苷提取物适量,以 0.5% HCl定容,并于 525 nm 下测定吸光度,代入回归方程计算含量。

(五) 花色苷药理活性初探

目前研究发现的花色苷抗肿瘤、抗突变、抗动脉硬化、抗病毒抗炎症,降低毛细血管的渗透性和脆性,抑制血小板聚合和免疫刺激等功能主要基于其抗氧化活性。可设计不同抗氧化模型对花色苷的抗氧化活性进行初探。例如 DPPH(1,1-diphenyl-2-picrylhydrazyl,1,1-二苯基-2-三硝基苯肼)自由基清除实验。

1. DPPH 贮备液的制备　准确称取 DPPH 试剂 3.5 mg,用无水乙醇溶解,并定量转入 10 mL 容量瓶中,用无水乙醇定容至刻度,取 2 mL 至 100 mL 容量瓶中,摇匀得到浓度为 0.017 8 mmol/L DPPH 贮备液,置冰箱中冷藏备用。

2. 供试品制备　称取紫甘薯花色苷提取物适量,用无水乙醇溶解,并定量转移到 50 mL容量瓶中,用无水乙醇定量至刻度,取 10 mL 至 100 mL 容量瓶中,备用。

3. DPPH-清除率的测定　在 10 mL 比色管中依次加入 4.0 mL DPPH 溶液和供试品溶液,再加乙醇至刻度,混匀后立即用 1 cm 比色杯在 517 nm 波长处测定吸光度,记为 A_i,再在室温避光保存 30 min 后测吸光度,记为 A_j,对照实验只加 DPPH 的乙醇溶液,其吸光度记为 A_c,按下式计算自由基清除率。

$$K(\%)=[1-(A_i-A_j)/A_c]\times 100\%$$

平行做三次，取平均值作为最后结果。

五、实验结果与讨论

1. 画出苋菜红标准曲线或矢车菊色素标准曲线，写出回归直线方程。
2. 对提取过程中各个主要环节花青素含量与纯度进行分析。
3. 计算并记录 DPPH 自由基清除率。

六、参考资料

[1] 李娟娟. 花青素研究进展[J]. 中山大学研究生学刊(自然科学. 医学版)，2007，82(2)：1-5.

[2] 裴月湖. 天然药物化学实验指导[M]. 4 版. 北京：人民卫生出版社，2016.

[3] 韩永斌. 紫甘薯花色苷提取工艺与组分分析及其稳定性和抗氧化性研究[D]. 南京农业大学，2007.

[4] 杨朝霞. 紫甘薯花色苷色素提取纯化工艺研究及组分分析[D]. 青岛大学，2004.

实验十八 利用荧光标记技术观察目的蛋白亚细胞定位

一、实验目的

1. 掌握重组质粒的构建方法与实验操作。
2. 掌握细胞转染的基本原理及实验操作。
3. 掌握荧光显微镜的使用方法。
4. 了解蛋白质在真核细胞中亚细胞定位研究方法。

二、实验原理与设计

绿色荧光蛋白(green fluorescent protein,GFP)最初是在一种学名为 Aequorea victoria 的水母中发现的,后经改造,其发光效率大大增强,它可以在蓝光激发下产生绿色荧光,常被用作生物学研究中的示踪标记物。

利用 DNA 重组克隆技术可以构建共同表达荧光蛋白与目的蛋白的融合蛋白重组质粒,该质粒通过细胞转染技术被导入细胞,使融合蛋白在细胞中进行表达,由于荧光蛋白与目的蛋白通过肽键相连,荧光蛋白在细胞中的位置可代表目的蛋白在细胞中的亚细胞定位,该定位信息即可通过荧光显微镜来观察。

本实验使用的目的蛋白是 HSF4,它是热休克因子家族成员,是一种定位于细胞核的转录因子蛋白,在晶状体发育中可以转录激活下游靶基因,影响其表达,在晶状体的分化和发育中发挥重要功能,其基因突变可导致白内障的发生。HSF4 蛋白在细胞中的定位与其生理功能密切相关,野生型 HSF4 在细胞核中呈现点状定位,而 DNA 结合结构域突变的 HSF4 呈现核内弥散定位。突变导致 HSF4 定位变化的同时也将导致其转录激活功能丧失。

本实验拟构建野生型与突变型的 GFP-HSF4 融合表达载体,经脂质体转染到 HeLa 细胞内后,表达 GFP-HSF4 融合蛋白,再通过对细胞固定、穿孔和 DAPI 染色等处理,在荧光显微镜下,可以根据绿色荧光信号判断 HSF4 蛋白在细胞中的定位情况,比较野生型与突变型 HSF4 蛋白的定位区别。具体流程见图 18-1。

三、实验仪器与材料

1. 实验试剂　PCR 引物、Taq DNA 聚合酶、dNTP、PCR 缓冲液、限制性内切酶及缓

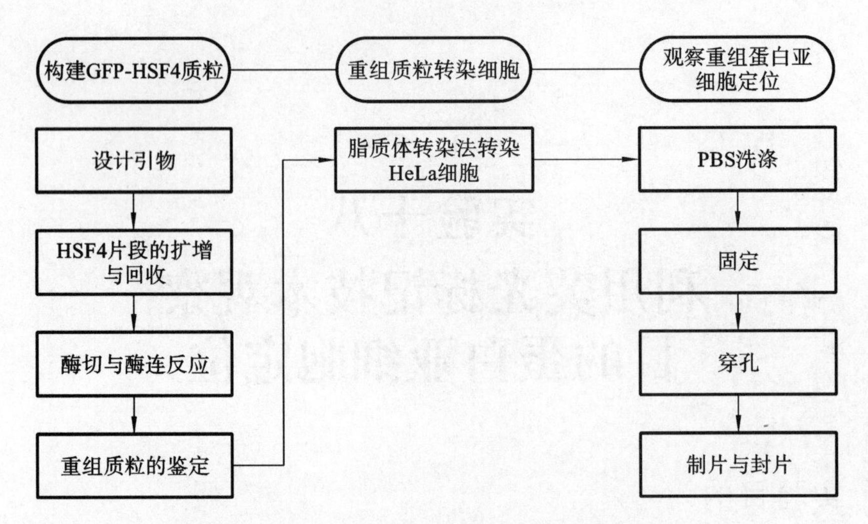

图 18-1 重组蛋白亚细胞定位观察实验流程图

冲液、T4 连接酶及缓冲液、胶回收试剂盒、氨苄及卡那抗生素、高纯度质粒小提中量试剂盒、脂质体转染 Lipofectamine® 2000 试剂盒、DMEM 高糖培养基、胰酶、4%多聚甲醛溶液、胎牛血清、Opti-MEM® 转染用培养基、琼脂粉、氯化钠、酵母提取物、胰蛋白胨、琼脂糖、溴化乙锭(EB)、DAPI 等。

2. 实验仪器　超净工作台、高压蒸汽灭菌锅、离心机、离心管(1.5 mL)、移液枪及吸头、制冰机、载玻片、酒精灯、接种环、显微镜、擦镜纸、冰盒、细胞培养箱等。

3. 生物材料　HeLa 细胞、Top10 大肠杆菌、pMD18T-HSF4b 质粒、pEGFP-N1 质粒(图 18-2)。

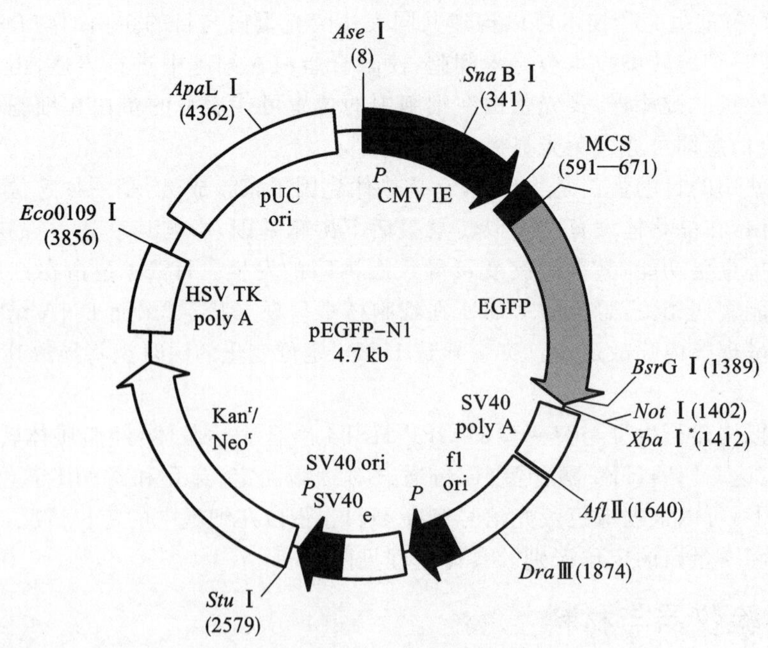

图 18-2 pEGFP-N1 质粒图谱

四、实验操作与步骤

（一）重组质粒构建

1. 设计引物　在载体的多克隆位点上选择 Xho Ⅰ和 Hind Ⅲ酶切位点（也可选择其他符合要求的酶切位点），并根据 HSF4b 编码序列（NM_001040667.2）设计引物。

正向引物：pEGFP-N1-HSF4b-F（含有 Xho Ⅰ酶切位点及保护碱基序列），碱基序列：5′-aatctcgagATGCAGGAAGCGCCAGCTGCGCTGCC-3′。

反向引物：pEGFP-N1-HSF4b-R（含有 Hind Ⅲ酶切位点及保护碱基序列，不含终止密码子 TAA），碱基序列：5′-aataagcttGGGGGAGGGACTGGCTTCCGGGCCCAAGTAG-3′。

2. PCR 扩增　以 pMD18T-HSF4b 质粒为模板，上述设计的序列为引物，PCR 扩增获得添加了酶切位点和保护碱基的 HSF4b 编码片段，长度为 1 494 bp。PCR 反应体系为 50 μL，各组成成分及加样量见表 18-1，PCR 反应程序见图 18-3。

表 18-1　PCR 反应体系

各组分	加样体积
5×PCR 缓冲液	10 μL
正向引物（10 μmol/L）	1.0 μL
反向引物（10 μmol/L）	1.0 μL
pMD18T-HSF4b（100 μg/mL）	1.0 μL
dNTP（10 mmol/L）	4.0 μL
Prime star（5 U/μL）	0.5 μL
双蒸水	补至终体积 50 μL

注意：

①Prime star 聚合酶是一种高保真 DNA 聚合酶，最后加入反应体系中。

②加样完成后，要将管内液体混匀后，通过简单离心将所有组分集中在 PCR 反应管管底。

③上述体系供参考。

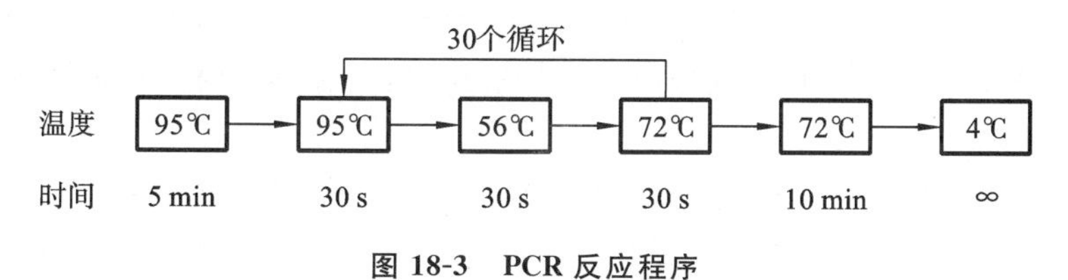

图 18-3　PCR 反应程序

注意：若 PCR 反应管内没有加防止水分蒸发的甘油等，可以在 PCR 程序设置时将 PCR 仪的上盖温度设置为 98 ℃。

3. PCR 产物的琼脂糖凝胶电泳以及回收

(1) 将 PCR 产物行琼脂糖凝胶电泳，当溴酚蓝条带至凝胶 1/2 处时，停止电泳。取出凝胶，在紫外灯下观察，根据 DNA Marker 初步确定 PCR 产物的片段长度是否正确，如正确，则切下含目的 PCR 产物的琼脂糖凝胶块，放入 1.5 mL 离心管并称重，切胶时注意尽可能使凝胶体积小一些。

(2) 按每 100 mg 琼脂糖凝胶加入 300 μL 溶液比例加入溶胶液(S1 液)，置于 50 ℃ 水浴中 10 min，使琼脂糖凝胶块完全融化，每 2 min 颠倒混匀离心管一次以促使其融化。

(3) 将融化后的产物移入吸附柱，9 000 r/min 离心 30 s，倒掉收集管中的液体。在吸附柱中加入 500 μL 洗涤液(W_1 液)(确定 W_1 液在使用前已加入无水乙醇)，离心 15 s，倒掉收集管中的液体。再次往吸附柱中加入 500 μL W_1 液，静置 1 min，离心 15 s。倒掉收集管中的液体。离心 2 min，甩干残留的乙醇。

(4) 取一个干净的 1.5 mL 的离心管，将吸附柱放入其中，在吸附膜中央加入 30 μL 洗脱液(T_1 液)，静置 1 min 后，9 000 r/min 离心 1 min。

注意：

①上述步骤(2)～(4)，参见公司胶回收试剂盒说明书。

②如果想提高回收率，可以将第(4)步离心管中的收集物再加入吸附柱中，重复离心。

4. 酶切 PCR 回收产物和质粒　将 PCR 回收产物和 pEGFP-N1 载体用限制性内切酶 Xho Ⅰ和 Hind Ⅲ双酶切，PCR 回收产物和载体的酶切体系各组分加样量如表 18-2 所示。酶切反应温度为 37 ℃，反应时间为 2～4 h。

表 18-2　酶切反应体系

载体酶切	PCR 回收产物酶切	加入量
10×缓冲液	10 ×缓冲液	2 μL
pEGFP-N1 质粒	—	1.0 μg(按浓度计算加入量)
—	PCR 回收产物	16 μL
Xho Ⅰ*	Xho Ⅰ*	1 U(按浓度计算加入量)
Hind Ⅲ*	Hind Ⅲ*	1 U(按浓度计算加入量)
双蒸水	双蒸水	补至终体积 20 μL

注意：表格中有 * 号的几种成分给出了总的用量，实际操作时要根据试剂的原始浓度计算所需的体积。

5. 酶连反应　将步骤 4 双酶切后的 PCR 片段和载体片段进行琼脂糖凝胶电泳，使用步骤 3 的方法割胶回收目的条带：约 1 494 bp 大小的插入片段以及 4.7 kb 左右的线形载体片段。根据插入及载体片段长度以及它们的亮度(亮度代表了质量)估计酶连体系中的加入量，一般情况下，插入片段的物质的量为载体的 3～10 倍，也可参照下述公式进行估算插入片段及载体片段的量。

$$\frac{\text{载体骨架片段质量(ng)}\times\text{插入片段大小(kb)}}{\text{载体骨架片段大小(kb)}}\times\frac{\text{插入片段摩尔数}}{\text{载体骨架片段摩尔数}}=\text{插入片段质量(ng)}$$

表 18-3 为酶连体系各组分加入量，加样完成后，将反应管置于 4 ℃酶连过夜。

表 18-3 酶连反应体系

各组分	加入量
T_4 DNA 连接酶 10×缓冲液	1 μL
pEGFP-N1 线形片段	适量
PCR 片段	适量
T_4 DNA 连接酶	1 μL
双蒸水	补至终体积 10 μL

6. 连接产物的转化　取 1 支 Top10 感受态大肠杆菌，置冰上融化，加入 5 μL 步骤 5 酶连产物，混匀后置冰上 30 min；42 ℃气浴热激 90 s 后，迅速置冰上至少 5 min；接着加入 300 μL 无抗生素 LB 液体培养基，37 ℃恒温，150 r/min 的速度下缓慢振荡 90 min，使转化后的大肠杆菌逐渐恢复正常生长；将复苏的大肠杆菌菌液涂在对应抗性的筛选平板上，倒置过夜培养。

7. 重组质粒验证

(1) 菌液 PCR　准备 10 支 1.5 mL 离心管，加入 300 μL LB 液体培养基；在步骤 6 中过夜培养的平皿上挑取 10 个单一菌落接种于备好的离心管中，37 ℃恒温，220 r/min 的速度振荡培养 6 h；以 1 μL 此菌液为模板，用步骤 1 中设计、合成的引物，按常规 PCR 体系(参见表 18-1)进行菌液 PCR，PCR 程序参见图 18-3；将 PCR 产物进行琼脂糖凝胶电泳，紫外灯下观察，条带明亮且大小在 1 494 bp 左右的 PCR 产物对应的菌液，可能含有构建成功的重组质粒；将这样的菌液接种于装有 25 mL 含对应抗性的 LB 液体培养基中，37 ℃恒温，220 r/min 速度下培养 16 h 左右；使用试剂盒小提重组质粒(具体步骤参见公司的说明书)，并使用仪器测量其浓度及纯度。

(2) 酶切验证　取适量提取出的重组质粒，用 Xho Ⅰ 和 Hind Ⅲ 两种内切酶分别做单酶切、双酶切，酶切体系参见表 18-2，酶切温度为 37 ℃，时间为 2～4 h；再取适量质粒与酶切反应后的溶液同时进行琼脂糖凝胶电泳检测，初步验证重组质粒是否构建成功。

(3) 测序验证　将酶切验证正确的质粒送公司测序，以确定插入片段的正确性。

(二) 重组质粒转染 HeLa 细胞

1. HeLa 细胞复苏　冻存的细胞在融化时，从 −10 ℃到融解的这段时间的损伤最为严重，为保证细胞快速融化，需水浴，并不停摇动。水浴的温度为 39 ℃，约 1 min 时，冰块完全融化，立即取出，避免温度进一步升高。在融化的过程中细胞的温度不会升至 39 ℃，效果较好，而 37 ℃水浴细胞却难以在 2 min 内融解，不建议使用。细胞融化后，用 70%乙醇棉球擦拭冻存管，在超净台内将细胞悬液移入 25 mL 培养瓶，迅速加入 10 mL 含 20%胎牛血清的 DMEM 培养基，一是为细胞提供营养，二是稀释 DMSO，由于 DMSO 在稀释时会放热，需缓慢加入培养基并不停摇动培养瓶使热量及时扩散。加完培养基后，盖上盖子，在显微镜下观察细胞状态，注意细胞发生损伤的情况，然后平放在 37 ℃二氧化碳培养箱中进行培养。

2. 传代与分板　贴壁细胞在铺满培养瓶底时会发生接触抑制，严重时细胞会大量死亡，在细胞长至90%以上融合率时，需传代分板或分瓶，以减少细胞融合率，保证细胞继续生长的空间。本实验的细胞需在置于六孔板中的盖玻片上贴壁生长，具体操作如下。

(1) 从培养箱中取出细胞生长旺盛、融合度为90%左右的培养瓶，在超净台内倒掉培养基。

(2) 用3 mL PBS充分洗涤细胞2次。

(3) 加入300 μL 0.25%胰酶，轻摇培养瓶，以使胰酶覆盖所有细胞，放入培养箱，消化约5 min，直至细胞形态大多变为圆形。

注意：

①消化时间要适当，过长会给细胞带来不可逆转的损伤。

②不同的细胞贴壁能力不同，消化时间会有所区别，因此首次消化时，需在显微镜下观察，确定最适消化时间。

(4) 迅速将3 mL含10%胎牛血清的培养基加入已经消化好的细胞中，在停止胰酶消化反应的同时，也便于将细胞从瓶底充分冲洗下来。用移液枪反复吹打细胞，直至绝大多数细胞脱落，将含有细胞的液体转入10 mL离心管。

(5) 常温下，以1 000 r/min速度离心5 min。

(6) 弃去上清液后，加入适量含10%胎牛血清的培养基，用移液枪轻轻将细胞吹散，形成均匀的细胞悬液，该悬液用血球计数板计数后，分至放置了盖玻片的六孔板中，每孔约2×10^5个细胞，加入含10%胎牛血清的培养基至每孔2 mL总体积，显微镜下检查细胞密度以及细胞损伤情况，必要时可以重新接入细胞。

注意：

①在不损伤细胞的情况下，尽量将细胞吹打分散。

②每孔的细胞数量能保证在72 h内达到90%以上融合率为最佳。

③放置在六孔板中的盖玻片应经过灭菌及多聚赖氨酸(0.01 mg/mL)处理，以利于细胞贴壁生长。

3. 转染重组质粒　当六孔板中的细胞完全贴壁生长时(一般培养24 h左右)，可以准备转染重组质粒。由于DMEM培养基中的血清成分会降低脂质体的转染效率，所以转染时使用不含血清又可基本满足细胞生长需要的Opti-MEM®培养基。转染前吸出原来的培养基，用PBS简单冲洗细胞后，加入Opti-MEM®，每孔1.5 mL；在1.5 mL离心管中加入250 μL Opti-MEM®以及10 μL脂质体，轻轻混匀，室温孵育5 min；在另一个1.5 mL离心管中加入250 μL Opti-MEM®以及5.0 μg质粒(根据质粒浓度计算合适的体积，最好不要超过10 μL)，混匀；将混有脂质体的Opti-MEM®加入混有质粒的Opti-MEM®中，轻轻混匀，室温孵育20 min；将上述混合物加入六孔板的孔中，放入培养箱，培养6 h；吸出Opti-MEM®，换成含血清的培养基，置于培养箱中继续培养。

注意：在转染前设置好实验组以及对照组，便于后期的分析与讨论。

(三) 制片与荧光观察

转染48 h后，吸出六孔板每个孔中的培养基，用2 mL PBS洗涤细胞两次；加入1 mL

固定液(4%多聚甲醛),固定 30 min 后,吸干固定液,用 2 mL PBS 洗涤细胞两次;吸干 PBS,用 0.2% TritonX-100/PBS 洗涤两次,再用 2 mL PBS 洗涤细胞两次;吸干 PBS 后,滴加 100 μL DAPI 工作液,保证盖满玻片,染色 30 min;2 mL PBS 洗涤细胞两次,取出玻片;在载玻片上滴加约 100 μL 封片剂(无荧光甘油),缓慢地将盖玻片放置在上面,注意有细胞的一面向下;10 min 后,待玻片完全铺平,在玻片的边缘涂上指甲油,待指甲油干后,制片完成;在荧光显微镜蓝色波长光的激发下,观察细胞中绿色荧光的位置,比较实验组与对照组的区别。

五、实验结果与讨论

1. 提供第一次 PCR(为 HSF4b 片段添加酶切位点以及保护碱基)结果的琼脂糖凝胶电泳图及其分析。

2. 提供 PCR 产物回收片段以及酶切结果的琼脂糖凝胶电泳图及其分析。

3. 提供酶切片段回收后的琼脂糖凝胶电泳图及其分析。

4. 提供菌液 PCR 结果的琼脂糖凝胶电泳图及其分析。

5. 提供第二次酶切结果的琼脂糖凝胶电泳图及其分析。

6. 提供 pEGFP-N1-HSF4 转染 HeLa 细胞后 GFP-HSF4 在细胞中表达情况图(通过荧光显微镜观察)。图 18-4 为参考结果图。

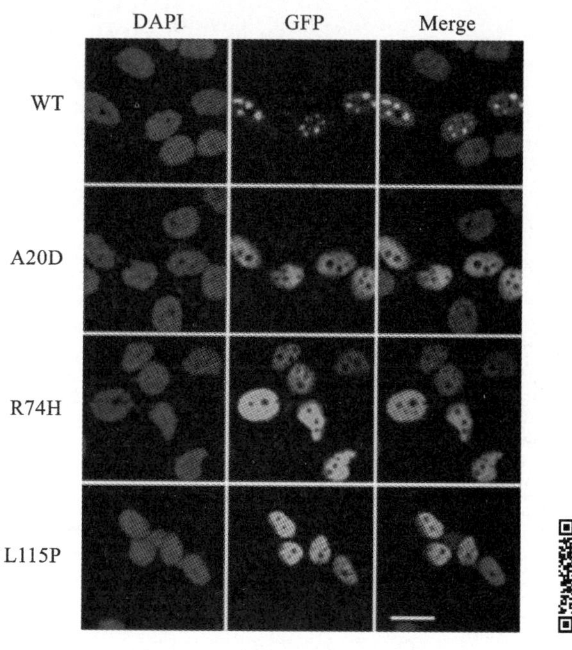

图 18-4 细胞转染 GFP 和 GFP-HSF4 质粒后免疫荧光检测结果

(上图为激光共聚焦显微镜观察结果。图中绿色示细胞中表达的 GFP-HSF4 融合蛋白。蓝色示细胞核。WT 表示野生型 HSF4 蛋白,A20D、R74H、L115P 表示突变型 HSF4 蛋白。比例尺表示 10 μm)

六、参考资料

[1] www.clontech.com.

[2] 吴超柱,徐凡,部炎龙,等.荧光标记技术在生物学和医学研究中的应用[J].重庆理工大学学报(自然科学),2014,28(5):55-62.

[3] 戴维德,王雷,刘凡光,等.应用激光扫描共聚焦显微成像术研究光敏剂亚细胞定位[J].中国激光医学杂志,2004,13(1):12-17.

实验十九
DNA 芯片技术分析基因组片段拷贝数差异

一、实验目的

1. 了解 DNA 芯片实验技术基本原理。
2. 掌握 DNA 芯片技术的制备、使用方法。
3. 了解基因组拷贝数分析方法。

二、实验原理与设计

基因芯片(Gene Chip,DNA Chip),又称 DNA 微阵列(DNA Micorarray),是指按照预定位置固定在固相载体上的千万个核酸分子所组成的高密度微点阵阵列。在一定条件下,载体上的核酸分子可以与来自样品的序列互补的核酸片段杂交。如果把样品中的核酸片段进行标记,在专用的芯片扫描仪上就可以检测到杂交信号。根据杂交信号的强弱以及不同样品、不同探针点之间的差异,可以得到样品中相关序列含量的丰度差异。基因芯片具有高速度、高通量、集约化和低成本的特点。

(一) 基因芯片技术

基因芯片技术主要包括四个主要步骤:芯片制备、样品制备、杂交反应、信号检测和结果分析。

1. 芯片制备　目前制备芯片主要以玻璃片或硅片为载体,将已知序列的寡核苷酸片段、cDNA 或其他 DNA 片段作为探针按顺序固定在载体上。探针的固定主要可以使用原位合成和点样法,除了用到微加工工艺外,还需要使用机器人技术,以便能快速、准确地将探针放置到芯片上的指定位置上。

2. 样品制备　从生物组织中提取样品 DNA 或 RNA,用荧光标记。

3. 杂交反应　荧光标记的样品与芯片上的探针根据碱基互补配对的规律生成双链的过程。选择合适的反应条件能使核酸分子间反应满足检测要求,减少分子之间的错配率。

4. 信号检测和结果分析　杂交反应后的芯片上各个反应点的荧光位置、荧光强弱信息经过芯片扫描仪获取,并使用相关软件分析图像,将荧光强度进行定量,经统计分析即可以获得有关生物信息。

(二) 基因芯片的组成

目前,基因芯片主要由寡核苷酸芯片和DNA芯片两大类组成。

寡核苷酸芯片(Oligonucleotides Chip)是指排列在固相载体上的寡核苷酸微阵列。其制备方法以直接在基片上进行原位合成为主,有时也可以预先合成,再使用点样法固定在基片上。由于寡核苷酸阵列多需要区分单碱基突变,因此严格控制杂交液盐离子浓度、杂交温度和冲洗时间是杂交实验成败的关键。

DNA芯片(DNA Chip)是在玻璃片、硅片等固相载体上固定较长序列(数百到数十万碱基)DNA片段组成DNA微阵列。这些片段通常由DNA克隆、提取后点样于芯片上,也有部分是通过合成后(如PCR反应)再点样的。用于制备芯片的DNA片段长度根据克隆性质不同可多种多样,但为了使各个探针点的杂交行为较为一致以利于统计分析,通常一张芯片上的探针片段长度往往是比较均一的。制作DNA芯片最常用的固相载体是普通载玻片,通常在使用前需要进行表面处理,目的是抑制玻璃片表面对核酸分子的非特异性吸附作用。常用的表面处理方法有氨基化法、醛基化法和多聚赖氨酸包被法。另外,也有主要通过修饰探针DNA进行点样的方法(图19-1)。

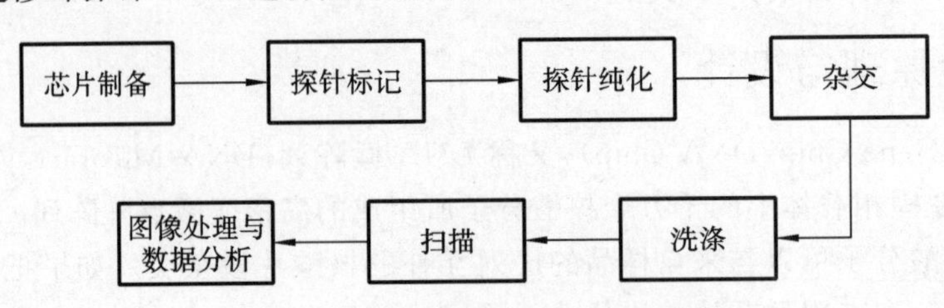

图19-1 DNA芯片制作及实验流程图

本实验方案拟利用小鼠基因组DNA文库制备小鼠全基因组芯片,并进行不同品系小鼠(例如B57和129品系)间基因组片段拷贝数差异的检测。

杂交信号的强弱与基因组DNA标记的效率、DNA片段的长短、杂交的时间与温度、杂交缓冲液的成分、C0t-1 DNA的性质等多种因素有关,需根据杂交的结果优化实验条件,提高实验效率。

三、实验仪器与材料

1. 实验试剂 基因组和质粒DNA提取试剂或者试剂盒、KLENOW聚合酶、8碱基随机引物、AAdUTP、dNTP、荧光染料Cy3和Cy5-LumiProbe、10%SDS、20×SSC、鲑鱼精DNA(Salmon sperm DNA,10 mg/mL)、DNA杂交缓冲液(10% PEG 6000;0.5% SDS;6×SSC;50%甲酰胺)等。

2. 实验仪器

(1) 扫描仪:ScanArray 3000,General Scanning公司。

(2) 图像处理软件:Genepix 3.0,Axon公司;Scan Microarray Analysis System,GSI Lumonics公司。

(3) 恒温生化培养箱、恒温摇床、超净工作台、高压蒸汽灭菌锅、高速冷冻离心机、涡旋振荡器、水浴锅、离心管(1.5 mL、50 mL)、移液枪(10 μL、100 μL、1 mL、5 mL)及吸头、制冰机、冰盒等。

3. 生物材料　小鼠组织或细胞样本、小鼠基因组文库。

四、实验操作与步骤

(一) 芯片制备

1. 利用常规的质粒提取方法(参见实验八)自小鼠基因组文库的克隆中提取含有小鼠基因组片段的质粒 DNA。

2. 将 5 μg 质粒 DNA 进行硅烷化修饰。反应条件:0.1 mol/L NaOH,3 μmol/L 环氧丙基硅烷(Glycidoxysilane),65 ℃下作用 3 h;修饰后的 DNA 以乙醇沉淀后重新溶解于 0.1 mol/L NaOH 100 μL。

3. 使用点样仪将修饰后的质粒 DNA 点在洁净的载玻片上。点样结束后,将玻片置于 80 ℃烘烤过夜。

(二) 样品标记与纯化

1. 将如下试剂混合:1 μg 基因组 DNA(使用试剂盒提取来自两种不同品系的小鼠组织或细胞,步骤参见试剂盒说明书),8 碱基随机引物(终浓度 1 mmol/L),dNTP(终浓度各 0.2 mmol/L,其中含 dTTP 0.14 mmol/L,AAdUTP 0.06 mmol/L),50 mmol/L Tris-HCl(pH 7.6),加水至 49 μL。

2. 100 ℃作用 5 min,冰浴 1 min。加入 KLENOW 聚合酶(40 U/μL)1 μL,混匀后 37 ℃下作用 3 h。

3. 将 DNA 用乙醇沉淀后,重新溶解于 0.2 mol/L $NaHCO_3$(pH 9.0)30 μL,加入 3 μL Cy3 或 Cy5 荧光染料(不同品系的样品使用不同的染料进行标记,例如 B57 样品用 Cy5,129 样品用 Cy3),37 ℃下作用 3 h。

4. 将 DNA 用乙醇沉淀后,用 10 μL 溶液(0.5% SDS;6×SSC;50%甲酰胺)溶解备用。

(三) 杂交及洗涤

1. 将步骤(一)中制备的芯片,经含有变性的 0.5 mg/mL 鱼精 DNA 的杂交液在 42 ℃预杂交 6 h。

2. 将如下试剂混合:

Cy5+Cy3 标记的样品(步骤(二)所得)	20 μL
小鼠 C0t-1 DNA(10 mg/mL)	1 μL
DNA 杂交缓冲液	100 μL

3. 将上述杂交样品在 95 ℃水浴中变性 5 min,短暂离心。

4. 将杂交样品加在基因芯片的点样区域上,用盖玻片封片,置于 42 ℃杂交 15~

17 h。

5. 用洗涤液 2×SSC+0.2%SDS 冲洗玻片，去除盖玻片。

6. 准备两个染色缸，分别装有 2×SSC+0.2%SDS，0.1×SSC+0.2%SDS 放入 50 ℃水浴锅中。

7. 将玻片依次浸入以上两个染色缸中洗涤 10 min。

8. 再将玻片浸入装有 0.1×SSC 的烧杯中洗涤 5 min，晾干后扫描。

（四）扫描及数据分析

用 ScanArray 3000 扫描芯片，用 Genepix 软件分析荧光信号强度，为了避免信号值过低带来误差，只有那些 Cy3 或 Cy5 大于 800 的点被选出进行后续分析，并根据软件提供的校正系数对整张芯片的荧光信号值进行校正。对于芯片上各点都采用 Cy5/Cy3 的值作为 ratio 值，ratio 值大于 2.0 或者小于 0.5 的点被认为是有信号差异的片段，利用芯片上点的全基因组 DNA 的信号强度测定值校正芯片之间的差异。

五、实验结果与讨论

1. 小鼠基因组 DNA 以及小鼠基因组文库质粒 DNA 电泳图。
2. ScanArray 3000 扫描芯片图。
3. 用 Genepix 软件分析芯片荧光信号强度结果图。
4. 得出结论，并对实验中可能的误差做出分析。

六、参考资料

[1] Alan Kimmel，Brian Oliver. DNA 芯片[M]. 科学出版社，2007.

[2] Li Jiangzhen，Jiang Tao，Mao Jian-Hua，Balmail Allan，Cai Wei-Wen. Genomic segmental polymorphisms in inbred mouse strains. Nature Genetics，2004，36：952-954.

实验二十 荧光实时定量 PCR 检测细胞 mRNA 的表达

一、实验目的

1. 掌握荧光实时定量 PCR 的基本原理及分析方法。
2. 学习并掌握荧光实时定量 PCR 实验技术的基本操作。
3. 了解检测基因表达的基本方法。

二、实验原理与设计

检测基因在细胞和组织中的表达，是研究基因功能的重要手段。基因表达高低，可以在 mRNA 水平和蛋白质水平进行检测。mRNA 水平检测常用方法之一是实时定量 PCR（Real-time quantitative PCR）。该技术是将荧光基团（如 SYBR、TaqMan 荧光探针等）加入到 PCR 反应体系中，随着体系中模板被持续扩增，荧光基团可以有效地结合到新合成的双链上面，并逐渐增多，使得被仪器检测到的荧光信号越来越强，这样，就可以通过检测积累的荧光信号来实时监测整个 PCR 进程。其特点是灵敏度和特异性高、能实现多重反应、自动化程度高、无污染、实时和准确等。有研究显示，每个模板的 C_t 值（即每个反应管内的荧光信号到达设定的域值时所经历的循环数）与该模板的起始拷贝数的对数存在线性关系，起始拷贝数越多，C_t 值越小。通过检测 C_t 值并对照标准曲线即可对样品中的 DNA（或者 cDNA）的起始浓度进行定量分析。

热休克蛋白（heat shock proteins，HSPs）是在从细菌到哺乳动物中广泛存在的一类热应激蛋白质。赋予细胞以耐热性以抵抗高温，作为分子伴侣以防止蛋白质聚集，对抗正常的细胞死亡。当细胞暴露于高温时，就会由特定因子激活合成此种蛋白质的转录，以保护机体。

本实验方案拟对 293 T 细胞进行热激处理，提取细胞总 RNA，逆转录得到 cDNA 后，使用 SYBR Green Ⅰ 法荧光实时定量 PCR 验证热激后细胞中热休克蛋白基因 HSP 90 mRNA 的表达量是否提高。实验时设置两类对照组：一个为未经热激处理的 293 T 细胞，与经热激处理的 293 T 细胞对照；另一个是对热激不敏感的 β-Actin 基因，与对热激敏感的 HSP 90 基因对照（图 20-1）。

实验过程中，PCR 条件的优化十分重要，PCR 产物需经电泳检测，清晰且无杂带。可

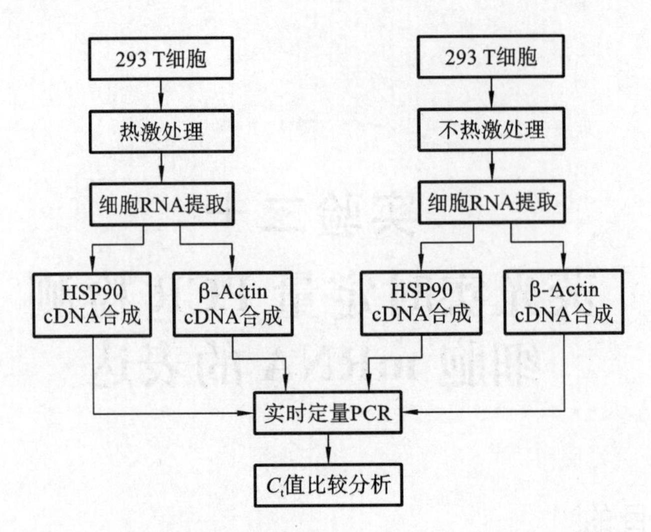

图 20-1 实时定量 PCR 检测细胞 mRNA 的表达实验流程图

以通过对 PCR 各个组成成分的不同加样量以及 PCR 程序的不同设置进行预实验，尝试优化 PCR 过程。

三、实验仪器与材料

1. 实验试剂 SYBR Green Ⅰ、Trizol 试剂、M-MLV 逆转录试剂盒、引物、Taq DNA 聚合酶、dNTP、PCR 缓冲液、限制性内切酶及缓冲液、T_4 连接酶及缓冲液、琼脂粉、溴化乙锭(EB)等。

2. 实验仪器 贝克曼实时定量 PCR 仪 7900、超净工作台、高压蒸汽灭菌锅、离心机、离心管、移液枪及吸头、细胞培养箱等。

3. 生物材料

293 T 细胞。

扩增 HSP90 的引物序列：

HSP90 正向引物：5′ ATGCCCGAGGAGACCCA3′

HSP90 反向引物：5′GATGAATACTCTGCGAACATACAA3′

扩增 β-Actin 的引物序列：

β-Actin 正向引物：5′GACCCAGATCATGTTTGAGACC3′

β-Actin 反向引物：5′ATCTCCTTCTGCATCCTGTCAG3′

四、实验操作与步骤

(一) 293 T 细胞的传代培养

将 293 T 传代细胞按照常规细胞传代方法，在 25 cm^2 的细胞培养瓶中培养至融合率 90%以上，即可进行下一步实验。具体细胞传代方法见实验十八。

（二）293 T 细胞热激处理

将水浴锅提前预热至 42 ℃，之后将 293 T 细胞培养瓶放入 42 ℃水浴中热激 30 min。

（三）细胞总 RNA 提取

弃去细胞培养瓶中的培养基，用 PBS 洗涤热激后的细胞 3 次；向培养瓶中加 2 mL Trizol 试剂并用移液枪反复吹打使细胞彻底破裂；之后的细胞总 RNA 提取操作步骤及注意事项参考实验十进行；对照组 293 T 细胞不进行热激处理，其细胞总 RNA 提取与热激细胞一起同步进行；总 RNA 提取结束后，使用分光光度法测定 RNA 浓度和纯度，确保 RNA 纯度维持在 A_{260}/A_{280} 在 1.9～2.1 的范围之内，之后用 DEPC 处理过的水将 RNA 样品稀释至工作浓度 50 ng/μL。

（四）cDNA 合成

以所提取的 RNA 为模板，通过逆转录反应合成第一链 cDNA，该产物可直接用于后续的 PCR 反应。具体步骤如下。

1. 按照表 20-1 中的反应体系将各个成分加入 200 μL 无 RNA 酶离心管中，轻弹管底将溶液混合，用掌上离心机短暂离心，以将所有试剂集中在管底。

注意：

①上述混合液的加样要在冰上进行；

②逆转录体系的加样有一定顺序，一般是最后加入逆转录酶 M-MLV；

③在加入逆转录酶 M-MLV 之前，先将离心管 70 ℃水浴 3 min，取出后立即置于冰上进行冰水浴，接着再加逆转录酶 1 μL；

④上下游引物序列见生物材料部分。

表 20-1　逆转录 PCR 体系

各组分	体积
5×逆转录缓冲液	4 μL
上游引物(10 μmol/L)	0.4 μL
下游引物(10 μmol/L)	0.4 μL
dNTP(40 mmol/L)	0.2 μL
逆转录酶 M-MLV	1 μL
DEPC 处理水	10 μL
总 RNA(50 ng/μL)	4 μL
总体积	20 μL

2. 在 PCR 仪器上进行逆转录反应。程序为：37 ℃反应 60 min，95 ℃作用 3 min 后终止反应。得到的逆转录终溶液即为 cDNA 溶液。

注意：由于有两对基因引物及两种不同细胞的总 RNA，故可以有 4 种反应体系，得到

4种cDNA溶液:热激细胞中HSP90以及β-Actin的cDNA片段,非热激细胞中HSP90以及β-Actin的cDNA片段。

（五）实时定量PCR

分别以热激组与对照组cDNA样品为模板,按照表20-2的反应体系分别扩增HSP90与β-Actin片段。加样完成后,用手指轻敲管底,使各成分充分混合,再简单离心,确保所有成分集中在管底。

注意:

①此处的上下游引物序列见生物材料部分;

②所有操作在冰上完成。

将每管混合液分装至另外三个200 μL PCR管(每管各10 μL,为三个重复反应),简单离心后,放入实时定量PCR仪进行PCR反应。绘制各个反应的C_t曲线。

注意:

①一般设置阈值为3～15个循环的荧光信号的标准偏差的10倍;基线参数为3～15个循环的荧光信号,同一次反应中针对不同的基因需单独设置基线。

②该反应过程中模板浓度、反应液浓度、pH值等因素均可能影响最后C_t值,因此,需要进行预实验进行PCR条件的优化。

表20-2　实时定量PCR体系

各组分	体积
SYBR Green染料	6 μL
上游引物(10 μmol/L)	0.5 μL
下游引物(10 μmol/L)	0.5 μL
dNTP(40 mmol/L)	0.5 μL
Taq聚合酶(5 U/μL)	1 μL
cDNA(逆转录终溶液)	3 μL
双蒸水	18.5 μL
总体积	30 μL

五、实验结果与讨论

1. 根据荧光定量PCR结果,参照下述公式进行数据记录与处理,并得出结论。

ΔC_t(热激样品)$=C_t$(热激样品,HSP90基因)$-C_t$(热激样品,β-Actin基因)

ΔC_t(对照样品)$=C_t$(对照样品,HSP90基因)$-C_t$(对照样品,β-Actin基因)

$\Delta\Delta C_t=\Delta C_t$(热激样品)$-\Delta C_t$(对照样品)

HSP90 mRNA在热激后的上调倍数$=2^{-\Delta\Delta C_t}$

2. 对实验过程中的系统误差进行分析。

六、参考资料

[1] 胡昊，李进进，王彩云. 反转录实时定量 PCR 在植物基因表达分析上的研究进展[J]. 中国农学通报. 2013，29(15)：127-134.

[2] Holland P M, Abramson R D, Watson R, et al. Detection of specific polymerase chain reaction product by utilizing the 5′-3′ exonuclease activity of Thermus aquaticus DNA polymerase[J]. Proc Natl Acad Sci U S A，1991，88(16)：7276-7280.

[3] Stryer L. Fluorescence energy transfer as a spectroscopic ruler[J]. Annu. Rev. Biochem. 1978(47)：819-846.

[4] Cardullo R A, Agrawal S, Flores C, et al. Detection of nucleic acid hybridization by nonradiative fluorescence resonance energy transfer[J]. Proc Natl Acad Sci U S A，1988，85(23)：8790-8794.

实验二十一 花序侵染法转化拟南芥

一、实验目的

1. 了解拟南芥花序侵染转化的原理和方法。
2. 了解农杆菌转化植物的基本原理。
3. 了解植物转基因后代常用的筛选检测方法。

二、实验原理与设计

将外源基因转入植物的方法很多，如农杆菌介导的遗传转化法和基因枪介导的直接转化法，像拟南芥这样的双子叶植物，主要采用农杆菌介导的转化方法。农杆菌介导的转化原理是，外源 DNA 通过根瘤农杆菌（*Agrobacterium tumefaciens*）或发根农杆菌（*Agrobacterium rhizogenes*）的作用被转移到植物细胞中。根瘤农杆菌含有 Ti（Tumor inducing）质粒（发根农杆菌中是 Ri（Root inducing）质粒），其上有一段 T-DNA（Transferred DNA），受伤的植物组织会从伤口分泌酚类物质，吸引农杆菌向受伤组织集中，同时可以诱导农杆菌内 Ti 质粒上毒性基因 *vir* 的表达，在毒蛋白 Vir 的作用下，T-DNA会整合到植物基因组中。通过改造 Ti 质粒，去除 T-DNA 上的非必需序列，保留转移必需的边界序列（RB 和 LB，Right Border 和 Left Border），同时将外源基因和筛选标记基因插入到 T-DNA 的边界序列之间，借助农杆菌的侵染作用完成外源基因向植物细胞的转移，并利用标记基因在后代植株中进行筛选即可得到稳定表达外源基因的转基因后代。

在农杆菌介导的拟南芥转化方法中，用于转化的受体材料很多，比如拟南芥的根、叶、花、悬浮培养细胞系及对整个植株进行农杆菌侵染转化等。由于操作简便，浸花法转化拟南芥又是最常用的拟南芥转化方法，本实验即采用这种方法完成拟南芥转化。

拟南芥转基因后代最直接的检测方法是提取待检测转基因植株的基因组 DNA，通过 PCR 分析基因组 DNA 中是否有外源片段的插入。但是通常一次转化获得的拟南芥后代有很多种子，全部用 PCR 进行检测成本高、效率很低，费时费力。所以，最有效的方法是根据与目的基因一同转化进拟南芥的标记基因的特点，通过相应抗生素筛选，获得有抗生素抗性的疑似阳性转基因后代，然后再提取基因组 DNA 进行 PCR 检测，这就大大地缩小了检测范围，检测效率也大大提高。本实验中拟南芥转基因后代的筛选检测即采用这种方法，pCAMBIA1304 质粒上的标记基因具有潮霉素抗性，在拟南芥种子筛选培养基中添加潮霉素，即可得到抗潮霉素的疑似阳性转基因拟南芥，然后通过 PCR 检测即可确认。

本实验方案拟通过用含 pCAMBIA1304 质粒的农杆菌采用花序侵染法转化拟南芥，并筛选后代种子获得阳性转基因拟南芥，实验流程见图 21-1。

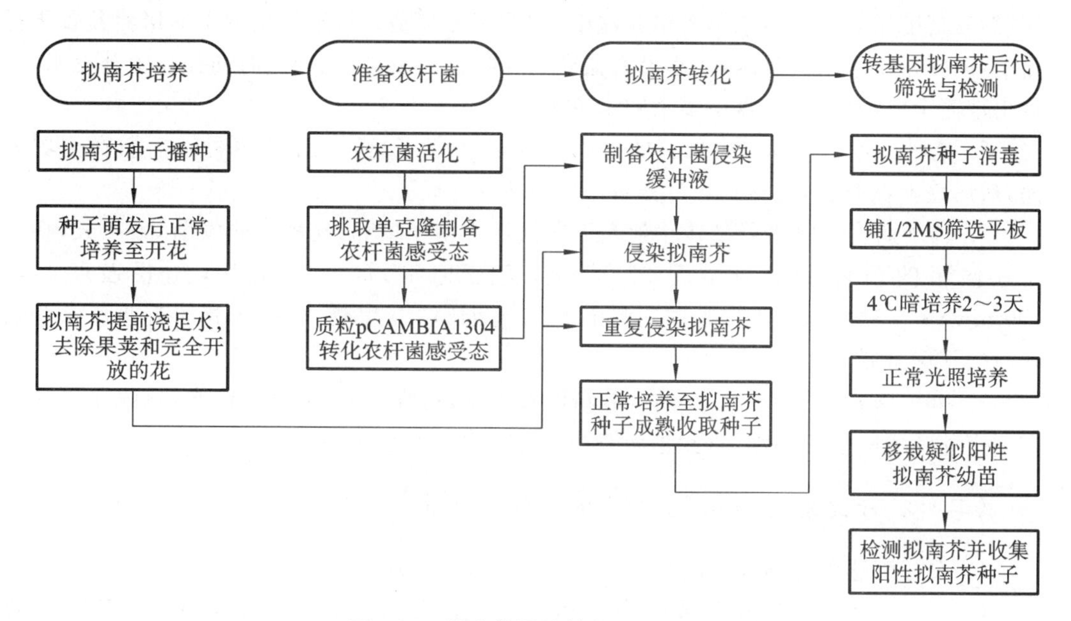

图 21-1 拟南芥浸染转化实验流程图

三、实验仪器与材料

1. 实验试剂 卡那霉素(Kanamycin Sulfate，Kan)储存液(50 mg/mL)、链霉素(Streptomycin Sulfate，Str)储存液(50 mg/mL)、YEB 液体培养基、$CaCl_2$溶液(10 mmol/L)、$CaCl_2$溶液(10 mmol/L 含 15%甘油)、$CuSO_4$储存液(250 mg/L)、$CoCl_2$储存液(280 mg/L)、10×MS 大量元素母液、100×MS 微量元素母液、100×MS 铁盐母液、侵染缓冲液、拟南芥筛选培养基、潮霉素 B(Hygromycin B，Hyg，50 mg/mL，避光保存)、头孢霉素(Cefotaxime Sodium Salt，Cef)储存液(250 mg/mL)、Silwet L-77、无菌水、30%无菌甘油、75%酒精、10% H_2O_2溶液(避光保存)、拟南芥培养营养液等。

2. 实验仪器 人工气候培养箱、空气加湿器、冰箱、培养用花盆、花盆托盘、塑料保鲜膜、营养土、蛭石、恒温摇床、分光光度计、离心机、超净工作台、制冰机、恒温水浴锅、细菌培养箱、50 mL 离心管及离心管架、1.5 mL 离心管及离心管架、液氮罐、冰盒、锥形瓶、培养皿、移液枪及枪头(10 μL、200 μL、1 000 μL)、烧杯、量筒、玻璃棒等。

3. 生物材料 拟南芥种子(Col-0)(保存于 4 ℃冰箱)、农杆菌 EHA105 菌株、质粒 pCAMBIA1304。

四、实验操作与步骤

（一）拟南芥培养

1. 准备培养土　把营养土、蛭石按体积比 1∶1 的比例混合均匀，加少量水使土壤湿润，然后把准备好的培养土填入培养盆中，微振使之平整。将装好培养土的培养盆置于托盘上，向托盘中注入适量水，使水沿着盆底的孔将盆土浸湿，期间适时向托盘中补充水，待盆土被完全浸润后，将托盘中多余的水倒去。

2. 播种　取出在冰箱中保存的拟南芥种子，放在纸槽上，小心将种子播撒在土壤表面，然后盖上保鲜膜，转移到 4 ℃条件下暗培养 2～3 天。

3. 种子萌发　将培养盆转移到人工气候培养箱中培养，在种子萌发前 3～4 天，将人工气候箱的条件设定为温度 22 ℃，空气湿度 80%，24 h 光照，光照强度调至 100 mE·s^{-1}·m^{-2}，然后将光周期调至 14 h 光照/10 h 黑暗，待拟南芥幼苗两片子叶长好后揭开保鲜膜。

4. 生长培养　保持人工气候培养箱设置不变，每隔 2～3 天浇一次水，每隔 1 周左右向拟南芥叶面喷洒营养液，直到拟南芥长出花序并且花蕾露白。

（二）农杆菌感受态细胞的制备与质粒转化

1. 农杆菌感受态细胞的制备

（1）从－80 ℃冰箱中取出保存的农杆菌 EHA105 菌株，在 YEB 固体平板（＋50 mg/L Str）上划线，倒置在 28 ℃培养箱中，暗培养 2～3 天。

（2）挑取 YEB 平板上的 EHA105 农杆菌单菌落，接种到 5 mL 新鲜 YEB 液体培养基（＋50 mg/L Str）中，28 ℃ 250 r/min 暗培养过夜。

（3）取 1 mL 过夜培养的农杆菌菌液按 1∶100 的比例接种到 100 mL YEB 液体培养基（＋50 mg/L Str）中，28 ℃ 250 r/min 暗培养至 A_{600} 为 0.4～0.6。

（4）取出培养好的农杆菌菌液，冰浴 30 min，分装到离心管中，4 ℃ 5 000 r/min 离心 5 min，弃去上清液。

（5）加入 20 mL 预冷的无菌水重悬菌体，4 ℃ 5 000 r/min 离心 5 min，弃去上清液。

（6）用适量预冷的 10 mmol/L $CaCl_2$ 轻轻重悬、合并离心管中的菌体，冰浴 15 min，4 ℃ 5 000 r/min 离心 5 min，弃去上清液。

（7）加入适量含 15%甘油 $CaCl_2$（10 mmol/L）重悬菌体，即制成农杆菌感受态细胞。

（8）按 100 μL/管分装农杆菌感受态细胞，液氮中速冻后转入－80 ℃冰箱中储存。

2. 农杆菌转化与检测

（1）从－80 ℃冰箱中取出冻存的农杆菌感受态细胞，加入 1 μg 质粒 pCAMBIA1304，轻轻混匀，冰浴 30 min。

（2）液氮冷冻 1 min，然后 37 ℃水浴 5 min，取出，冰浴 3～5 min。

（3）加入 500 μL 无抗性的 YEB 液体培养基，28 ℃ 200 r/min 暗培养 3～5 h。

（4）取 100 μL 转化液涂布在 YEB 固体平板（＋50 mg/L Kan＋50 mg/L Str）上，倒

置在 28 ℃培养箱中，暗培养 2～3 天。

(5) 从 YEB 平板上挑取长势良好的农杆菌菌落，接种在 600 μL YEB 液体培养基(＋50 mg/L Kan＋50 mg/L Str)中，28 ℃ 250 r/min 暗培养。

(6) 待农杆菌摇浑后，菌液 PCR 鉴定，加入等体积 30％无菌甘油保种。

(三) 农杆菌侵染缓冲液制备与浸花法转化拟南芥

1. 农杆菌侵染缓冲液制备

(1) 取 10 μL 转化有质粒 pCAMBIA1304 的农杆菌菌液接种到 5 mL YEB 液体培养基(＋50 mg/L Kan＋50 mg/L Str)中，28 ℃ 250 r/min 暗培养过夜。

(2) 取 1 mL 过夜培养的农杆菌菌液，按照 1∶100 的比例接种到 100 mL YEB 液体培养基(＋50 mg/L Kan＋50 mg/L Str)中，28 ℃ 250 r/min 暗培养至 A_{600} 为 1～2。

(3) 取出菌液，分装到 50 mL 离心管中，5 000 r/min 离心 5 min，弃去上清液。

(4) 加入侵染缓冲液(1/2 MS＋5％蔗糖，pH 5.7)重悬菌体，并用侵染缓冲液将 A_{600} 调至 0.8～1.0，加入 Silwet L-77 使其终浓度在 0.02％～0.03％，即制备好拟南芥侵染缓冲液。

2. 花序侵染法转化拟南芥

(1) 在拟南芥转化前一天给用作转化的野生型拟南芥浇足水，并去除已有的果荚和已开放的花。

(2) 转化时，将待转化的拟南芥植株平放，将花蕾部分放入装有农杆菌侵染缓冲液的容器中浸泡 30 s 左右。

(3) 侵染后做好标记，并将拟南芥在培养箱中暗培养 18～24 h，然后正常培养。

(4) 3～5 天后，重复进行第二次侵染操作(此时在侵染前不用去除果荚和已开放的花)(图 21-2)。

(5) 正常培养拟南芥，等拟南芥果荚约 90％开始变黄时停止浇水，收集拟南芥种子，晾干后保存在 4 ℃，进行后续阳性鉴定实验。

(四) T_0代转基因拟南芥筛选

1. 取适量农杆菌侵染拟南芥后收集到的种子，把果荚和杂质去除干净，放入 1.5 mL 离心管中，做好标记。

注意：每管分装的拟南芥种子不用太多，最好不要超过 100 μL。

2. 在超净工作台中向离心管中加入 300 μL 75％酒精，涡旋混匀，处理 30 s 后用移液枪吸干酒精。

3. 向离心管中加入 300 μL 无菌水，涡旋混匀，稍微离心后用移液枪吸干水。

注意：

①由于干燥种子的比重较小，加无菌水涡旋混匀后会在水中均匀分布，并且会粘在离心管壁上，因此可用离心机简单离心帮助种子分层，便于吸干水分。

②种子颗粒较小，应选用小枪头(200 μL)吸干水分。

4. 重复步骤 3 两次。

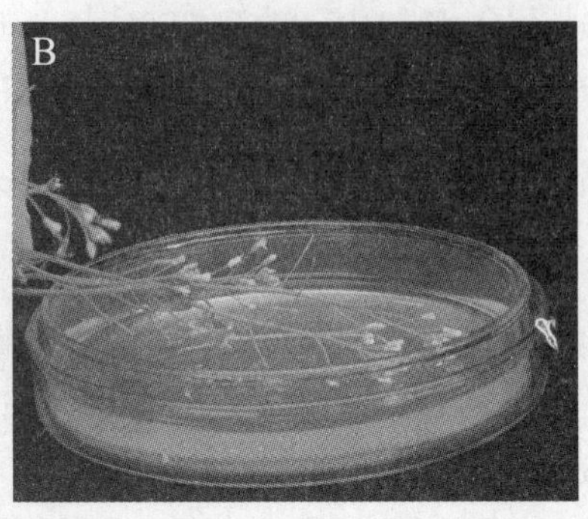

图 21-2 农杆菌浸染拟南芥花序

(A. 正常生长的拟南芥;B. 农杆菌第二次浸染拟南芥花序)

注意:残留的酒精对种子萌发有很大影响,所以应尽量多用无菌水洗几次。

5. 向离心管中加入 300 μL 10% H_2O_2溶液,涡旋混匀,静置处理 5 min,稍微离心后吸干液体。

注意:

①用 H_2O_2溶液处理种子时会产生大量气体,因此离心管盖可以打开,或者每隔一段时间打开管盖放气。

②离心后拟南芥种子会漂浮在液体表面,应小心吸取液体,避免移液枪枪头带出太多种子。

6. 向离心管中加入 600 μL 无菌水,涡旋混匀,稍微离心后吸干液体。

7. 重复步骤 6,一般重复 3～4 次。

注意:

①用无菌水清洗种子时,前两遍可以增加无菌水的用量,之后用量可以减少;

②随着清洗次数的增加,离心后,离心管内分层逐渐由两层(上层拟南芥种子、下层水)变为三层(上层、下层拟南芥种子,中间层水),当残留的 H_2O_2 完全洗干净后,离心管内又会变为两层(上层水、下层拟南芥种子);

③无菌水清洗次数不能太多,次数越多,种子在水中浸泡的时间越长,种皮脱落的越多;

④吸取管内液体时,尽量避免移液枪枪头带出太多种子。

8. 拟南芥种子铺筛选平板 向离心管中加入 1 mL 无菌水,用移液枪小心吹打混匀,吸取拟南芥种子悬液,均匀滴在筛选培养基(1/2MS+1.5%蔗糖+20 mg/L Hyg+250 mg/L Cef)表面,做好标记。

注意:每 100 μL 拟南芥种子铺 2～3 个平板即可。

9. 铺好的拟南芥平板放在 4 ℃暗培养 2～3 天。

10. 取出暗培养的拟南芥平板，转移到人工气候培养箱中培养，将人工气候箱的条件设定为温度 22 ℃，空气湿度 80%，光照强度调至 100 mE · s^{-1} · m^{-2}，光照周期为 14 h 光照/10 h 黑暗。

11. 两周左右，待大部分拟南芥都枯黄，疑似阳性拟南芥幼苗长出两片真叶后，打开培养皿盖，过夜放置。

注意：

①确认拟南芥幼苗是否为疑似阳性的标志是与周围枯死拟南芥相比，存活状态正常，茎较长，培养基中长有较长的根；

②培养皿开盖过夜有利于拟南芥幼苗提前适应外界环境(练苗)。

12. 用镊子小心从琼脂中拔出拟南芥幼苗(尽量避免拔断拟南芥的根)，移栽到准备好的培养土(培养土的准备见步骤(一))中，每盆 1～2 棵。

注意：此时的拟南芥幼苗每一棵都被认为是一个独立的株系，应单独做好标记，避免混淆。

13. 先在 22 ℃条件下弱光培养 2～3 天，待拟南芥幼苗由萎蔫状态恢复过来之后转移到人工气候培养箱中培养，培养条件与步骤(一)中一致。

注意：

①刚开始几天不应浇太多水，培养土的湿度不应过大，防止烂苗；刚移栽的拟南芥幼苗可用保鲜膜覆盖；

②弱光培养有利于拟南芥完全适应外部环境。

14. 按照步骤(一)操作正常培养拟南芥，待拟南芥幼苗长大，莲座叶足够多时可剪取叶片提取 DNA 进行 PCR 阳性检测，保留测序正确的 T_0 代阳性植株，继续培养。

15. 待拟南芥种子成熟后，单独分开收集种子，做好标记，待种子完全干燥后保存在 4 ℃备用。

注意：此时收获的拟南芥种子应标记为 T_1 代。

五、实验结果与讨论

1. 用图片显示拟南芥从播种到开花、结果的全过程。
2. 质粒 pCAMBIA1304 转化农杆菌后，菌液 PCR 琼脂糖凝胶电泳图及其分析、讨论。
3. 转化后，拟南芥的阳性鉴定结果图及其分析、讨论。
4. 写出在农杆菌转化、转化后种子的阳性鉴定过程中设置的对照。
5. 分析、讨论整个实验过程的注意事项。

六、参考资料

[1] Jones H. Plant Gene Transfer and Expression Protocols[M]. New Jersey: Humana Press, 1995: 63-76.

[2] Peña L. Transgenic Plants: Methods and Protocols[M]. New Jersey: Humana Press, 2004: 3-31.

［3］ Wang K. *Agrobacterium* Protocols［M］. New Jersey：Humana Press，2006：87-104.

［4］ Kovalchuk I，Zemp FJ. Plant Epigenetics：Methods and Protocols［M］. New Jersey：Humana Press，2010：253-268.

［5］ Sanchez-Serrano JJ，Salinas J. Arabidopsis Protocols ［M］. New Jersey：Humana Press，2014：3-25.

实验二十二

应用 CRISPR/Cas9 技术构建基因敲除细胞株

一、实验目的

1. 掌握 CRISPR/Cas9 基因敲除技术的原理。
2. 掌握构建以 PX459 质粒为基础的基因敲除载体的实验操作。
3. 掌握检测、筛选基因敲除细胞株的实验操作。

二、实验原理与设计

CRISPR/Cas9 技术是一种由 RNA 指导 Cas9 蛋白对靶向基因进行修饰的基因编辑技术，自问世以来，经过不断研究与完善，因其成本低廉、操作方便、效率高等优点，已经成为目前基因功能研究的热门工具，广泛应用于人、大鼠、小鼠、斑马鱼、果蝇、家蚕、线虫、拟南芥、烟草、高粱、水稻和小麦等各类动植物个体或细胞基因组的遗传学改造。

CRISPR/Cas 系统是在细菌、古细菌等原核生物中发现的、高度保守的、具有免疫功能的结构，主要用来抵抗外源遗传物质，如噬菌体病毒 DNA 等对细菌的入侵，同时，它也为细菌提供了获得性免疫，使得细菌可以识别并快速破坏再次侵入的相同来源 DNA。CRISPR/Cas 系统也据此被开发成一种高效的基因编辑工具。在自然界中 CRISPR/Cas 系统有三种类型，其中产脓链球菌（*Streptococcus pyogenes*）的 CRISPR/Cas9 系统是研究最深入、应用最成熟的一种类型。

CRISPR/Cas9 系统主要由以下三个部分组成（图 22-1）：

1. tracrRNA（trans-acting crRNA，反式激活嵌合 RNA）基因。tracrRNA 是一种非编码 RNA，能够促进 crRNA（CRISPR-derived RNA）的形成，是 Cas9 蛋白发挥 RNA 介导的 DNA 切割作用必不可少的辅助因子。

2. CRISPR 相关蛋白（CRISPRassociated，Cas）编码基因，包括 Cas9、Cas1、Cas2 和 Csn2。Cas9 蛋白是一种能够降解 DNA 分子的核酸酶，其中含有两个酶切活性位点，每一个位点负责切割 DNA 双螺旋中的一条链。

3. CRISPR（clustered，regularly interspaced，short palindromic repeats）基因座，由前导序列、间隔序列和重复序列组成。其中的间隔序列是被细菌俘获的外源 DNA 片段序列，该序列向两端延伸的几个碱基都十分保守，被称为原间隔序列临近基序（protospacer

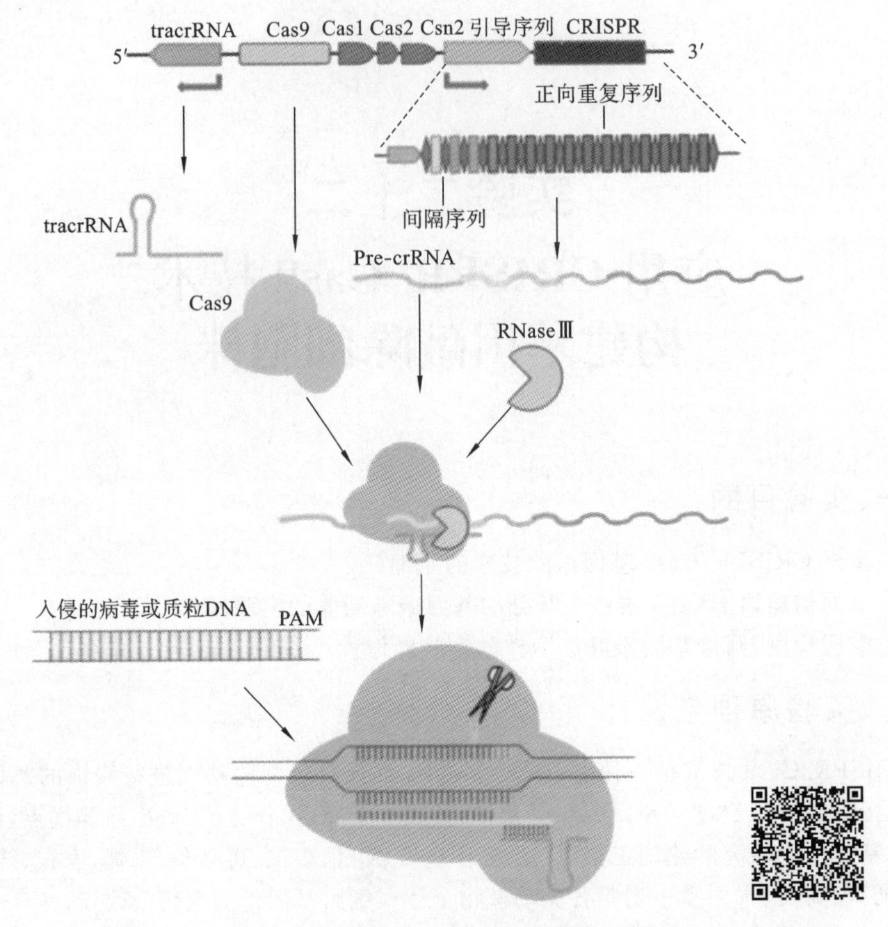

图 22-1 产脓链球菌 CRISPR/Cas9 结构及其干扰入侵 DNA 示意图

adjacent motif,PAM)。PAM 通常由 NGG 三个碱基构成(N 为任意碱基)。

当外源遗传物质侵入细菌时,Cas1 和 Cas2 蛋白将扫描这段外源 DNA 潜在的 PAM 序列,然后将邻近 PAM 的 DNA 序列作为原间隔序列(protospacer)从外源 DNA 中剪切下来,插入邻近 CRISPR 序列前导区的下游,这样,一段新的间隔序列就被添加到了 CRISPR 序列之中。

当该遗传物质再次入侵时,CRISPR 序列会在前导区的调控下先转录出 pre-crRNA 和 tracrRNA 两种分子。随后,pre-crRNA 在 tracrRNA、Cas9 及 RNase Ⅲ的协助下形成一段短小的、只含有针对侵入 DNA 的单一种类间隔序列以及部分重复序列的 crRNA,该 crRNA 与 Cas9 以及 tracrRNA 一起组成 Cas9/tracrRNA/crRNA 复合物,该复合物扫描并识别出与 crRNA 互补的原间隔序列后,通过碱基互补配对精确地与之结合,随后 Cas9 蛋白对外源 DNA 进行断裂和降解(图 22-1)。

为更方便地使用该原理进行靶基因编辑,研究者通过基因工程手段对 crRNA 和 tracrRNA 进行改造,将其连接在一起,得到了与野生型 RNA 类似活力的 sgRNA(single guide RNA)(图 22-2)。再将表达 sgRNA 与表达 Cas9 的元件相连接,得到可以同时表达两者的质粒(如 PX459,见图 22-3),将其转染细胞,便能够对目的基因进行基因编辑操作。

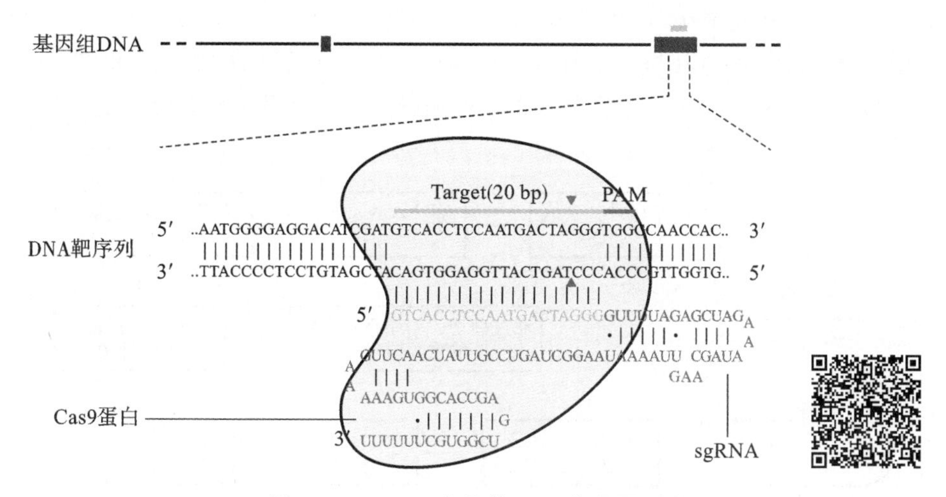

图 22-2 sgRNA 介导的 Cas9 作用原理图

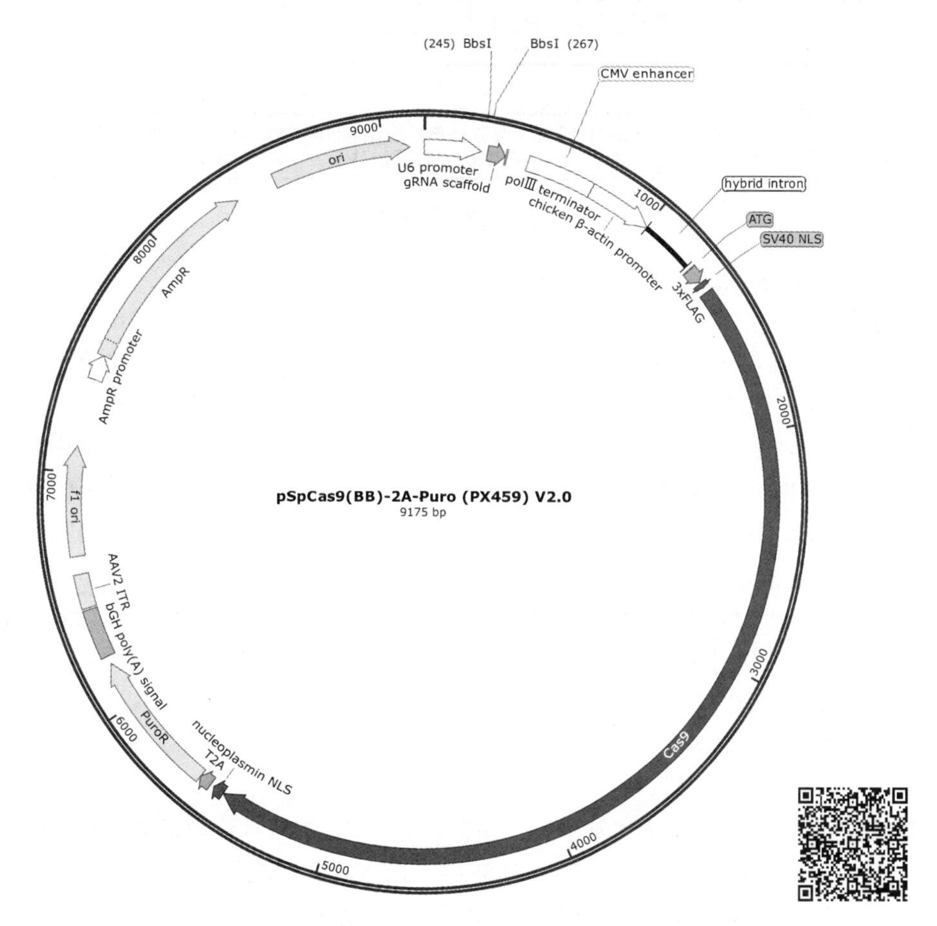

图 22-3 可以同时表达 gRNA 与 Cas9 的 PX459 质粒

图中 Cas9 蛋白通过 sgRNA(由 20bp 靶序列(蓝色)及发卡结构(红色)组成)结合到靶基因上，在紧邻 PAM 序列上游 3 个碱基处将靶基因切断。

本实验拟用 CRISPR/Cas9 技术在 293 T 细胞中敲除 CRBN 基因。先通过网站设计好与 CRBN 基因对应的 sgRNA 序列后，将之接入 PX459 载体，转染至 293 T 细胞进行表达，再通过测序、Western 印迹杂交等方法检测、筛选出 CRBN 基因突变的细胞株。具体流程见图 22-4。

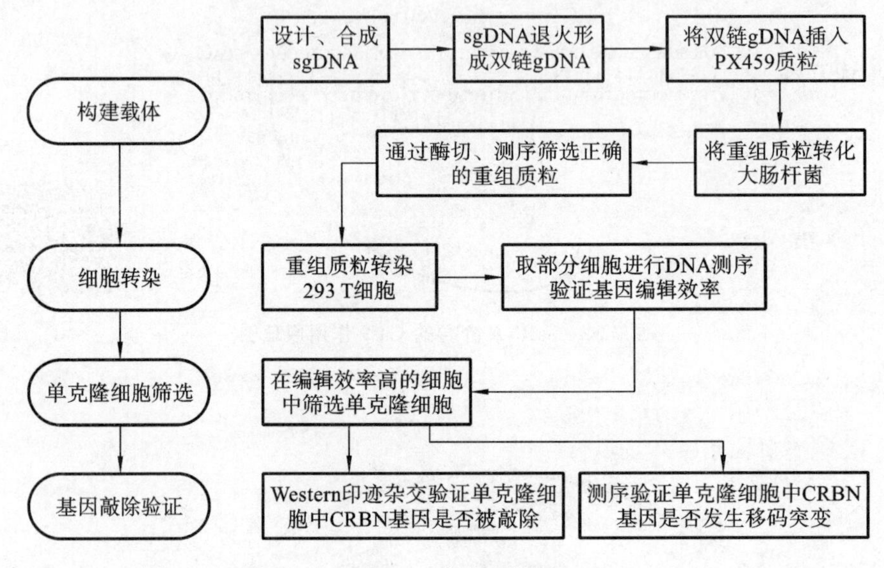

图 22-4 实验流程图

三、实验仪器与材料

1. 实验试剂 PCR 引物、Taq DNA 聚合酶、dNTP、PCR 缓冲液、DNA Marker、BbsⅠ限制性内切酶及缓冲液、T_4 DNA 连接酶及缓冲液、胶回收试剂盒、氨苄青霉素(ampicillin sodium salt，Amp)储存液(100 mg/mL)、高纯度质粒小提中量试剂盒、脂质体转染试剂盒 Lipofectamine® 2000、DMEM 高糖培养基、0.25% 胰酶、PBS 缓冲液、胎牛血清、Opti-MEM® 培养基、基因组 DNA 小量抽提试剂盒、去离子水、琼脂粉、氯化钠、酵母提取物、胰蛋白胨、琼脂糖、1×TAE 缓冲液、核酸电泳用 10×上样缓冲液、核酸染料、5×SDS 上样缓冲液、用于 SDS-PAGE 的分离胶及浓缩胶、TEMED、5×电泳缓冲液、转移缓冲液、硝酸纤维素膜、10×丽春红染液、TBST、ECL 试剂盒等。

部分试剂配制方法如下：

5×电泳缓冲液：称取 15.1 gTris base，94 g 甘氨酸，5.0 gSDS，加蒸馏水定容至 1 000 mL。使用时稀释 5 倍。

转膜缓冲液：称取 14.4 g 甘氨酸，3.0 gTris base，加蒸馏水溶解后，定容至 800 mL；再加入 200 mL 甲醇，混匀，放入−20 ℃冰箱中。该溶液现配现用。

TBST：10 mLTris-HCl(1.0 mol/L，pH8.0)，4.4 gNaCl，250 μLTween20，加蒸馏水定容至 500 mL。

5×SDS 上样缓冲液：2.5 mLTris-HCl(1.0 mol/L，pH6.8)，1 gSDS，50 mg 溴酚蓝，5 mL 甘油，加蒸馏水定容至 10 mL，使用前加入 500 μL β-巯基乙醇。

10×丽春红染液：称取 2 g 丽春红 S，30 g 三氯乙酸，30 g 磺基水杨酸，加蒸馏水溶解、定容至 100 mL。使用时将其稀释 10 倍。

2. 实验仪器　超净工作台、高压蒸汽灭菌锅、高速离心机、PCR 仪、PCR 管、37 ℃细菌培养箱、37 ℃恒温摇床、离心管(1.5 mL、50 mL)、离心管架、移液枪(2.5 μL、10 μL、100 μL、1 000 μL)及吸头、电泳仪、电泳槽、制胶器及梳子、凝胶成像仪、制冰机、水浴锅、载玻片、细胞计数板、酒精灯、接种环、涂布棒、显微镜、细胞培养箱、CO_2 高压气瓶、冰箱、NanoDrop® 2000C 超微量分光光度计或紫外分光光度计、液氮罐等。

3. 生物材料　293 T 细胞、Top10 大肠杆菌感受态细胞、PX459 质粒。

四、实验操作与步骤

(一) 设计与合成双链 gDNA

合成与待敲除基因预期敲除位点序列对应的双链 gDNA 是为了将之插入 PX459 质粒中，以便在细胞中表达含有敲除位点序列的 gRNA。

1. 确定待敲除基因 CRBN 的靶位点　从 NCBI 或 Ensembl 等数据库中搜索并下载 CRBN(Accession number：NM_016302)的蛋白质编码序列。待敲除位点一般选择在功能蛋白的重要结构域内或起始密码子 ATG 后的外显子上，核苷酸序列长度一般在 23～500bp 之间，避免内含子。本实验选择 CRBN 第三外显子序列(chr3：3，215，743～3，215，743)，共 203 个碱基。

2. 设计、合成 sgDNA

(1) 打开 CRISPR 在线设计工具(本实验选择 http://crispr.mit.edu/)，选择"target genome"为"human (hg38)"，将选定的 CRBN 基因待敲除部分序列复制到"sequence"框中，点击"提交"，结果如图 22-5 所示。

(2) 根据图 22-5 的结果，选择其中 1～3 条 sgDNA，加上 U6 启动子必需元件 G 以及黏性末端后，人工合成该寡核苷酸链，以图 22-5 中 Guide＃4 为例，说明如下。

①选择网站工具设计的 sgDNA(20 nt，不含 PAM 序列)，命名为 sgDNA-oligo-F1，其反向互补序列为 sgDNA-oligo-R1。

sgDNA-oligo-F1：5′-CTCAAGAAGTCAGTATGGTG -3′

sgDNA-oligo-R1：5′-CACCATACTGACTTCTTGAG -3′

②由于 sgDNA-oligo-F1 序列中 5′端的首个碱基不是 G，因此需要在其 5′端加一个碱基 G，则序列分别为：

sgDNA-oligo-F2：5′-GCTCAAGAAGTCAGTATGGTG -3′

sgDNA-oligo-R2：5′-CACCATACTGACTTCTTGAGC -3′

③在 sgDNA-oligo-F2 与 sgRNA-oligo-R2 的 5′端分别添加 CACC 与 AAAC 黏性末端，序列分别为：

sgDNA-oligo-F：5′-CACCGCTCAAGAAGTCAGTATGGTG -3′

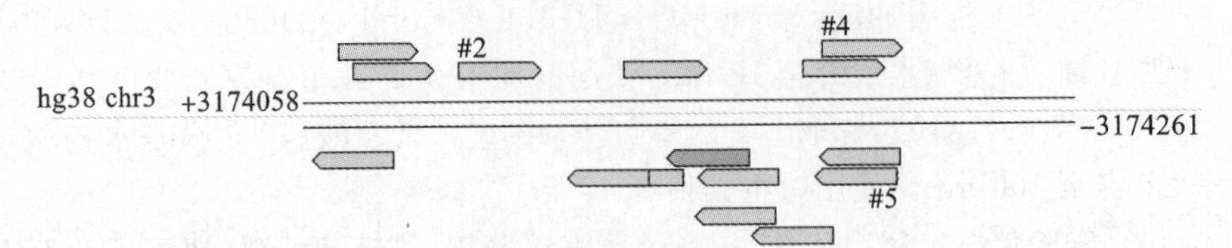

all guides

scored by inverse likelihood of offtarget binding

mouse over for details ... show legend

	score	sequence	
Guide #1	86	GTAATGTCTGTCCGGGAATC	AGG
Guide #2	84	GCACGATGACGACAGCTGTC	AGG
Guide #3	78	CGCACCATACTGACTTCTTG	AGG
Guide #4	72	CTCAAGAAGTCAGTATGGTG	CGG
Guide #5	72	GCACCATACTGACTTCTTGA	GGG
Guide #6	71	CTGAAGAGGTAATGTCTGTC	CGG

guide #1 quality score：86

guide sequence：GTAATGTCTGTCCGGGAATC AGG

on-target locus：chr3：-3174153

number of offtarget sites：68(0 are in genes)

top 20 genome-wide off-target sites

sequence	score	mismatches
GAAATGTCTGTCCGGGACTCGGG	3.0	2MMs [2:18]
GGGAGGTCTGTCCGGGAATCGAG	2.3	3MMs [2:3:5]
GTAATCTCTGTCTGGGAATCAGG	1.7	2MMs [6:13]
GTCATGGGAGTCCGGGAATCAGG	0.6	4MMs [3:7:8:9]

图 22-5 CRISPR 在线设计工具分析 sgDNA 位置结果

sgDNA-oligo-R：5′-AAACCACCATACTGACTTCTTGAGC -3′

④将设计好的 sgDNA 序列 sgDNA-oligo-F 和 sgDNA-oligo-R 发给公司合成，经退火后即可形成 gDNA。

3. sgDNA 退火形成双链 gDNA　由公司合成的 sgDNA 需要退火形成双链 gDNA 后，才能与酶切线性化的 PX459 质粒连接，构成重组质粒。

(1) 将公司合成的 sgDNA-oligo-F 和 sgDNA-oligo-R 简单离心后，分别加入去离子水，至终浓度为 100 μmol/L。

(2) 按表 22-1 体系依次向 PCR 管中加入各组分，混匀后快速离心，将各组分集中至 PCR 管底部。

表 22-1 退火反应体系

反应体系组分	体积
1×TE 缓冲液	8 μL
sgDNA-oligo-F(100 μmol/L)	1 μL
sgDNA-oligo-R(100 μmol/L)	1 μL
总体积	10 μL

(3) 将混匀后的体系放入 PCR 仪，按照表 22-2 的程序进行退火反应。

表 22-2 退火程序

步骤	温度	时间	循环数
1	95 ℃	5 min	
2	95 ℃，-1.5 ℃/cycle*	20 s	48 cycles
3	22 ℃	∞	

注：* 处表示从 95 ℃起，每个循环降低 1.5 ℃。

(4) 琼脂糖凝胶电泳检测退火产物:

①配制 2%琼脂糖凝胶。

②分别取适量 sgDNA-oligo-F、sgDNA-oligo-R 单链溶液,PCR 退火产物,加入适量 10×上样缓冲液,与 DNA Marker 一起进行琼脂糖凝胶电泳,100～120 V 电压电泳 13～15 min,在凝胶成像仪中观察各个条带的大小是否与预期一致(退火后形成的双链 DNA 片段大小应该是退火前单链 DNA 的两倍)。

注意:DNA Marker 最小条带应与退火产物条带位置接近,以便验证。

(二) 将双链 gDNA 插入 PX459 质粒。

1. 选用限制性内切酶 Bbs Ⅰ将 PX459 载体线性化。取 PCR 管,按照表 22-3 体系进行加样,混匀,37 ℃酶切反应过夜。

表 22-3 PX459 载体酶切体系

各组分	体积
酶切缓冲液	5 μL
Bbs Ⅰ	1 μL
PX459 质粒	0.5 μg
去离子水	至 50 μL

2. 割胶回收线性化的 PX459 质粒

(1) 将酶切产物行琼脂糖凝胶电泳,当溴酚蓝带至凝胶约 1/2 处,停止电泳。取出凝胶,在凝胶成像仪中观察,根据 DNA Marker 初步确定酶切产物的片段长度是否正确,如正确则切下含目的 DNA 条带的琼脂糖块,放入 1.5 mL 离心管,切胶时注意尽可能切除多余部分。

(2) 按每 100 mg 琼脂糖块加入 300 μL 溶液比例加入溶胶液(S_1 液),50 ℃水浴放置 10 min,每 2 min 颠倒混匀离心管一次,确保琼脂糖块完全融化。

(3) 将融化后的产物移入吸附柱,9 000 r/min 离心 30 s,倒掉收集管中的液体,将吸附柱放入收集管中。

(4) 向吸附柱中加入 500 μL 洗涤液(W_1 液)(使用前先检查 W_1 液中是否已加入无水乙醇),9 000 r/min 离心 15 s,倒掉收集管中的液体,将吸附柱放入收集管中。

(5) 再次向吸附柱中加入 500 μL W_1 液,静置 1 min,9 000 r/min 离心 15 s,倒掉收集管中的液体,将吸附柱放入收集管中。

(6) 9 000 r/min 离心 2 min,尽量除去洗涤液。将吸附柱置于室温放置数分钟,彻底晾干。

(7) 将吸附柱放入一个干净的 1.5 mL 离心管中,在吸附膜中央加入 30 μL 洗脱液(T_1 液),室温下放置 1 min 后,9 000 r/min 离心 1 min,收集 DNA 溶液。

注意:

①若质粒酶切不完全就不继续做胶回收,调整反应体系后重新进行酶切反应。

②胶回收实验操作参照所购买的试剂盒说明书进行。

3. 酶连　按照表 22-4 所示，依次向 1.5 mL 离心管中加入各组分，涡旋混匀 5～10 s（或手指轻弹管底），然后将混合液离心至管底，4 ℃恒温孵育过夜。

表 22-4　酶连体系

各组分	体积
线性化质粒	2 μL
退火产物	7 μL
2×T_4 DNA 连接酶缓冲液	10 μL
T_4 DNA 连接酶	1 μL
总体积	20 μL

4. 转化　将连接产物转化大肠杆菌。

(1) 从－80 ℃冰箱中取出 Top10 大肠杆菌感受态，置于冰上，待感受态细胞解冻后，在超净工作台中，用移液枪小心吸打混匀，然后取出适量感受态细胞（建议量 50 μL）分装至一新的 1.5 mL 无菌离心管中，向感受态细胞中加入酶连产物（DNA 体积小于感受态的 1/10，100 μL 感受态细胞能够被 1 ng DNA 饱和），轻柔吹打混匀，冰浴静置 30 min。

(2) 在 42 ℃下热激 90 s，然后快速将离心管转移至冰上，静置 5 min。

(3) 在超净工作台中向离心管中加入 300 μL 无抗性 LB 液体培养基，混匀后置于 37 ℃恒温摇床，150 r/min 振荡培养 1 h。

(4) 取出离心管，在超净工作台中混匀菌液，吸取 100 μL 菌液加到 LB 固体培养基（＋50 mg/L Amp）上，用无菌的涂布棒轻轻地均匀涂开。待平板表面液体干燥后，将平板倒置放入 37 ℃细菌培养箱中，培养 12～16 h。

(5) 挑选单克隆菌落扩大培养：

①取出培养皿，观察菌落生长情况。如果菌落生长正常，可从每个培养皿中挑取 2～4 个单克隆。

②在超净工作台中进行操作，准备 50 mL 无菌离心管，每管加入 20～30 mL LB 液体培养基（＋50 mg/L Amp），用枪头挑选单个肉眼可见的菌落，加入离心管的培养基中，混匀（可将枪头直接打到培养基里），做上标记（菌落不宜太大，否则有杂菌混入），盖好离心管盖，放入 37 ℃恒温摇床 180～200 r/min 振荡培养过夜。

(6) 抽提重组质粒：

①向吸附柱 CP4 中加入 500 μL 的平衡液 BL，12 000 r/min 离心 1 min，倒掉收集管中的废液，将吸附柱重新放回收集管中。

②将过夜培养的菌液 4 000 r/min 离心 10 min，倒掉上清液，将离心管倒置在滤纸上沥干培养基。

③向留有菌体沉淀的离心管中加入 500 μL 溶液 P_1（使用前先检查是否加入 RNase A），使用移液器或涡旋振荡器彻底打散重悬菌体沉淀。

④向离心管中加入 500 μL 溶液 P_2，温和地上下颠倒离心管 6～8 次，使菌体充分裂解。

⑤向离心管中加入 700 μL 溶液 P_3，立即温和地上下翻转 6～8 次，充分混匀，此时会

出现白色絮状沉淀，12 000 r/min 离心 10 min。

⑥吸取离心管中的上清液分次加入过滤柱 CS(过滤柱放入收集管中)，注意尽量不要吸出沉淀，12 000 r/min 离心 2 min。

⑦小心地将离心后收集管中得到的溶液分次加入吸附柱 CP4 中，12 000 r/min 离心 1 min，倒掉收集管中的废液，将吸附柱 CP4 放入收集管中。

⑧向吸附柱 CP4 中加入 700 μL 漂洗液 PW，12 000 r/min 离心 1 min，倒掉收集管中的废液，将吸附柱 CP4 放入收集管中。

⑨向吸附柱 CP4 中加入 500 μL 漂洗液 PW，12 000 r/min 离心 1 min，倒掉收集管中的废液。

⑩将吸附柱 CP4 重新放回收集管中，12 000 r/min 离心 2 min，将吸附柱 CP4 开盖，放入一干净的 1.5 mL 离心管中，50 ℃恒温气浴放置 5 min，以彻底晾干吸附柱中的残余漂洗液。

⑪向吸附膜中间的部位悬空滴加 100 μL 洗脱缓冲液 TB，50 ℃恒温气浴放置 15 min，12 000 r/min 离心 2 min。

⑫取 1 μL 质粒溶液在 NanoDrop® 2000C 超微量分光光度计上测量质粒浓度及纯度。

注意：抽提质粒步骤参考天根质粒提取小提中量试剂盒。

5. 验证　对提取的重组质粒用 BbsⅠ酶进行酶切分析，初步检测 gDNA 片段是否连接到载体上及限制性内切酶 BbsⅠ是否正常工作。

按照表 22-5 依次将各组分加至 PCR 管中，混匀，37 ℃酶切反应 20 h，对照组同时操作。酶切完成后进行琼脂糖凝胶电泳检测。

构建成功的质粒，没有 BbsⅠ酶切位点，不能被 BbsⅠ切开；而空载体 PX459 含有酶切位点，能够被切开。挑选未被 BbsⅠ切开的质粒送公司进行测序。

表 22-5　BbsⅠ酶切体系

项目	各组分加入量/μL			
	管 1	管 2	管 3	管 4
去离子水	17	17.4	17	17.4
酶切缓冲液	2	2	2	2
BbsⅠ	0.4	0	0.4	0
待测质粒(500 ng/μL)	0.6	0.6	0	0
PX459 质粒(500 ng/μL)	0	0	0.6	0.6
总体积	20	20	20	20

（三）CRBN 基因突变细胞株的筛选与检测。

1. 将构建成功的重组 PX459 质粒转染 293 T 细胞

(1) 将正常生长的 293 T 细胞铺到六孔板中传代培养，根据细胞生长速度估计每孔接种细胞的密度，保证传代后 48 h 细胞铺满板底。

(2) 吸出六孔板中含血清的 DMEM 培养基，加入不含血清的 Opti-MEM® 培养基，Opti-MEM® 培养基加入量为每孔 1.5 mL。

(3) 取灭过菌的 1.5 mL 离心管，依次加入 250 μL Opti-MEM® 培养基和 10 μL 脂质体，轻轻混匀，室温下孵育 5 min。

(4) 取另一个灭过菌的 1.5 mL 离心管，依次加入 250 μL Opti-MEM® 培养基和 5.0 μg质粒，混匀。

(5) 将混有脂质体的 Opti-MEM® 培养基加入混有质粒的 Opti-MEM® 培养基中，轻轻混匀，室温下孵育 20 min。

(6) 将上述混合物加入六孔板中，放入细胞培养箱，培养 6 h 后，吸出 Opti-MEM® 培养基，加入含血清的 DMEM 培养基，继续培养。

2. 筛选 CRBN 基因敲除的 293 T 单克隆细胞

(1) 提取基因组 DNA：转染后 24 h，用 0.25%胰酶消化六孔板中的 293 T 细胞，离心收集每孔中的细胞，取部分细胞提取基因组 DNA，剩余细胞（约 1/10）放回孔中继续培养。

①将收集到的 293 T 细胞重悬于 200 μLPBS 缓冲液中。

②加入 20 μL 蛋白酶 K，振荡混匀。

③加入 200 μL 样品裂解液 B，振荡混匀，70 ℃孵育 10 min。

④加入 200 μL 无水乙醇，振荡混匀。

⑤将混合物加入到 DNA 纯化柱内。12 000 r/min 离心 1 min，倒弃废液收集管内液体。

⑥加入 500 μL 洗涤液Ⅰ，12 000 r/min 离心 1 min，倒弃废液收集管内液体。

⑦加入 600 μL 洗涤液Ⅱ，12 000 r/min 离心 1 min，倒弃废液收集管内液体。

⑧12 000 r/min 离心 1 min，以去除残留的乙醇。

⑨将 DNA 纯化柱置于一洁净的 1.5 mL 离心管中，加入 50～200 μL 洗脱液。室温下放置 1～3 min，12 000 r/min 离心 1 min，所得液体即为纯化得到的总 DNA。

⑩在 NanoDrop® 2000C 超微量分光光度计上测量 DNA 浓度及纯度。

注意：上述基因组 DNA 提取步骤以及试剂参见试剂盒说明书。

(2) 测序检测 CRISPR 编辑效果：以提取得到的基因组总 DNA 为模板，设计引物扩增基因编辑靶位点附近序列。将扩增得到的 PCR 产物，直接送去测序。检查 gDNA 序列对应的基因组序列附近有无突变，如有突变测序图中将呈现套峰（图 22-6）。筛选有突变体的样品，突变体中测序图峰高必须达到野生型的 20%以上，并且为移码突变才能获得基因敲除细胞。

(3) 筛选单克隆细胞：将含有符合条件突变体的样品对应的细胞用胰酶消化，稀释细胞悬液，取少量细胞悬液加入 96 孔板中，统计细胞个数（一般为十几个细胞，若细胞过多，继续稀释），将这些细胞分至 30 个孔中，可保证有 10 个左右的孔中有且仅有一个细胞。加入 200 μL 含血清的 DMEM 培养基，待其缓慢生长成单克隆细胞。待单克隆细胞长满 96 孔板时，将细胞铺到六孔板中继续培养，待六孔板中细胞长满时，取 2/3 细胞提基因组

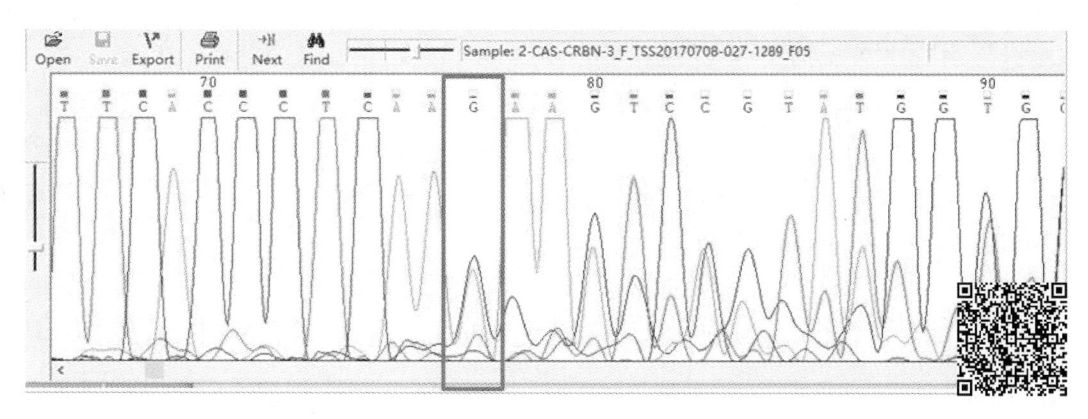

图 22-6　Sanger 测序结果图

（将测序结果与 CRBN 基因序列比对发现，突变体增加了一个 A）

DNA，剩余 1/3 细胞放回孔中继续培养。按照上一步骤中的方法，PCR 测序鉴定提取得到的基因组 DNA 是否为突变体。将突变体细胞扩大培养，保种，同时取少量细胞用于 Western 印迹杂交检测 CRBN 蛋白的表达情况（若基因编辑成功，则 Western 印迹杂交检测不到 CRBN 蛋白）。

（4）Western 印迹杂交验证：

操作视频

①蛋白样品制备：

A. 用移液枪吸去细胞培养基，加入 1 mL PBS 缓冲液清洗两次，加入 0.25%胰酶消化，用 PBS 缓冲液重悬细胞，将细胞悬液加到 1.5 mL 离心管中。

B. 12 000 r/min 离心 1 min，倒掉上清液，12 000 r/min 再次离心 1 min，用移液枪小心地把剩余的 PBS 液吸干。

C. 根据细胞的量，加 100～200 μL 5×SDS 上样缓冲液，用移液枪将细胞吹散混匀。

D. 将细胞置于 99 ℃水浴锅中煮沸 5 min，然后冰浴 5 min，煮沸、冰浴交替重复 3 次。

E. 裂解完后，涡旋振荡充分混匀，12 000 r/min 离心 1 min，上清液即可用于 SDS-PAGE 上样检测。

②SDS-PAGE 电泳：详细的 SDS-PAGE 电泳操作过程参照实验十二。

③转膜（湿转）：

A. SDS-PAGE 的结果需要转至硝酸纤维素膜（NC 膜）上进行观察。转一张膜需准备 2 张 7.0～8.3 cm 的滤纸、2 块海绵和 1 张长 8.3 cm 适当宽度的 NC 膜。将剪裁好的 NC 膜置于转膜缓冲液中浸泡至湿润时即可使用。

B. 在加有转膜缓冲液的电泳槽中放入转膜用的两块海绵垫、滤纸。夹子放入转膜用的托盘中，膜放入装有转膜缓冲液的塑料盒中。

C. 将夹子打开，在底层夹子上垫一张已浸透转膜缓冲液的海绵垫，用胶铲擀走里面的气泡，接着在海绵垫上垫一层已浸透转膜缓冲液的滤纸，固定滤纸并擀去其中的气泡。

D. 将 SDS-PAGE 电泳结束的凝胶小心剥下，放入转移夹层（图 22-7）下层滤纸上，再覆上合适大小的 NC 膜后，盖上上层滤纸及海绵垫，合起夹子。

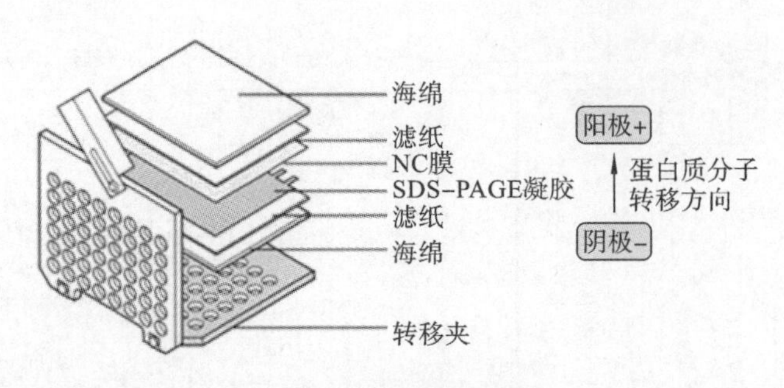

图 22-7 转移夹层示意图

注意：

a. 每层膜/纸/胶之间不能有气泡，在组装过程中可借助转膜缓冲液，用胶铲及时擀走气泡；

b. 各层膜/纸/胶注意叠放整齐；

c. 用割胶板将浓缩胶切去时，要避免把分离胶刮破；

d. NC 膜的大小一般与分离胶差不多大即可；

e. 转印膜上要做好记号，用于后期观察时判断样品的位置；

f. 及时添加转膜缓冲液，保持整个夹层处于湿润状态。

E. 将组装好的转移夹子，放入转移槽中。接通电源，100V 下，转移 90 min。由于电转移时会产热，可在槽的一边放一块冰袋来降温，并把转移槽放于冰上或 4 ℃冰箱中进行转膜。

④免疫反应：

A. 封闭：

a. 转膜结束后，将膜从电转槽中取出，先用丽春红染液染色 5 min 后，观察蛋白条带，拍照记录。

b. 用 PBS 将丽春红洗脱后将膜放入洗膜盒中加入封闭液进行封闭，封闭时间为 45 min，封闭液为用 TBST 溶解的 5% 的脱脂牛奶或 BSA(修饰抗体一般用 BSA 封闭)，封闭液体积一般为 10～15 mL。

B. 孵育一抗：

a. 封闭结束，倒掉封闭液，用稀释后的一抗进行孵育。一抗用对应的封闭液稀释，稀释比例参照抗体说明，一般在 1∶1 000～1∶10 000 范围内，每次需 10～15 mL 抗体稀释液。

b. 将抗体稀释液加到洗膜盒中，放于 4 ℃摇床上缓慢摇晃孵育过夜。

注意：摇床速度不宜过快，不要让抗体溅出。

c. 过夜之后，室温下以 150 r/min 用 TBST 洗涤 4 次，每次 5 min(TBST 加入量不宜过多)。可根据实际情况调整洗膜的次数。

C. 孵育二抗：本实验选择 HRP 标记的抗体作为二抗，按相应比例稀释(1∶5 000～1∶10 000)，每次需 10～15 mL 抗体稀释液。上述 TBST 洗过之后，加入二抗，室温下，以 60 r/min 在摇床上孵育 45 min；接着，在室温下，以 150 r/min 用 TBST 洗涤 4 次，每次 5 min。

注意：二抗只能用牛奶配制的稀释液稀释，禁止用 BSA 配制。

⑤化学发光，显影，定影：使用 ECL 试剂盒进行 HRP-ECL 发光、显影、定影。

A. 用镊子把膜从洗膜盒中转移到保鲜膜上。

B. 将 ECL 试剂盒中 A 和 B 两种试剂在离心管中等体积混合（根据膜的大小来确定显色液的量）；1 min 后，用移液枪吸取适量加到膜蛋白上，充分反应；1～5 min 后，用移液枪去除残液，并将膜转移至 X 光片暗夹上平铺的保鲜膜上，盖上暗夹，拿到暗室中准备显影。

C. 在暗室中，将 1× 显影液和定影液分别倒入塑料盘中。

D. 在暗室红光下，取出 X 光片，剪一张比膜尺寸稍大的 X 光片（比膜的长和宽均需大 1 cm 左右），在右上角剪角做标记，打开压片夹，将 X 光片放在膜上，一旦放上，便不能移动。关上压片夹，开始显影计时。一般显影时间为 1～10 min。

注意：曝光时间可以根据红光下蛋白膜上是否有荧光信号来调节，荧光强，曝光时间可以缩短。

E. 曝光结束后，打开压片夹，将 X 光片迅速浸入备好的显影液中显影，待出现明显条带后，终止显影。一般 1～2 min(20～25 ℃)。

F. 显影结束后，迅速把 X 光片浸入定影液中，定影时间一般为 5～10 min，以胶片透明为止。

G. 用水冲去残留的定影液后，室温下晾干。

注意：显影和定影需移动胶片时，尽量拿胶片一角，不要划伤胶片，否则会对结果产生影响。

五、实验结果与讨论

1. 写出设计的 gDNA 序列，并用图显示其在靶基因上的作用位置。
2. 退火后对 gDNA 验证图进行分析讨论。
3. 对退火产物克隆到 PX459 质粒过程中所有酶切、验证等环节的图以及相关分析。
4. 写出 gDNA 活性鉴定的结果，并讨论具体突变发生的情况。
5. 基因敲除效果的鉴定：写出 293 T 细胞 CRBN 蛋白敲除单克隆细胞系 Western 印迹杂交结果图（图 22-8 为参考结果），并讨论实验结果。

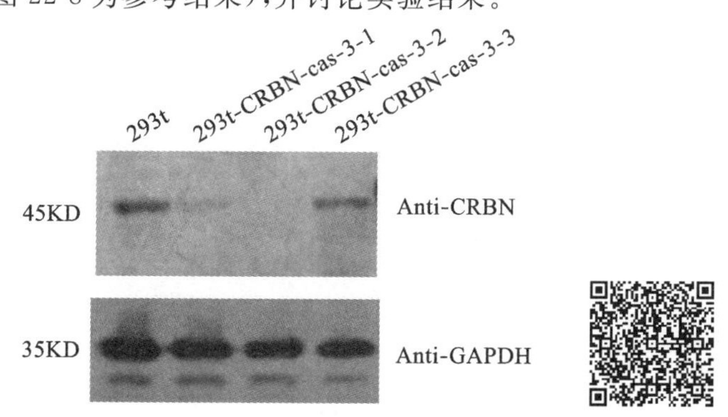

图 22-8 Western 印迹杂交验证 CRBN 基因敲除效果

（相比 1 号泳道的对照组细胞，3 号泳道中的 2 号克隆 CRBN 条带消失，可见 2 号克隆中 CRBN 完全不表达，敲除成功）

六、参考资料

[1] 方锐,畅飞,孙照霖,等. CRISPR/Cas9 介导的基因组定点编辑技术[J]. 生物化学与生物物理进展,2013,40(8):691-702.

[2] Ran FA, Hsu PD, Wright J, et al. Genome Engineering Using the CRISPR-Cas9 System[J]. Nature Protocols, 2013, 8(11):2281-2308.

[3] Mali P, Esvelt KM, Church GM. Cas9 as a Versatile Tool for Engineering Biology[J]. Nature Methods, 2013, 10(10):957-63.

[4] http://www.addgene.org/

实验二十三
RNA 干扰靶基因表达对细胞的影响

一、实验目的

1. 掌握 siRNA 基本原理及实验操作。
2. 掌握细胞培养和 siRNA 转染的实验操作。
3. 掌握 RT-PCR 和 Western-Blot 的实验操作。
4. 掌握细胞增殖和凋亡的实验操作。

二、实验原理与设计

1998 年 Fire 等学者以线虫为模式生物进行基因沉默研究，在将外源或内源性的双链 RNA（double-stranded RNA，dsRNA）导入线虫体内时，发现与 dsRNA 同源的 mRNA 被降解，其相应的基因表达受到抑制，该现象称为 RNA 干扰（RNA interference，RNAi），把引发 RNA 干扰现象的 RNA 称为小干扰 RNA（Small interfering RNA；siRNA）。随后人们证实 RNA 干扰现象广泛存在于真菌、线虫、果蝇、植物乃至动物等多种生物中。传统观点认为“中心法则”确定了作为遗传信息携带者的 DNA 在遗传信息保存和传递过程中的主导地位，生命世界是 DNA-蛋白质二元世界，但现在却发现真核生物体内还存在由非编码 RNA 介导的调控 DNA 遗传信息的新的机制。因为发现了遗传信息传递的新机制，Fire 等学者获得了 2006 年诺贝尔生理学与医学奖。作为一种新颖的阻断或抑制基因表达的技术，目前 siRNA 被广泛用来抑制靶基因的表达、阐明基因功能、鉴定药物靶点、开发更有效的药物等研究领域，也已经用于癌症等多种疾病的治疗研究，siRNA 已经成为生命科学功能研究以及基因治疗必不可缺的重要手段和技术。

1. siRNA 的作用原理　siRNA 介导靶基因沉默，最初认为发生在转录后水平，即被抑制的靶基因虽然能够正常转录，但转录生成的 mRNA 被迅速降解从而失去正常功能。siRNA 作用机理大致如下：病毒、转座子或外源转入的基因利用宿主细胞进行转录，产生与外源基因互补的双链 RNA，宿主细胞 Dicer 酶识别 dsRNA 并将之切割成大小为 21～23 个核苷酸的双链 siRNA；双链 siRNA 和核酸内外切酶、解旋酶与活性蛋白等复合物共同构成 RNA 诱导的沉默复合体（RNA-inducing silencing complex，RISC）；在解旋酶的参入下，siRNA 被解链为正义链和反义链，RISC 在 siRNA 反义链的介导下通过碱基互补配对特异地与靶基因 mRNA 结合，随即 RISC 从 siRNA 中部开始酶切降解 mRNA，抑制靶标基因的表达。随着研究的深入，发现 siRNA 也可以在转录水平介导靶基因沉默。siRNA 作用机制如图 23-1 所示。

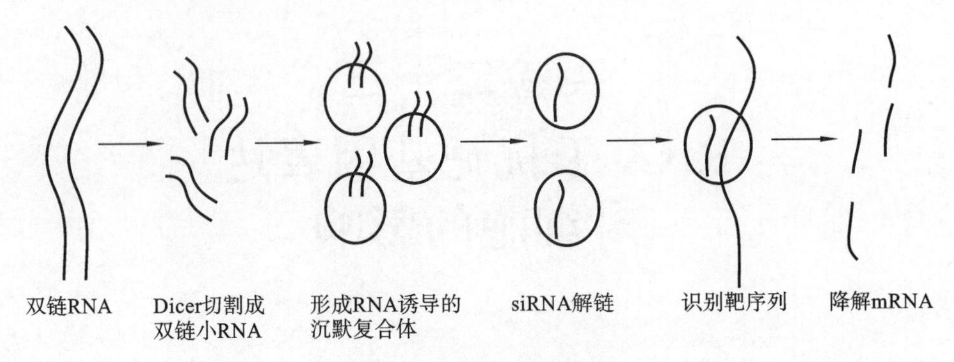

图 23-1 siRNA 的作用机制

2. siRNA 的生理功能和意义 siRNA 的生理功能包括作为生物体的防御机制，维持基因组的稳定，调控细胞分化与胚胎发育，以及 RNA 水平上的调控机制四个方面。RNA 干扰技术也是分子生物学在方法学上的新突破。在后基因组时代，人们通常采用 siRNA 特异性地沉默靶基因的表达，通过分析表型的变化来了解该基因的生物学功能。此外，自 2003 年基于 RNAi 的治疗效果在动物疾病模型中获得验证以来，RNAi 在疾病治疗领域的研究飞速发展，有望在不久的将来用于临床治疗。综上所述，随着 RNAi 技术研究的深入，基于 siRNA 的应用也将越来越多，siRNA 已经成为生命科学理论研究和临床治疗的一种重要技术手段和工具。

3. 组蛋白去乙酰化酶(HDACs) 组蛋白是染色体基本单位核小体的主要成分，组蛋白的乙酰化修饰在染色体结构重塑和基因转录调节中发挥重要作用。核心组蛋白的乙酰化是由组蛋白去乙酰化酶(histone deacety lases，HDACs)和组蛋白乙酰基转移酶调控的可逆过程。在基因的转录调节过程中，组蛋白乙酰化通常上调基因的表达，而组蛋白去乙酰化则下调基因的表达，如果 HDACs 的表达被干扰，将会解除组蛋白去乙酰化酶对基因表达的抑制过程。当我们以细胞为模型进行观察时，发现 HDACs 表达量的变化会影响细胞周期，进而导致细胞发生增殖或凋亡。

本实验拟用 HDAC-1 siRNA 转染 HeLa 细胞的方法下调 HDAC-1 表达，首先借助荧光实时定量技术和 Western 印迹杂交电泳技术从 mRNA 和蛋白水平检测内源 HDAC-1 表达降低水平；在证实 siRNA 干扰有效后，采用 MTT 法检测 HeLa 细胞增殖的变化，用流式细胞术检测 HeLa 细胞周期变化以及细胞凋亡。实验流程如图 23-2 所示。

三、实验仪器与材料

1. 实验试剂 0.01 mol/L PBS(pH 7.4)、Trizol 试剂、苯酚、氯仿、乙醇、异丙醇、焦碳酸二乙酯(DEPC)、噻唑蓝(MTT)、4%多聚甲醛溶液、脱脂奶粉、DMEM 高糖培养基、胎牛血清(FBS)、Opti-MEM® 培养基、0.25%胰酶、Lipofectamine® 2000 转染试剂盒、细

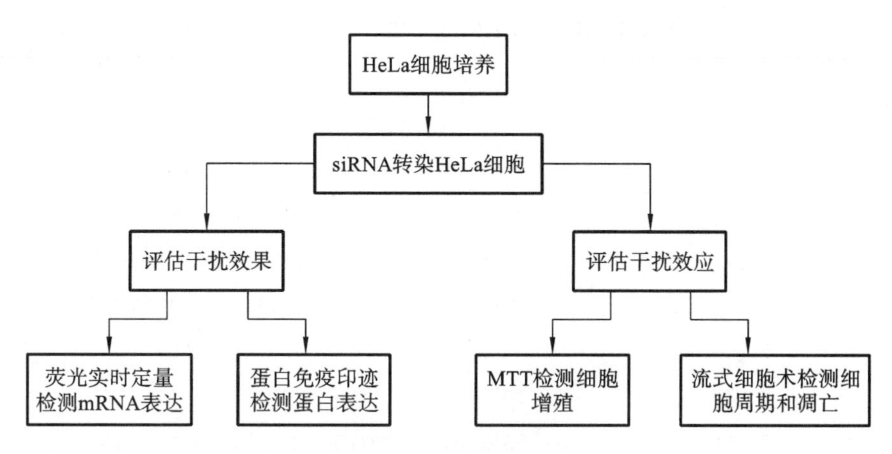

图 23-2 实验流程

胞周期和凋亡检测 Annexin V-FITC/PI 试剂盒、逆转录反应试剂盒、RIPA 细胞裂解液、苯甲基磺酰氟(PMSF)、ECL 化学发光显影试剂盒、SYBR® Green Ⅰ荧光染料试剂盒、鼠抗人一抗 anti-HDAC-1、anti-GAPDH、辣根过氧化物酶(HRP)标记羊抗鼠二抗等。

2. 实验仪器 超低温冰箱、－20 ℃冰箱、液氮罐、分析天平、灭菌锅、水浴锅、超净工作台、高速台式冷冻离心机、大容量离心机、二氧化碳培养箱、倒置显微镜、涡旋振荡器、微量分光光度计、ABI 9700 荧光定量仪、PCR 仪、垂直电泳仪、Western 印迹杂交电转仪、电泳成像分析系统、流式细胞仪、酶标仪、脱色摇床、细胞计数板等。

3. 生物材料 人宫颈癌细胞(HeLa Cell)购于美国模式菌种收集中心(ATCC)。

四、实验操作与步骤

(一) siRNA 设计和合成

根据 GeneBank 上的 HDAC-1 序列，按照如下列出的设计原则，设计并合成 siRNA 寡核苷酸链碱基序列和阴性对照序列，如表 23-1 所示。

1. 从转录本(mRNA)的起始密码 AUG 开始，搜索基因编码区中效率较高的设计模体(比如 $AAN_{19}TT$ 等序列)，以作为 siRNA 的潜在靶点。

2. 由于 5′和 3′端的非翻译区(untranslated region，UTR)富有调控蛋白结合区域，易产生空间位阻效应，影响 siRNA 与靶序列结合，应避免选择 5′和 3′端的非编码区作为干扰位点；避免序列上是已知 mRNA 结合蛋白位点的部分。

3. 序列中 G+C 的含量为 30%～70%。

4. 使用 BLAST® 搜索核酸数据库，排除与其他编码序列同源的序列。

5. 设计阴性对照 siRNA。阴性对照 siRNA 与所选的 siRNA 序列组成成分相同，但和 mRNA 没有同源性。

表 23-1 HDAC-1 siRNA 寡核苷酸链碱基序列

siRNA		碱基序列
1	正义链	5′CAGCGAUGACUACAUUAAAdTdT3′
	反义链	3′dTdTGUCGCUACUGAUGUAAUUU5′
2	正义链	5′CCGGUCAUGUCCAAAGUAAdTdT3′
	反义链	3′dTdTGGCCAGUACAGGUUUCAUU5′
3	正义链	5′GGCAAGUAUUAUGCUGUUAdTdT3′
	反义链	3′dTdTCCGUUCAUAAUACGACAAU5′
阴性对照	正义链	5′UUCUCCGAACGUGUCACGUdTdT3′
	反义链	3′dTdTAAGAGGCUUGCACAGUGCA5′

（二）HeLa 细胞的培养

1. 复苏 HeLa 细胞

(1) 将冻存的 HeLa 细胞从液氮罐中取出，迅速放入 37～39 ℃恒温水浴锅，轻轻摇晃冻存管使细胞完成快速解冻融化过程。

(2) 将完全融化的冻存管从水浴锅中取出，移至超净工作台内，管口处喷酒精消毒，在酒精灯上烧口消毒。打开冻存管吸出细胞悬液至 10 mL 离心管，并加入 3～5 mL 不含血清的 DMEM 培养基并混匀稀释。

(3) 离心管在常温下 1 000 r/min 离心 5 min，弃上清液除去冻存液中的 DMSO 成分；然后继续向离心管中加入含血清的 DMEM 培养基 5 mL，轻轻吹打，重新悬浮细胞，接种至细胞培养瓶中，37 ℃培养箱培养。

(4) 12～24 h 后观察细胞的贴壁生长情况，并换液继续培养。

2. HeLa 细胞传代

(1) 漂洗细胞　当细胞状态良好，已长满培养瓶底时，吸去全部培养液，加入 PBS 溶液 2～3 mL，用吸管轻轻吹打除去细胞碎片和残存的培养液后，吸去 PBS；再重复漂洗一次。

(2) 消化细胞　往培养瓶中加入 0.25％胰酶，胰酶使用量以完全覆盖瓶壁细胞为宜；放入 37 ℃二氧化碳培养箱 1 min 后快速在倒置显微镜下观察，待发现细胞胞质回缩，细胞之间不再接连成片时，表明此时细胞消化适度，立即向细胞培养瓶中加入 3 mL 含血清的培养基终止消化过程；吸管轻轻反复吹打贴附在瓶壁上的残存贴壁细胞，等到细胞完全从瓶壁上脱落时，移至离心管内，常温下 1 000 r/min 离心 5～8 min。

(3) 接种细胞　离心结束后，弃去上清液，向离心管中加入 5 mL 含血清的细胞培养基，吸管轻轻吹打使细胞沉淀分散，制成细胞悬液，按 1∶(3～5)接种到细胞培养瓶内，再向各培养瓶中继续加入适量细胞培养基继续培养。

(4) 细胞换液　12～24 h 后观察传代细胞的贴壁情况，每天观察细胞生长变化情况，细胞一般每 2～3 天换液一次。

（三）siRNA的转染

1. 转染前一天将生长状态良好的HeLa细胞接种在6孔培养板中，每孔细胞数$(3.0 \sim 4.0) \times 10^5$并放入2.5 mL细胞培养基（含血清、不含抗生素），保证转染当天时6孔培养板中细胞密度为60%～70%。

2. 第二天，从6孔板孔内弃去原细胞培养液，每孔加入无血清Opti-MEM®培养基1～1.5 mL。

3. 准备siRNA＋Lipofectamine®2000混合物

（1）溶液Ⅰ：将siRNA存储液用250 μL无血清Opti-MEM®培养基稀释到50 nmol/L，混匀。

（2）溶液Ⅱ：使用前将Lipofectamine® 2000轻摇混匀，吸取5 μL Lipofectamine® 2000到200～250 μL Opti-MEM®无血清培养基中稀释；室温下静置5 min。

（3）将稀释好的溶液Ⅰ和Ⅱ混合，用枪头混匀后室温下静置20 min。

4. 将混合液加入上述6孔板，轻轻摇晃混匀，放置37 ℃二氧化碳培养箱中培养。

5. 5～6 h后弃去无血清培养基，换成含有血清的培养基，继续培养细胞，24～48 h后进行后续实验。

（四）RT-PCR检测siRNA干涉后mRNA的表达

SiRNA 48 h后进行RT-PCR实验，根据实验结果选择最优的SiRNA进行后续实验。具体如下。

1. 提取细胞总RNA

（1）取出6孔板，吸去细胞培养液，用少量PBS洗涤细胞3次。每个6孔板孔加1 mL Trizol®，放于冰上静置5 min，再用移液枪反复吹打使细胞完全裂解；然后将裂解的细胞液转移至新的EP管（1.5 mL）中。

（2）每个EP管内加入200 μL三氯甲烷，盖紧后用手剧烈颠倒振荡15 s，冰上静置5 min，然后4 ℃、12 000 r/min离心15 min。

（3）离心结束后取出EP管，细胞匀浆液会出现分层，上层为透亮的上清液，中层为蛋白质，下层为红色氯仿，RNA在上层；小心吸取300～400 μL上清液转移至新的EP管中。

（4）EP管内加入与上清液相同体积的异丙醇，上下颠倒混合均匀，常温下放置10 min，然后4 ℃、12 000 r/min离心10 min。

（5）取出EP管，小心倒掉上清液，沿管壁缓慢加入75%无水乙醇1 mL，漩涡振荡30 s，然后4 ℃、7 500 r/min离心5 min。

（6）取出EP管，小心倒掉上清液，倒扣在滤纸上吸去残留液，然后沿管壁缓慢加入100%无水乙醇1 mL，漩涡振荡30 s，4 ℃、7 500 r/min离心5 min。

（7）离心后弃上清液，室温下放置2～5 min（注：如RNA完全干燥会降低其溶解性），加入DEPC水适量，缓慢振荡使RNA溶解；测量RNA浓度和质量，需要的话将RNA放置－80 ℃保存备用。

(8) 用微量分光光度计测定 RNA 浓度和质量。260 nm 检测样品 RNA 浓度及纯度。A_{260}/A_{280}的值可以反映 RNA 的纯度和质量，若该值处于 1.8～2.0 之间，说明提取的 RNA 质量较好；如该值小于 1.8 或大于 2.2，则说明样品存在蛋白质污染或 RNA 被水解，样品质量不合乎要求。

注意：上述实验过程中，器皿的处理等参见实验十。

2. RNA 反转录成 cDNA　反转录-聚合酶链反应(RT-PCR)是将 RNA 逆转录与 cDNA 聚合酶链式扩增结合在一起的技术。对于从细胞或者组织中提取的 RNA，采用 Oligo 引物或 Random 引物在逆转录酶的作用下使总 RNA 中的 mRNA 被反转录成 cDNA，然后用合成的 cDNA 作为模板，通过常规 PCR 扩增方法可以检测靶基因的表达。

(1) 根据基因序列设计 RT-PCR 引物，具体序列见表 23-2。

(2) 根据表 23-3 反转录反应体系，依次加入各个成分，配制成反应混合液，混匀后常规离心。

(3) 反转录反应：将混合液置于 37 ℃，15 min(反转录)；85 ℃，5 s(反转录酶失活)；4 ℃(维持期)。上述实验用 PCR 仪完成。－20 ℃保存合成的 cDNA。

表 23-2　RT-PCR 引物序列

引物		碱基序列
HADC-1	上游引物	5′AACTGGGGACCTACGG3′
	下游引物	5′ACTTGGCGTGTCCTT3′
GAPDH	上游引物	5′TGCACCACCAACTGCTTAGCC3′
	下游引物	5′GGCATGGACTGTGGTCATGAG3′

表 23-3　反转录反应体系

试剂	使用量
5×PrimeScript®缓冲液	2 μL
PrimeScript®反转录酶混合物	0.5 μL
反转录引物混合物	1 μL
RNA(1 ng～5 μg)	若干微升
不含 RNA 酶双蒸水	加至 10 μL

3. cDNA 的荧光定量检测　使用实时荧光定量 PCR 技术检测 cDNA 中基因拷贝数的多少。

本实验荧光定量 PCR 选用相对定量法 $2^{-\Delta\Delta C_t}$ 法进行基因相对表达量的分析，即通过内参对待测样品中的特定基因进行定量分析。计算公式如下：$\Delta\Delta C_t$＝(C_t(实验组目的基因)－C_t(实验组管家参考基因))－(C_t(对照组目的基因)－C_t(对照组管家参考基因))。其中 $2^{-\Delta\Delta C_t}$ 为样本校正后基因的相对含量。本实验设置 GAPDH 为管家基因，用以校正起始模板量，以便精准比较目的基因的相对表达量。荧光定量 PCR 的方法相应地可分为特异类和非特异类两类：特异性方法是指在 PCR 反应中利用标记荧光染料的基因特异寡核苷酸探针来检测产物;而非特异性检测方法是指在 PCR 反应体系中,加入过量荧光染料如 SYBR® Green,荧光染料特异性地掺入 DNA 双链后,发射出荧光信号。

实验时按照 ABI® 荧光定量仪使用说明进行实验操作,采用 SYBR® Green 荧光染料试剂盒进行检测,操作步骤如下。

(1) 用 96 孔板配制扩增反应液(反应体系见表 23-4),检测样品均需设 3 个重复孔。

表 23-4　荧光定量 PCR 扩增反应体系

试剂	使用量
SYBR® 预混物(2×)	10 μL
上游引物	1 μL
下游引物	1 μL
cDNA 模板	2.0 μL
灭菌蒸馏水	6 μL
总体积	20.0 μL

(2) 按上述体系加样后贴膜密封反应板。平板离心机低速离心(3 000 r/min、3 min)混匀并去除气泡。

(3) 应用 ABI® 实时定量 PCR 仪,采用两步法 PCR 扩增程序进行 cDNA 的扩增和检测,具体操作条件如下。

步骤 1:预变性(95 ℃,30 s,1 个循环)。

步骤 2:PCR 反应(95 ℃,5 s;60 ℃,20 s;40 个循环)。

步骤 3:溶解曲线分析(95 ℃,15 s;60 ℃,1 min;95 ℃,15 s)。

最后 4 ℃维持并保存。

注:以上所有反应液如无特殊说明均需在冰上进行配制。

(4) 根据实验结果,对 cDNA 中 HDAC-1 拷贝数多少进行分析与计算。

(五) Western 印迹杂交检测 siRNA HeLa 细胞中 HDAC-1 蛋白表达

Western 印迹杂交又名蛋白免疫印迹杂交,是在 SDS 聚丙烯酸胺凝胶电泳基础上,将通过电泳分离的蛋白组分从凝胶转移至固相支持物上(如硝酸纤维素薄膜),应用抗体与附着于固相支持物上的靶蛋白发生特异性反应,最后通过底物显色法显影来检测目的基因蛋白的表达。实验所用的 SDS 是阴离子去污剂,SDS 作为变性剂和助溶剂,能断裂分子内和分子间的氢键,破坏蛋白质分子的二级和三级结构。具体操作步骤如下。

1. 提取靶蛋白并测其浓度

(1) 转染 siRNA 72 h 后(步骤(三)),取出 HeLa 细胞,并将细胞培养皿置于冰上,吸去细胞培养液,用 4 ℃预冷的 PBS 冲洗细胞 2 遍,吸净 PBS 后加入现配的细胞裂解液(RIPA 与 PMSF 的比例为 100 μL : 1 μL),冰浴 20 min。

(2) 用细胞刮刮下裂解的细胞,收集裂解液至 EP 管中后,4 ℃、12 000 r/min 离心20 min。

(3) 离心完毕后,吸取上清液(总蛋白质粗提液)至新 EP 管内。蛋白质粗提液需蛋白质变性处理，蛋白质变性方法为：按 4∶1 的比例加入 5×蛋白电泳上样缓冲液，振荡混匀短暂离心后置于 100 ℃沸水浴中使蛋白质变性 10 min，结束后可将变性的蛋白质保存在 −80 ℃冰箱备用。

2. SDS-PAGE 电泳　根据目的蛋白质相对分子质量确定灌胶浓度，本实验选用 10%分离胶，具体操作参见实验十二，相关试剂配制见附录。

3. 抗原抗体孵育与显影

(1) 转膜　卸下玻璃板并取出凝胶，放入转膜缓冲液中；准备 2 张折叠成 4 层与凝胶大小相仿的滤纸；剪切一张 PVDF 膜，将此膜标记后先放入甲醇 30 s，再放入双蒸水中 2 min，最后放入用转膜缓冲液中浸透 5 min；依次叠放滤纸、胶条、PVDF 膜、滤纸，放入转移槽，倒入转膜液，恒流电转将蛋白转移至 PVDF 膜上。

(2) 抗体孵育与显影　将转膜后的 PVDF 膜放入含有 5%脱脂奶粉封闭液的平皿中，室温下摇床上封闭 2 h；倒掉封闭液，加入按比例稀释的一抗（参照抗体说明书稀释），4 ℃摇床上孵育过夜；24 h 后回收一抗，1×TBST 洗膜 3 次，每次 10 min，随后加对应二抗（参照抗体说明书稀释），室温孵育 60 min；TBST 洗膜 3 次，每次 10 min，在 PVDF 膜上加入 ECL 发光液，反应 2 min，然后将膜放入凝胶成像系统显影得出图像，并应用软件分析结果，计算灰度值。

注意：上述实验的细节可参见实验二十二。

（六）细胞增殖检测（MTT 法）

MTT 为黄色化合物，是一种接受氢离子的染料，活细胞线粒体中的琥珀酸脱氢酶能使 MTT 还原为水不溶性的蓝紫色结晶甲瓒（Formazan），而死细胞无此功能。二甲基亚砜（DMSO）能溶解细胞中的甲瓒，用 DMSO 溶解后在 490 nm 波长处测定其吸光度，可间接反映活细胞数量。在一定细胞数范围内，MTT 结晶形成的量与细胞数成正比。

具体操作如下。

将 HeLa 细胞按每升 5×10^4 个的密度接种于 96 孔板，每孔 100 μL，37 ℃，5% CO_2 温箱中培养 24 h；24 h 后进行 siRNA 转染，分别于转染 24 h、48 h、72 h 后，每孔加新配制的 10 μL MTT（5 mg/mL），避光培养；4 h 后吸去上清液，每孔加入 100 μL 二甲基亚砜，置于摇床上低速振荡 10 min，使结晶物充分溶解；最后使用酶联免疫检测仪检测 490 nm 处吸光度（A），以时间为横轴，吸光度为纵轴绘制细胞生长曲线，并计算细胞增殖率。

（七）流式细胞技术分析检测 HeLa 细胞凋亡

核细胞的细胞膜分为含有脂质的内外两层，一般情况下，磷脂酰丝氨酸（PS）分布在其内侧，细胞凋亡发生的早期，脂膜内侧的 PS 发生翻转，从而暴露在脂膜外侧；而检测细胞凋亡的试剂 Annexin V 是与 PS 具有高度亲和力的磷脂结合蛋白，可在细胞凋亡早期与翻转在细胞膜外侧的 PS 结合。碘化丙啶（PI）是一种溴化乙啶的类似物，它在嵌入双链 DNA 后产生红色荧光，荧光强度可以反映出细胞中 DNA 的含量，它在细胞凋亡早期不能透过细胞膜，而在细胞凋亡中晚期，细胞膜通透性逐渐增加，可进入细胞与核酸结合而使细胞核染红。检测细胞坏死与凋亡时，常将 Annexin V（FITC 标记绿色荧光）和 PI

(红色荧光)联合应用于流式细胞实验,Annexin V 与 PI 联合使用时,PI 则被排除在活细胞和早期凋亡细胞之外,而晚期凋亡细胞和坏死细胞同时被 FITC 和 PI 结合染色呈现双阳性。具体操作如下。

1. 收获经 siRNA 转染后的细胞,用不含 EDTA 的胰酶消化成细胞悬液,然后迅速用生长培养基中和,收集细胞后离心,再用冷 PBS 洗涤 1 次,1 000 r/min 离心 5 min。

2. 收集的细胞中滴加 1×结合缓冲液 500 μL 悬浮细胞,滴加 Annexin 液 5 μL,滴加 PI 液 5 μL,充分混匀上述混合液,室温下避光静置 15 min。

3. 取出细胞混合液进行流式细胞仪分析,并应用软件分析细胞凋亡。

(八) 流式细胞技术分析检测 HeLa 细胞周期(PI 染色法)

细胞周期各时相的 DNA 含量不同,通常正常细胞的 G_1/G_0 期具有二倍体细胞的 DNA 含量($2N$),而 G_2/M 期具有四倍体细胞的 DNA 含量($4N$),S 期的 DNA 含量介于二倍体和四倍体之间。碘化丙啶(PI)可以与 DNA 结合,其荧光强度直接反映了细胞内 DNA 含量。因此通过流式细胞术 PI 染色法对细胞内 DNA 含量进行检测时,可以将细胞周期各时相区分为 G_1/G_0 期,S 期和 G_2/M 期,进而可以计算各时相细胞百分率。具体操作如下。

1. 收获经 siRNA 转染后的细胞,吸去细胞培养液,用 4 ℃预冷的 PBS 冲洗细胞 2 遍,用不含 EDTA 的胰酶消化成细胞悬液,然后迅速用生长培养基中和,转移细胞悬液到离心管,1 000 r/min 离心 5 min,弃上清液。

2. 逐渐加入 5 mL 预冷的 75%乙醇,涡旋混匀细胞,4°C 避光过夜(18 h 以上)。

3. 第二天,1 000~1 500 r/min 离心细胞 10 min,弃上清液;PBS 洗两次,然后加 PI 和 DNase 混合液重悬细胞并染色 15 min,上机检测。

(九) 统计学方法

采用 SPSS(statistical product and service solutions)统计学软件对实验结果进行分析。实验计量数据以均数±标准差($\overline{X}\pm S$)表示实验中测定结果计量,采用方差分析和 t 检验方法进行统计学意义评估,$P\leqslant 0.05$ 为差异有统计学意义。

五、实验结果与讨论

1. 实验结果和数据要求

(1) HDAC-1 siRNA 对 HDAC-1 干扰效果:包括实时定量 PCR 检测 HDAC-1 mRNA 表达的表格或柱状图分析,蛋白质免疫印迹法检测 HDAC-1 蛋白表达的 Western 印迹杂交图像和表达量的柱状图分析。通过上述实验判断干扰效率。

(2) MTT 法检测 HDAC-1 siRNA 对细胞增殖的影响:绘制细胞生长曲线,分析其对细胞生长的影响。

(3) 流式细胞术检测 HDAC-1 siRNA 对细胞周期和凋亡的影响:检测亚 G_1 期、G_1 期、S 期、G_2/M 期细胞比例,分析凋亡比率。

2. 思考和讨论

(1) 简述组蛋白去乙酰化酶调节基因转录的机理(属于表观遗传学的内容)。

(2) 简述 siRNA 的原理。siRNA 干扰后,如果目的基因 mRNA 和蛋白表达抑制水平差异较大,如何判断干扰效率?分析可能的原因。

(3) 简述 MTT 法检测细胞增殖的原理。MTT 法检测吸光度为什么要限制在 0～0.7之间?(参考朗伯-比尔定律)

(4) 简述流式细胞术检测细胞周期和凋亡的原理。显微镜下观察细胞,如何从细胞形态判断凋亡细胞?

六、参考资料

[1] M. R. 格林,J. 萨姆布鲁克. 分子克隆实验指南[M]. 贺福初,译. 北京:科学出版社,2017.

[2] 李娜,于世英. 组蛋白去乙酰化酶 1 siRNA 对 HeLa 细胞生长和凋亡的影响[J]. 华中科技大学学报(医学版),2010,39(1):47-49.

[3] 翟允鹏. siRNA 沉默 Livin 基因表达对肝癌细胞 HepG2 增殖与凋亡的影响[硕士论文]. 山东大学,2013.

[4] 石清清. siRNA 沉默 uPAR 和 Cathepsin B 基因表达对肝癌细胞增殖、侵袭、凋亡的影响[硕士论文]. 广西医科大学,2015.

[5] 史毅,金由辛. RNA 干扰与 siRNA(小干扰 RNA)研究进展[J]. 生命科学,2008,20(2):196-201.

实验二十四 秀丽隐杆线虫 RNA 干扰技术

一、实验目的

1. 掌握线虫 RNA 干扰技术的基本原理。
2. 学习使用线虫 RNA 干扰技术对目的基因进行干扰，抑制基因表达的基本方法。
3. 理解 RNA 干扰技术在动物水平上的应用。

二、实验原理与设计

自 20 世纪六七十年代 Sydney Brenner 将秀丽隐杆线虫(*C. elegan*)作为分子生物学和发育生物学研究的模式生物以来，它在遗传与发育生物学、行为与神经生物学、衰老与寿命、人类遗传性疾病、病原体与生物机体的相互作用、药物筛选、动物的应急反应、环境生物学和信号传导等领域得到了广泛应用，在细胞凋亡及 RNA 干扰两方面取得了重大突破。

1998 年，Andrew Fire，Craig C. Mello 课题小组最先在线虫中发现 dsRNA 可以引发基因沉默之后，该现象陆续在真菌、果蝇、拟南芥、锥虫、水螅等多种生物中被发现，证明 RNA 干扰是分子生物学中一个全新的，具有普遍性的机制，Andrew Fire，Craig C. Mello 两位科学家因此在 2006 年获得诺贝尔奖。

RNAi(RNA-mediated interference)技术是指与靶基因同源的双链 RNA 诱导的特异转录后基因沉默现象。其作用机制是双链 RNA 被特异的核酸酶降解，产生小干扰 RNA (siRNA)，这些 siRNA 与同源的靶 RNA 互补结合，特异性酶降解靶 RNA，从而抑制、下调靶基因的表达。RNAi 技术已经发展成为基因治疗、基因结构功能研究的快速而有效的方法。

RNAi 细胞内的基本过程如下：

①长的双链 RNA(Long double-stranded RNAs，dsRNAs；一般长度大于 200 个核苷酸)被引入细胞；

②宿主细胞对这些 dsRNAs 产生反应，核酸内切酶 Dicer 将 dsRNA 切割成多个具有特定长度和结构的小片段 RNA(为 21～23 bp)，即 siRNA；

③siRNA 在细胞内 RNA 解旋酶的作用下解链成正义链和反义链，反义 siRNA 再与

体内一些酶(包括内切酶、外切酶、解旋酶等)结合形成 RNA 诱导的沉默复合物(RNA-induced silencing complex,RISC);

④RISC 与外源性基因表达的 mRNA 的同源区进行特异性结合,RISC 具有核酸酶的功能,在结合部位的两端切割 mRNA,使目标 mRNA 降解,导致特定基因沉默。

目前,线虫 RNAi 干扰技术已经非常成熟、有效,作为第一步——dsRNA 的引入方法主要有如下三种:

①直接通过显微注射向线虫体内注射 dsRNA;

②将线虫培养在含有 dsRNA 的液体培养基中;

③喂食能够表达 dsRNA 的大肠杆菌。

其中第三种方法由于适用于大规模的操作,简单经济等原因,使用比较普遍。

野生型线虫 NGM 培养基制作时,最后滴加的是 *E. coli* OP50,而用于 RNA 干扰的线虫 NGM 培养基则滴加的是含有 T7 RNA 聚合酶的 L4440 质粒或以其作为骨架制作的重组质粒的菌液。L4440 质粒(图 24-1)含有双向 T7 启动子,可以在 IPTG 诱导下大量合成 dsRNA,当线虫食用了含有这种质粒的菌液时,dsRNA 即可在体内合成,诱发 RNA 干扰产生。

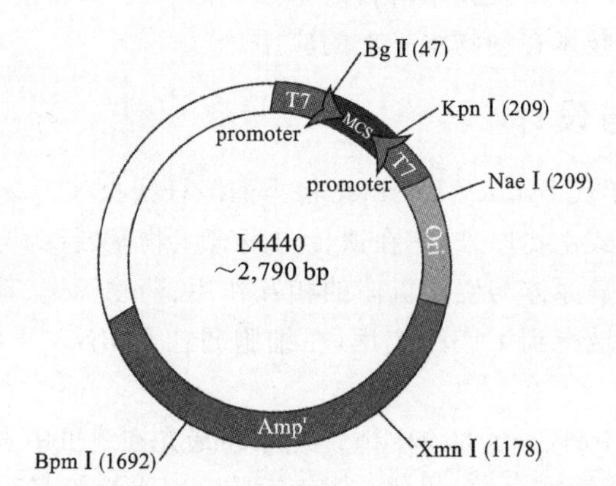

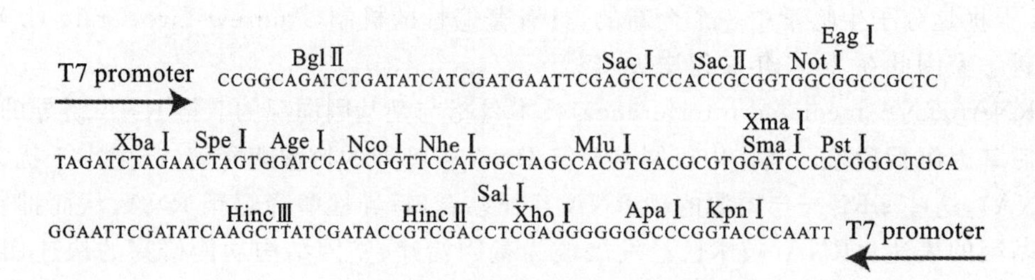

图 24-1　L4440 质粒结构图

用于 RNA 干扰的菌种为 *E. coli* HT115(DE3)菌株,该菌株是 RNAse Ⅲ(dsRNA 特异性降解酶)缺陷型大肠杆菌,通过 IPTG 诱导 T7 RNA 聚合酶表达而大量合成的 dsRNA 在该细菌体内不会被降解,可大大提高 RNA 干扰的效率。L4440 质粒一般被转化至该菌体中进行 RNA 干扰实验。

本实验拟喂食 TJ356 线虫含有 Chc-1 以及 DAF-16 两个基因干扰质粒的菌液(Chc-1

基因作为阳性对照)，以干扰这两个基因在 TJ356 线虫体内的表达，并通过荧光显微镜下观察绿色荧光的亮度，判断、分析 DAF-16 基因被干扰的情况。

Chc-1 参与线虫受精卵发育期间卵黄的内吞作用，当 RNAi 使其表达量下降时可导致线虫的胚胎死亡，或使线虫发育阻滞在幼虫期。在做 RNAi 干扰实验时，通常用这个基因作为阳性对照。

DAF-16 是 FOXO 家族的成员，在正常情况下，DAF-16 蛋白位于细胞质中，可在不同胁迫条件下被信号蛋白激活，从细胞质转移至细胞核中，提高秀丽线虫的应激能力，延长秀丽线虫在胁迫环境下的寿命，是线虫的寿命调控因子。

TJ356 是渐变体线虫，该线虫携带 DAF-16∷GFP 报告基因，正常情况下，DAF-16∷GFP 主要定位在肌肉细胞，肠道细胞和神经细胞，可在荧光显微镜下通过观察绿色荧光判断 DAF-16 基因的表达情况。

具体实验流程见图 24-2。

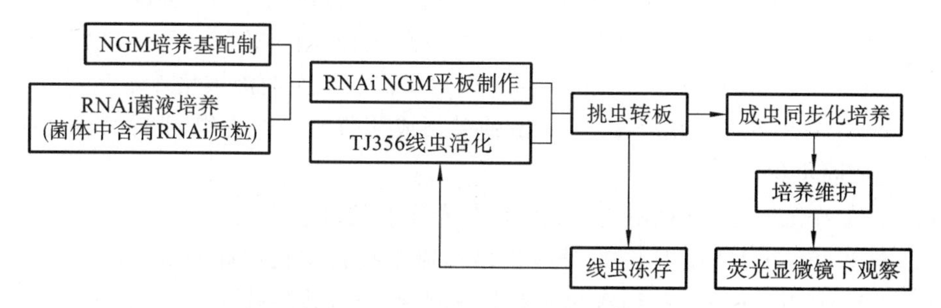

图 24-2 线虫 RNA 干扰实验流程

三、实验仪器与材料

1. 实验试剂 LB 固体及液体培养基、NGM 培养基、KH_2PO_4、K_2HPO_4、$MgSO_4$、$CaCl_2$、胆固醇、无水乙醇、NaCl、蛋白胨、琼脂粉、IPTG、氨苄青霉素储存液、胰蛋白胨、酵母提取物等。

2. 实验仪器 恒温生化培养箱、解剖显微镜、超净工作台、6 cm 培养皿、挑虫器、摇床、10 mL 离心管以及管架、1.5 mL 离心管以及管架、250 mL 锥形瓶、酒精灯、75%酒精棉球等。

3. 生物材料 野生型秀丽隐杆线虫(N2)、突变体秀丽隐杆线虫 TJ356(DAF-16∷GFP)、*E. coli* OP50、三种 *E. coli* HT115(分别含有三种不同的质粒：L4440 空载质粒，Chc-1 干扰质粒，DAF-16 干扰质粒。)

四、实验操作与步骤

线虫 RNA 干扰培养板的准备内容如下。

1. 配制线虫 NGM 干扰培养基

(1) 称取 3 g NaCl、2.5 g 蛋白胨、20 g 琼脂粉到锥形瓶中，加入 975 mL H_2O，0.1 MPa、121 ℃，高压灭菌 20 min。

(2) 待培养基冷却至 55 ℃时，加入已经灭菌和除菌的 25 mL 1 mol/L 磷酸钾缓冲液(配制方法见实验三)、1 mL 1 mol/L $CaCl_2$，1 mL 1 mol/L $MgSO_4$、1 mL 5 mg/mL 胆固醇、4 mL 1 mol/L IPTG、1 mL 100 mg/mL 氨苄，混匀。

(3) 将混匀的培养基倒入线虫培养皿中，约 2/3 培养皿高度，在超净工作台中操作，室温下干燥。

2. 线虫食物的准备

(1) 配制 LB 液体培养基　称取 10 g 胰蛋白胨、5 g 酵母提取物、5 g NaCl 到锥形瓶中，加入 1 L H_2O，调 pH 值到 7.0，0.1 MPa、121 ℃，高压灭菌。

(2) 吸取灭菌后的 5 mL LB 液体培养基到 10 mL 已灭菌的管中，挑取三种 *E. coli* HT115(DE3)菌株到液体 LB 中，每种各一管，于 37 ℃、170 r/min 振荡培养 8～12 h，使菌液 A_{600} 达到 0.4～0.6。菌液可 4 ℃保存 2 周。

(3) 在线虫 NGM 干扰培养板中滴入 200 μL 左右菌液(有三种)，用灭菌的涂布棒均匀涂抹于 NGM 培养基的中间部位，涂抹面积占总表面积的 20%～50%，以防止秀丽线虫爬到器壁边缘而不易操作和观察，涂抹完毕后室温放置至菌液被培养基完全吸收，做好标记，转到 20 ℃培养箱中培养 24～48 h，使菌长成薄薄的一层菌苔，供秀丽线虫食用。

3. 线虫同步化

(1) 在超净工作台上，将铂金丝做的挑虫器在酒精灯上烧红、冷却。

(2) 转板：解剖显微镜下，在旧的线虫培养皿中找到正在产卵期的 TJ356 成虫，用挑虫器将它轻轻挑起，迅速转移到新的平板上，每个培养板共挑取 3～5 只线虫。

(3) 将培养皿做好标记，放到 20 ℃生化培养箱中培养。

(4) 产卵 3 h 后，体视显微镜下可以看见培养皿上有椭圆颗粒状的线虫卵(胚胎)，此时，可以将成虫挑走。

(5) 三天后待新出的线虫长至成虫时期，即可用于观察 RNA 干扰结果。

4. RNA 干扰结果观察

(1) 制作观察用琼脂平板(参见实验四)。

(2) 在琼脂平板上滴一滴 50 mmol/L 叠氮化钠。

(3) 挑取 Day3 期(同步化后第三天的时期)各个平皿中的线虫，放入琼脂平板上，在荧光显微镜下观察与比较绿色荧光在各种线虫中的表达与分布情况，同时比较线虫的发育情况，拍照记录实验结果。

五、实验结果与讨论

1. 用图片显示，在荧光显微镜下，绿色荧光在正常生长的 TJ356、Chc-1 被干扰后的 TJ356、DAF-16 被干扰后的 TJ356 中的表达与分布情况，并加以分析、比较与讨论。

注意：

①每个结果要有明场与暗场两张图片。

②每张图片要标明比例尺，以显示图片中物体的大小。

2. 用图片显示三种线虫生长发育情况的异同，比较、分析与讨论该结果。

六、参考资料

[1] Tabara H,Grishok A,Mello C C. RNAi in C. elegans:soaking in the genome sequence[J]. Science. 1998 Oct 16;282(5388):430-431.

[2] 黄磊. 秀丽隐杆线虫 sod-3 基因的 RNA 干扰[D]. 吉林大学,2008.

实验二十五 GST pull-down 实验技术分析相互作用蛋白

一、实验目的

1. 理解 GST pull-down 的实验原理。
2. 掌握原核表达的基本实验操作步骤。
3. 掌握 GST pull-down 的实验操作步骤。
4. 了解蛋白质相互作用的研究方法。

二、实验原理与设计

GST pull-down 常用于体外检测蛋白质与蛋白质之间的相互作用，包括验证两个已知蛋白的相互作用，或者筛选与已知蛋白（探针蛋白）相互作用的未知蛋白（靶蛋白）等，是蛋白组学研究中的常用实验技术。

该技术的基本原理主要基于谷胱甘肽巯基转移酶（glutathione S-transferase，GST）能与 GST 亲和纯化柱上的谷胱甘肽（Glutathione，GTH）特异性结合，从而将与 GST 融合的探针蛋白固定在纯化柱上；当与融合探针蛋白有相互作用的靶蛋白通过该纯化柱时，即可被此固相复合物吸附而分离。

GST pull-down 实验过程（图 25-1）主要包括以下几个部分：第一，构建带有 GST 标签的重组质粒，并原核表达带有 GST 标签的融合探针蛋白；第二，利用 GST 亲和纯化柱进行融合探针蛋白的吸附、固定与纯化，获得高纯度的融合探针蛋白；第三，将待验证的靶蛋白与该纯化柱进行充分孵育，使探针蛋白与靶蛋白相互结合，形成复合物，该复合物再经洗脱，与纯化柱分离；第四，通过 SDS-PAGE 等方法检测两种蛋白质之间的关系。

本实验方案拟构建 pGEX-6p-1-HSF4 原核表达载体，并转化 BL21 大肠杆菌，在 IPTG 的诱导作用下原核表达 GST-HSF4 融合蛋白，并通过 GST pull-down 技术，鉴定 HSF4 蛋白是否能与人晶状体上皮细胞 HLE 细胞内源性表达的 p53 蛋白相互作用，其具体流程如图 25-2 所示。

三、实验仪器与材料

1. 实验试剂　引物、Taq DNA 聚合酶、dNTP、PCR 缓冲液、Prime star® 高保真 PCR

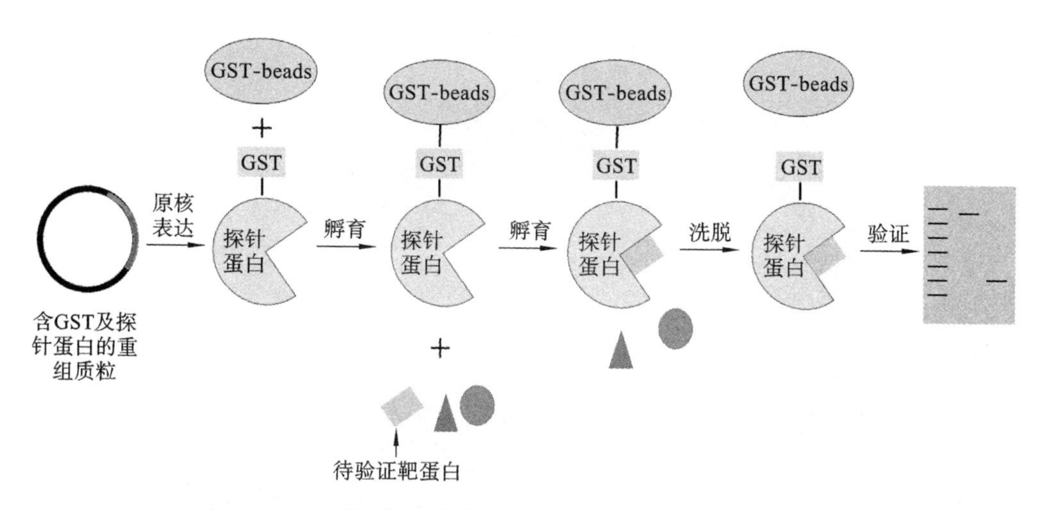

图 25-1 GST pull-down 实验原理图

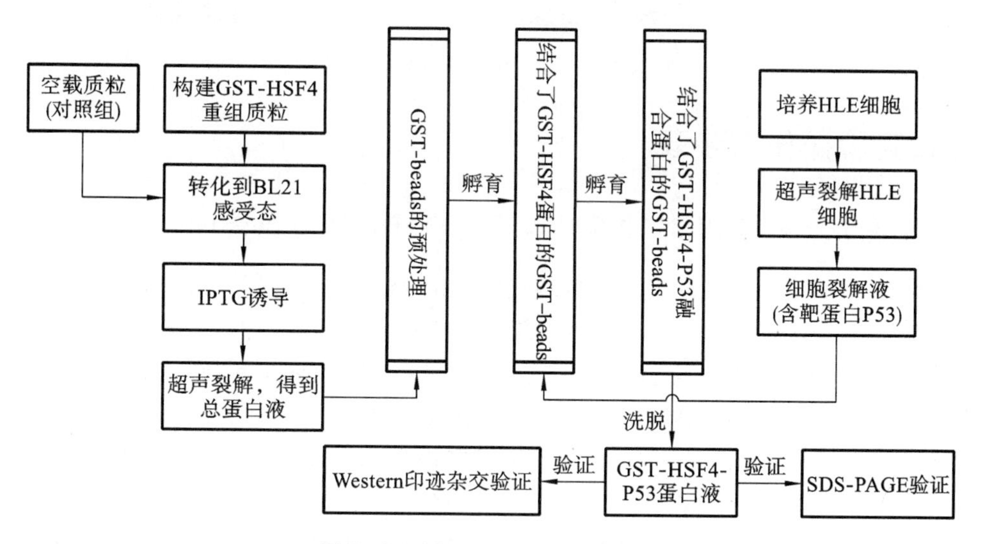

图 25-2 GST pull-down 实验流程

试剂盒、限制性内切酶及缓冲液、T4 连接酶及缓冲液、胶回收试剂盒、氨苄青霉素、卡那霉素、高纯度质粒小提中量试剂盒、脂质体 Lipofectamine® 2000、DMEM 高糖培养基、0.25%胰酶、4%多聚甲醛、胎牛血清、Opti-MEM® 培养基、琼脂粉、氯化钠、酵母提取物、胰蛋白胨、琼脂糖、溴化乙锭(EB)、DAPI、LB 液体培养基、LB 固体培养基、1 mmol/L IPTG 溶液、PBS(pH 7.4)缓冲液、GST 洗脱液、PMSF 蛋白酶抑制剂等。

2. 实验仪器 摇床、超声波破碎仪、超净工作台、高压蒸汽灭菌锅、离心机、离心管(1.5 mL)、移液枪及吸头、制冰机、酒精灯、接种环、冰盒、细胞培养箱、恒温振荡摇床等。

3. 生物材料 HLE 细胞、pMD18T-HSF4b 质粒、pGEX-6P-1 质粒(结构见图 25-3)、BL21 感受态大肠杆菌。

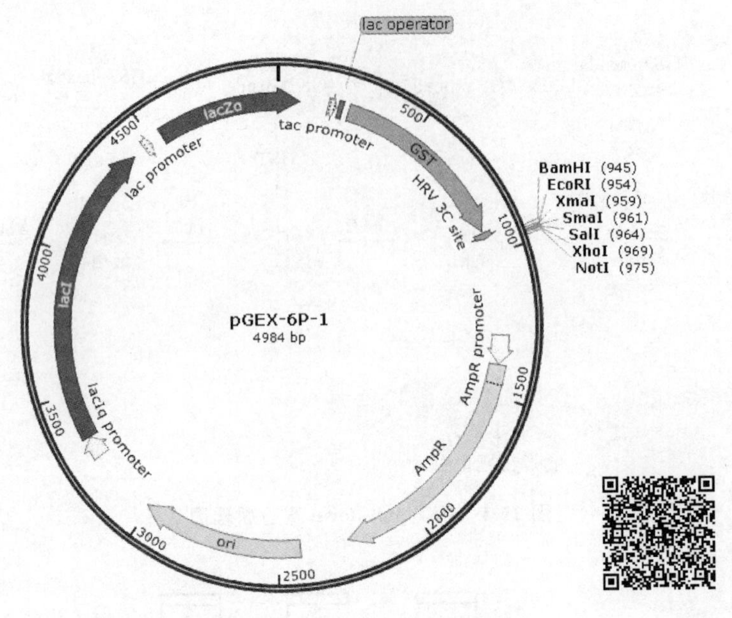

图 25-3 pGEX-6P-1 质粒图谱

四、实验操作与步骤

(一) 在大肠杆菌 BL21 中原核表达 GST-HSF4 融合蛋白

1. 使用 pGEX-6P-1 载体及 pMD18T-HSF4b 质粒构建 GST 与 HSF4 相融合的重组质粒 pGEX-6P-1-HSF4(质粒构建具体步骤可参照实验十八)。

2. 将构建好的 GST 融合蛋白的质粒(pGEX-6P-1-HSF4)和 pGEX-6P-1 空载分别转化 BL21 大肠杆菌,分别挑取单克隆于 LB 液体培养基中,置于振荡摇床中 37 ℃,220 r/min,培养 4~6 h,之后以 1∶1 000 的比例扩大培养至 2 mL,置于振荡摇床中 37 ℃,220 r/min,培养过夜。

3. 次日早晨再次扩大培养,按 1∶100 比例取 200 μL 菌液加入到 20 mL 培养基,置于 37 ℃,220 r/min 中进行培养。在菌液出现浑浊后(约 2.5 h),每半小时测定菌液的 A_{600},直至 A_{600} 达到 0.6 左右为止。

4. 向菌液中加 IPTG 母液,至 IPTG 终浓度为 1 mmol/L,进行诱导。诱导条件一般为 37 ℃,4~6 h。

注意:诱导条件需要根据不同的蛋白表达情况,通过预实验做调整。

5. 诱导完成之后分别收集菌液,将离心管置于离心机中离心(3 600 r/min,20 min,4 ℃)。去上清液后用 2~3 mL 预冷的含蛋白酶抑制剂的 PBS 缓冲液重悬菌体(PBS 的量为菌液的 1/20,可适当多加便于后面的超声破碎)。

(二) 将 GST-HSF4 融合蛋白吸附到 GST-beads 上

1. 将重悬得到的菌体进行超声破碎,破碎功率为 200 W,工作时间为 3 s,间隙时间为 5 s,工作次数 20～30 次,至菌液澄清。

注意:

①整个破碎过程需在冰上进行,避免超声过程中产热使蛋白质变性;

②超声破碎的条件需要通过预实验优化。

2. 超声完成之后将菌液分装至 1.5 mL EP 管中,4 ℃环境下,置于翻转摇床中孵育 0.5 h。孵育完成后,离心(12 000 r/min,10 min,4 ℃),收集离心得到的上清液,备用。

3. 取 GST-beads 40～50 μL(摇匀后的悬液,GST-beads 以 1∶1 的比例放于 50%乙醇溶液中)于 2 个 2 mL EP 管中,500 r/min 离心,3 min,去除保存液,每管加入 1 mL PBS,上下颠倒混匀,500 r/min,离心 3 min,静止片刻,在 GST-beads 都沉降后弃去上清液,重复 3 次,最后一次加入等体积的 PBS。

4. 将处理好的 GST-beads 转移到 5 mL 管中,加入第 2 步制备好的上清液,4 ℃,翻转摇床孵育 2～4 h。

5. 500 r/min 离心,3 min,静止片刻,等 GST-beads 都沉降后弃去上清液,用 PBS 洗涤 3 次。

(三) 筛选 HLE 细胞中与 HSF4 相互作用蛋白

1. 在原核表达蛋白与 GST beads 孵育期间,应准备好 HLE 细胞裂解液,进行如下操作:收集 HLE 细胞后加入 500 μL 的 PBS 重悬;超声裂解(200 W,工作时间 5 s,间隙时间 5 s,工作次数 3～5 次),破碎后再加入 1 mL PBS 和蛋白酶抑制剂 PMSF(1∶100)或罗氏蛋白酶抑制剂。

2. 将制备好的细胞裂解液平均分为两份,离心(12 000 r/min,10 min,4 ℃)后取上清液分别加入到上一部分步骤 5 洗涤好的 GST-beads 中,4 ℃翻转摇床孵育 2 h 或过夜。

3. PBS 洗涤,同步骤 5,洗涤 3～5 次。

4. 加 80～100 μL GST 洗脱液,并置于翻转摇床上 4 ℃,孵育 1 h,洗脱效果不好时可重复此步骤。

5. 孵育完成后,离心(500 r/min,3 min,4 ℃)。离心完成后,在洗脱出的液体中加入 5×蛋白电泳上样缓冲液,沸水煮样,取 10～20 μL 样品进行 SDS-PAGE 以及 Western 印迹杂交检测(操作步骤分别参见实验十二与实验二十二)。

五、实验结果与讨论

1. 列出重组质粒 pGEX-6P-1-HSF4 构建过程的图片,包括酶切电泳图、菌液 PCR 电泳图、酶切验证电泳图、测序结果图等。

2. 列出用 SDS-PAGE 考马斯亮蓝染色鉴定 GST-HSF4 原核表达的结果(图 25-4 为参考图),并分析、讨论该实验结果。

对比 GST 与 GST-HSF4 蛋白大小,HSF4 蛋白相对分子质量约 60 000,加上 GST 标签后约 85 000。

3. 列出用 Western 印迹杂交检测 GST pull-down 结果(图 25-5 为参考图),分析讨论此结果。

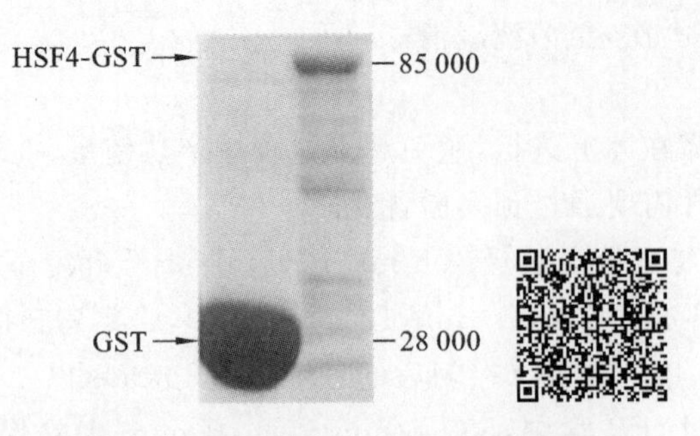

图 25-4 GST-HSF4 与 GST 的原核表达

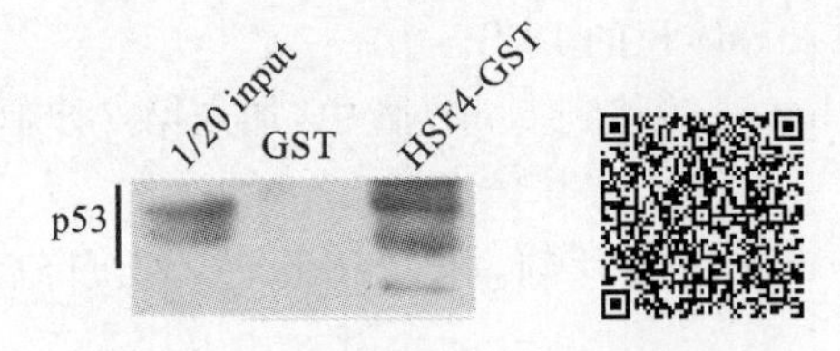

图 25-5 GST pull-down 免疫印迹结果

(GST-HSF4 融合蛋白被纯化出来作为 pull-down 诱饵与 HLE 细胞上清液孵育,GST 被纯化出来作为 GST-HSF4 的阴性对照,使用 p53 抗体检测互作蛋白,可见 p53 被 GST-HSF4(而不是 GST)成功 pull down。考马斯亮蓝用来验证 GST-HSF4 与 GST 的表达与纯化效果)

六、参考资料

[1] Gao M, Huang Y, Wang L, et al. HSF4 regulaters lens fiber cell differentiation by activating p53 and its downstream regulaters[J]. Cell Death Dis. 2017 Oct 5; 8 (10): e3082.

[2] Huang M, Li D, Huang Y, et al. HSF4 promotes G1/S arrest in human lens epithelial cells by stabilizing p53[J]. Biochim Biophys Acta. 2015 Aug; 1850 (8): 1808-1817.

[3] Cui X, Wang L, Zhang J, et al. HSF4 regulaters DLAD Expression and Promotes Lens De-nucleation[J]. (BBA)-Molecular Basis of Disease. 2013 Aug; 1832 (8): 1167-1172.

[4] http://www.youbio.cn/product/vt1258#field_image

实验二十六
酵母双杂交技术在研究蛋白质相互作用中的应用

一、实验目的

1. 理解酵母双杂交技术的实验原理。

2. 掌握酵母双杂交实验的基本操作，如酵母菌培养、感受态细胞制备与质粒转化、阳性克隆筛选与鉴定等。

3. 了解蛋白质相互作用研究基本方法。

二、实验原理与设计

经典的酵母双杂交(yeast two-hybrid)技术是一种通过对酵母细胞进行遗传分析来判定两个蛋白质之间是否存在相互作用的实验手段。酵母细胞的 gal4 转录因子由两个相互独立的结构域——DNA 结合结构域(DNA binding domain，BD)和转录激活结构域(Activation domain，AD)组成。前者负责识别和结合目标 DNA 序列(GAL1、GAL2 等上游激活序列)，后者负责启动转录过程。单独的 BD 或 AD 结构域均不能启动 gal4 靶基因的表达。如果 BD 结构域和 AD 结构域分开表达(处于不同的蛋白质中)，但它们在空间位置上非常靠近，也能重建 gal4 功能，启动靶基因的表达。酵母双杂交技术正是利用了 gal4 转录因子的这一特性，它将 BD、AD 结构域分别与候选蛋白 X(通常称为“诱饵”)、Y(通常称为“猎物”)融合并在基因工程改造的酵母菌中共同表达；如果 X 和 Y 存在相互作用，则 BD 和 AD 结构域有可能在空间上互相接近，从而恢复 gal4 的转录激活能力，启动报告基因的表达(图 26-1)。通过观察报告基因表达与否，即可反向推测“诱饵”蛋白和“猎物”蛋白是否存在相互作用。

本实验采用的是目前广泛使用的 Clontech® 的商业化酵母双杂交系统。该系统主要由 BD、AD 克隆表达质粒(pGBKT7 和 pGADT7)和基因工程改造的酵母菌株(AH109)组成。pGBKT7 和 pGADT7 均为大肠杆菌、酵母菌穿梭质粒(图 26-2)，其在大肠杆菌中的筛选标记分别为 Kan^r 和 Amp^r，在酵母菌中的筛选标记分别为 TRP1 和 LEU2。pGBKT7 中含有 gal4 BD 结构域编码序列，其后的多克隆位点(multiple cloning site，MCS)用于插入“诱饵”蛋白的编码序列；pGADT7 中含有 gal4 AD 结构域编码序列，其后的多克隆位点用于插入“猎物”蛋白的编码序列。载体中的酵母菌 adh1 基因启动子可以

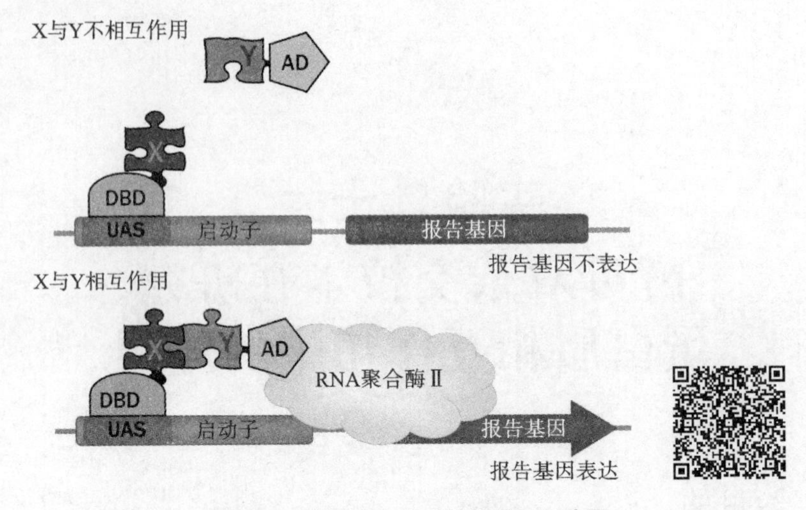

图 26-1　酵母双杂交系统的原理示意图

（AD：转录激活结构域。DBD：DNA 结合结构域。UAS：上游激活序列）

持续高水平地在酵母细胞中驱动 BD-诱饵融合蛋白和 AD-猎物融合蛋白的表达。

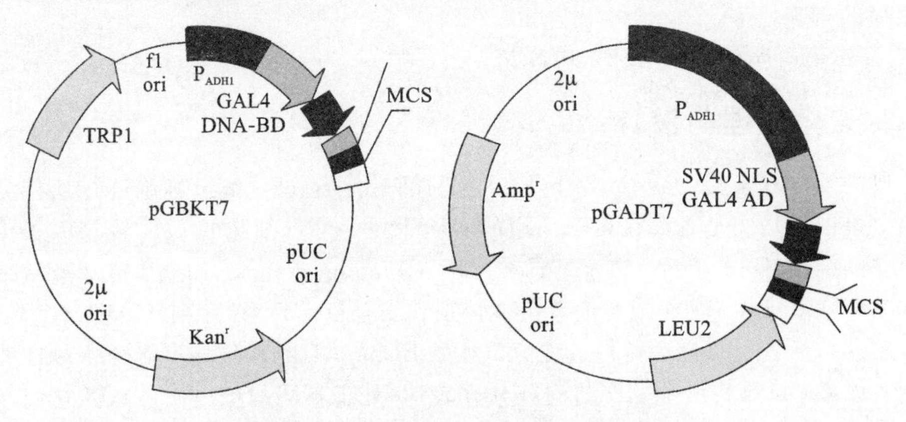

图 26-2　pGBKT7 和 pGADT7 载体图谱

AH109 酵母菌株存在三个部分的基因改造：一是破坏酵母菌内源的 trp1、leu2、his3、ade2 基因，使其成为色氨酸(Trp)、亮氨酸(Leu)、组氨酸(His)、腺嘌呤(Ade)营养缺陷型菌株；二是将外源报告基因 GAL1-his3、GAL2-ade2、MEL1-lacZ(GAL1、GAL2、MEL1 为 gal4 转录因子识别的启动子元件)整合至酵母菌基因组中；三是敲除酵母菌 gal4、gal80 基因，防止内源表达的 gal4、gal80 蛋白的干扰。在四种营养缺陷型中，Trp 和 Leu 为 BD、AD 表达质粒的转化筛选标记。只有同时携带 pGBKT7 和 pGADT7 质粒的酵母菌才能在 Trp、Leu 缺失的培养基中生长。His 和 Ade 则是相互作用阳性克隆的生长筛选标记。只有当候选蛋白 X 和 Y 相互作用时，BD 和 AD 结构域才能充分靠近，发挥 gal4 转录活性，启动外源报告基因 his3 和 ade2 的表达，使克隆得以在 His、Ade 缺失的培养基中生长。此外，外源报告基因 lacZ 编码的 β-半乳糖苷酶可将无色化合物 X-gal 切割成半乳糖和深蓝色的物质 5-溴-4-靛蓝，使整个酵母克隆产生蓝色变化。通过蓝白斑筛选试验，可以检测 lacZ 报告基因的表达是否被 gal4 激活，由此进一步对 His、Ade 缺失培养基中长出的克隆进行验证。

本实验拟采用 Clontech® 的商业化酵母双杂交系统来检测 p53 和 SV40 大 T 抗原是否存在自激活现象(图 26-3)。

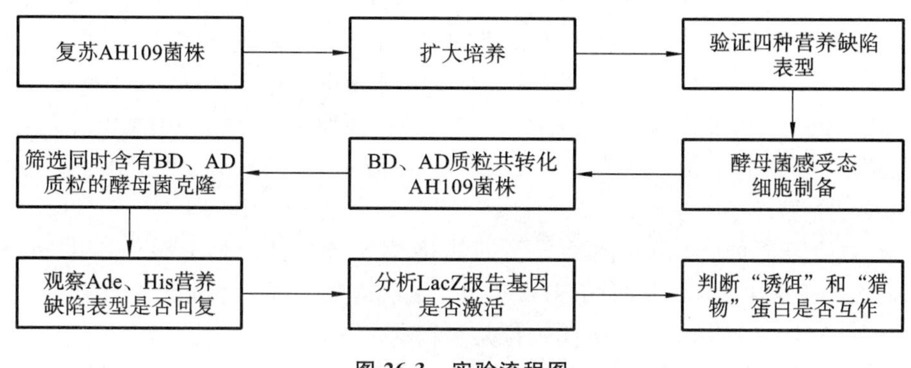

图 26-3 实验流程图

在实验过程中，以下环节可以进行实验条件优化或作为兴趣探索。

1. 酵母菌质粒转化过程中，42 ℃热激时间可在 10～30 min 之间调整。可分组尝试不同的热激时间，以确定获得更高转化效率的最优时间。

2. 本次实验采用的是现成的 BD、AD 质粒。可根据自己的兴趣挑选“诱饵”-“猎物”蛋白对，构建相应 BD、AD 质粒，进行酵母双杂交实验。

3. gal4 转录因子激活报告基因的表达是在细胞核内发生的。如何确定 gal4 BD-“诱饵”融合蛋白或 AD-“猎物”融合蛋白能定位至细胞核？如果不能进入细胞核，应当如何解决？

三、实验仪器与材料

1. 实验试剂　YPDA 生长培养基(液体和固体)、10×基本 DO 溶液、100×单独氨基酸溶液、SD 选择培养基(液体和固体)、10×TE 溶液、10×LiAc 溶液、50%PEG 溶液、X-gal 储存液、Z 缓冲液、Z 缓冲液/X-gal、鲑鱼精 DNA(Salmon sperm DNA，10 mg/mL)、酵母菌冻存液(50%甘油)、DMSO(二甲基亚砜)等。

相关试剂配制请参见附录。

2. 实验器材　超净工作台，高压蒸汽灭菌锅、恒温培养箱，恒温摇床，分光光度计、高速冷冻离心机，恒温金属浴，水浴锅、电子天平，分析天平，pH 计，制冰机，涡旋振荡仪，移液枪，100 mm 培养皿，50 mL 离心管、1.5 mL EP 管、三角瓶、涂布棒，接种环、镊子、滤纸、量筒、量杯、玻璃试剂瓶等。

3. 生物材料　酵母菌株：AH109。质粒：pGBKT7 空载，pGADT7 空载，pGBKT7-53(编码 gal4 BD 与小鼠 p53 融合蛋白)，pGADT7-T(编码 gal4 AD 与 SV40 大 T 抗原融合蛋白)。

四、实验操作与步骤

(一) AH109 酵母菌株复苏、扩大培养与营养缺陷型鉴定

1. 从−70 ℃冰箱取出一管保种的 AH109 酵母菌,不必等待其融化,直接从冻存管中刮下少量细胞划线于 YPDA 固体培养基(平板)上,30 ℃倒置培养 3～5 天至菌落长出(直径约为 2 mm)。平板用封口膜封好,可在 4 ℃冰箱中保存 2 个月。

2. 从平板上挑取 1 个单克隆(直径 2～3 mm),接种至 5 mL YPDA 液体培养基中,剧烈振荡使克隆完全分散。30 ℃,250 r/min 振荡培养 16～18 h。此时菌液中的酵母菌已进入稳定期(菌液 A_{600}>1.5)。

3. 将过夜培养的 AH109 菌液分别划线接种到 SD、SD/-Trp、SD/-Leu、SD/-Ade、SD/-His 五种平板上,30 ℃倒置培养 3～5 天,观察这些平板上的酵母菌落生长情况,判断所使用的 AH109 菌株的营养缺陷表型是否正确。

4. 保种营养缺陷表型正确的 AH109 酵母菌株。吸取 200～500 μL YPDA 液体培养基至一个 1.5 mL EP 管中,从平板上挑取一个单克隆放入其中剧烈振荡混匀,加入等体积的酵母菌冻存液使甘油终浓度为 25%,盖紧盖子混匀,−70 ℃保存。

(二) AH109 酵母菌感受态细胞制备与 BD、AD 质粒共转化

1. 从 4 ℃保存的 AH109 划线平板上挑 4～5 个克隆(直径 2～3 mm)至 1 mL YPDA 液体培养基(无菌 1.5 mL EP 管)中,涡旋振荡 5 min 使克隆完全分散开来。将菌液转移至 50 mL YPDA 液体培养基(无菌 250 mL 三角瓶)中,30 ℃,250 r/min 振荡培养 16～18 h。

2. 将 30 mL 过夜培养的菌液转移至 300 mL 新鲜的 YPDA 液体培养基(无菌 1 000 mL 三角瓶)中,混匀后取 100 μL 用分光光度计测定 A_{600}。如果 A_{600}<0.2,继续加入过夜培养的菌液,直至 A_{600} 在 0.2～0.3 之间。

3. 继续 30 ℃,250 r/min 振荡培养 3～4 h,测定 A_{600} 应在 0.4～0.6 之间。

4. 将菌液分装于 6 支无菌 50 mL 离心管中,室温 1 000 r/min 离心 5 min,弃上清液。

5. 每管加入 5 mL 无菌双蒸水,涡旋重悬菌体,6 管合并为一管,室温 1 000 r/min 离心 5 min,弃上清液。

6. 加入 1.5 mL 1×TE/LiAc 溶液(10×TE、10×LiAc、灭菌双蒸水以 1∶1∶8 体积比混合,现配现用)重悬菌体,即为酵母菌感受态细胞。该感受态细胞在 1 h 内使用转化效率最高,室温保存数小时转化效率略有下降但仍可使用。每个转化反应使用 100 μL 上述感受态细胞。

7. 每个转化反应需要 600 μL PEG/LiAc 溶液(10×TE、10×LiAc、50% PEG 溶液以 1∶1∶8 体积比混合,现配现用),根据转化反应个数配制相应体积 PEG/LiAc 溶液。

8. 在无菌 1.5 mL EP 管中,按表 26-1 体系混合 BD、AD 质粒与已变性的 Carrier DNA(鲑鱼精 DNA,10 mg/mL)。

表 26-1 反应体系

	BD 质粒	AD 质粒	Carrier DNA
pGBKT7-53＋pGADT7	0.1 μg	0.1 μg	100 μg
pGBKT7＋pGADT7-T	0.1 μg	0.1 μg	100 μg
pGBKT7-53＋pGADT7-T	0.1 μg	0.1 μg	100 μg

第一组、二组为阴性对照组，用于“诱饵”或“猎物”蛋白的自激活检测。如果“诱饵”或“猎物”蛋白单独表达时能激活报告基因，则不能用该酵母双杂交系统来研究其相互作用。第三组为实验组，这里选用的是 p53 和 SV40 大 T 抗原这一对已知的相互作用蛋白作为“诱饵”和“猎物”蛋白，确保后续能筛到阳性克隆。同时这两个质粒可以直接获得，省去了 BD、AD 质粒的构建过程，避免实验周期太长。

9. 向每管 DNA 中加入 100 μL 酵母菌感受态细胞，涡旋使其充分混匀。

10. 每管加入 600 μL PEG/LiAc 溶液，剧烈涡旋振荡 10 s 以上，充分混匀。

11. 30 ℃、200 r/min 振荡培养 30 min，每 10 min 颠倒混匀一次。

12. 每管加入 70 μL DMSO，轻柔地颠倒混匀（不能涡旋振荡），42 ℃水浴热休克 15 min，迅速冰浴 2 min。

13. 室温 5 000～6 000 r/min 离心 15 s，尽量去掉上清液，加入 500 μL 无菌的 1×TE 溶液，用移液枪温和吹吸重悬菌体。

14. 制作 1∶10、1∶100、1∶1 000 稀释的菌液，连同未稀释的菌液，分别涂布于 SD/-Trp、SD/-Leu、SD/-Trp-Leu 平板上。每个平板（直径 100 mm）加入 100 μL 菌液，用涂布棒涂布均匀（以菌液全部被培养基吸收为好）。30 ℃倒置培养 3～5 天至克隆长出。

15. 统计平板上酵母菌克隆的个数（数目在 30～300 个之间较为准确），计算质粒的转化效率，其公式如下。

$$\frac{\text{cfu}\times\text{重悬菌液总体积}(\mu\text{L})\times\text{稀释倍数}}{\text{涂布菌液体积}(\mu\text{L})\times\text{转化 DNA 用量}(\mu\text{g})}=\text{转化效率}(\text{cfu}/\mu\text{gDNA})$$

式中：cfu（colony-forming units）是指平板上的克隆个数，重悬菌液总体积本次实验为 500 μL；稀释倍数是指用于统计克隆数目的平板所涂菌液的稀释倍数（未稀释则为 1）；涂布菌液体积本次实验为 100 μL，转化 DNA 用量本次实验为 0.1 μg（统计共转效率时以 DNA 用量少的为准，不是两个质粒用量总和）。

16. 三个转化组每组挑选一个菌落长得较好的 SD/-Trp-Leu 平板，用封口膜封好，4 ℃备用。如有必要，可挑单克隆保种，后续再划线接种到新的 SD/-Trp-Leu 平板上。

（三）Ade＋His＋阳性克隆筛选与 lacZ 报告基因分析

1. 从 4 ℃保存的 SD/-Trp-Leu 平板挑单克隆至 500 μL SD/-Trp-Leu-Ade-His 液体培养基（1.5 mL EP 管）中，剧烈涡旋分散克隆。

2. 划线接种到 SD/-Trp-Leu-Ade-His 平板上，30 ℃倒置培养 2～3 天后会观察到一些克隆出现在培养板上，但应继续培养至第七天，以便能观察到生长缓慢（相互作用弱）的克隆。阳性克隆饱满、直径大于 2 mm；而假阳性克隆可能很早出现，但其直径不会超过

2 mm,呈灰色。

3. 观察 pGBKT7-53＋pGADT7 与 pGBKT7＋pGADT7-T 两组平板上是否有克隆长出。没有克隆长出表示 p53 和 SV40 大 T 抗原不存在自激活现象,可以进行下一步实验。

4. 观察 pGBKT7-53＋pGADT7-T 组平板上是否有克隆长出。如果没有,表明二者可能不相互作用。如有克隆长出,则进一步进行 lacZ 报告基因分析。

5. 将一张干净的圆滤纸(直径 70～80 mm)完全浸泡在盛有 3 mL Z 缓冲液/X-Gal 的玻璃培养皿(直径 100 mm)中。

6. 取一张消毒圆滤纸(直径 70～80 mm)覆盖于待检测的长有菌落的平板上,注意滤纸与平板之间不能留有空隙。待滤纸被完全浸湿后,小心用镊子将滤纸从平板上揭起,完全浸没于液氮中约 10 s,随后室温融化。

7. 将经过冻融的滤纸小心放在 Z 缓冲液/X-Gal 浸泡的滤纸上(接触菌落的一面朝上),注意在滤纸之间和滤纸与培养皿之间不要留有气泡。30 ℃避光放置。

8. 随时观察并记录滤纸上菌落呈现蓝色的时间。8 h 之内变蓝可判定为阳性克隆。

五、实验结果与讨论

1. 列出 AH109 酵母菌株在 SD、SD/-Trp、SD/-Leu、SD/-Ade、SD/-His 平板上的生长情况图。讨论:酵母菌营养缺陷型的检验是酵母双杂交实验的基础。参与实验的同学应首先对配制的各种营养缺陷培养基和所用菌株进行确认,确保培养基正确配制和酵母菌没有污染或混淆。如果酵母菌株在相应的营养缺陷培养基上的生长情况与预期不符,应停止实验并查明原因。

2. 列出 BD 与 AD 质粒共转染的 AH109 酵母菌株在 SD/-Trp、SD/-Leu、SD/-Trp-Leu 平板上的生长情况图,以及根据克隆计数结构计算转化效率。讨论:酵母菌感受态细胞制备和质粒转化是酵母双杂交实验的主要操作。足够的转化效率对酵母双杂交实验的成功是必要的。参与实验的同学应对 BD、AD 质粒单转染和共转染酵母菌的效率进行统计,以验证酵母感受态细胞的制备和转化过程无误。有兴趣的同学可分组尝试不同的转化条件(如热激时间等),以达到更高的转化效率。

3. 列出 BD、AD 质粒共转染的 AH109 酵母菌株在 SD/-Trp-Leu-Ade-His 平板上的生长情况图。讨论:BD、AD 质粒共转染的 AH109 酵母菌株在 SD/-Trp-Leu-Ade-His 平板上的生长情况反映了报告基因(Ade、His)是否表达。一般来说,BD 和 AD 质粒表达的两个蛋白质相互作用越强,报告基因的表达就越高,相应酵母菌克隆的生长速度就越快。为了对酵母双杂交实验的结果进行准确分析,同学们应在实验过程中设置好阴性和阳性对照组。在记录结果时,首先应观察对照组的平板是否符合预期。如不符,表明实验过程中出现了问题,实验结果不可靠,此时应当调查实验失败的原因。如相符,观察实验组平板的克隆生长情况,可根据克隆数目的多少、克隆的大小初步判断两种蛋白质相互作用的强弱(以阳性对照组为参照)。

4. 列出阳性克隆进行蓝白斑筛选的结果,记录克隆变蓝的时间。讨论:营养缺陷筛选可能会存在假阳性结果。一般而言,报告基因 lacZ 的表达越高,酵母克隆变蓝所需的时间越短。

六、参考资料

[1] A. 亚当斯,D. E. 戈特施林,C. A. 凯泽,等. 酵母遗传学方法实验指南[M]. 刘子铎,译. 北京:科学出版社. 2000.

[2] Li C,Wang L,Zhang J,et al. CERKL interacts with mitochondrial TRX2 and protects retinal cells from oxidative stress-induced apoptosis[J]. Biochim Biophys Acta. 2014 Jul;1842(7):1121-1129.

[3] Bruckner A,Polge C,Lentze N,et al. Yeast two-hybrid,a powerful tool for systems biology[J]. International journal of molecular sciences 2009;10(6):2763-2788.

实验二十七
细菌蛋白质组双向电泳分析体系的建立

一、实验目的

1. 掌握大肠杆菌蛋白质组双向电泳实验的基本原理及实验操作。
2. 掌握双向电泳凝胶分析软件 PDQuest™ 2-D Analysis Software 的使用方法。
3. 了解差异表达蛋白质的鉴定和分析方法。

二、实验原理与设计

目前蛋白组学研究分析主要运用双向电泳、液相色谱/蛋白层析和毛细管电泳等技术对蛋白质组进行分离，然后结合质谱分析、分子互作技术和蛋白质测序等手段进行鉴定和分子互作研究。双向电泳是一种从细胞、组织或其他生物样本中提取蛋白组混合物进行分析的有力手段，已得到广泛应用。这项技术利用蛋白质的两种特性，分两步将不同蛋白质进行分离。

第一向步骤为等电聚焦(IEF)，即根据蛋白质的等电点 pI 进行蛋白质分离。蛋白质的等电点取决于它的氨基酸组成和构象。第二向步骤为十二烷基硫酸钠-聚丙烯酰胺凝胶电泳(SDS-PAGE)，即利用蛋白质的相对分子质量差异将蛋白质分离。双向凝胶电泳结果中的每个斑点都是由两种分离方法得到的蛋白质点，即先按等电点分离(IEF)，再按相对分子质量大小分离(SDS-PAGE)，对应着样本中的一种蛋白质(图 27-1)可将样本中上千种不同的蛋白质分离开来，并能得到每种蛋白质的等电点、表观相对分子质量和含量等信息。

本文拟用双向电泳技术及双向电泳凝胶分析软件 PDQuest™ 2-D Analysis Software 对大肠杆菌蛋白质组进行分析(图 27-2)。

实验所用的材料最好是具有可比性的不同组织细胞，如疾病组织与正常组织等，这样在后面蛋白质组的分析中有可能看出差异。

三、实验仪器与材料

(一) 实验试剂

磷酸盐缓冲液(1×PBS)、蛋白质提取液、双向电泳水化上样缓冲液Ⅰ、双向电泳水化

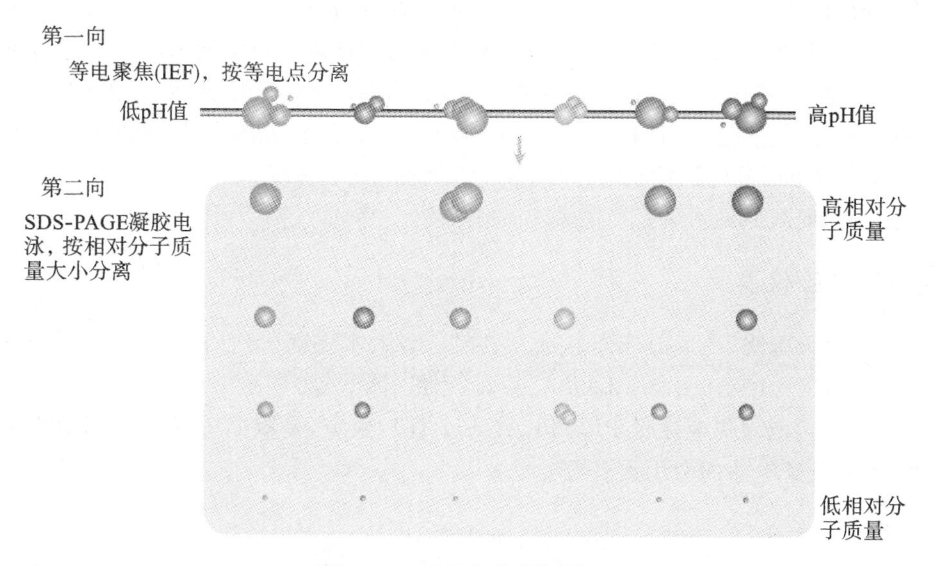

图 27-1 双向电泳分析原理

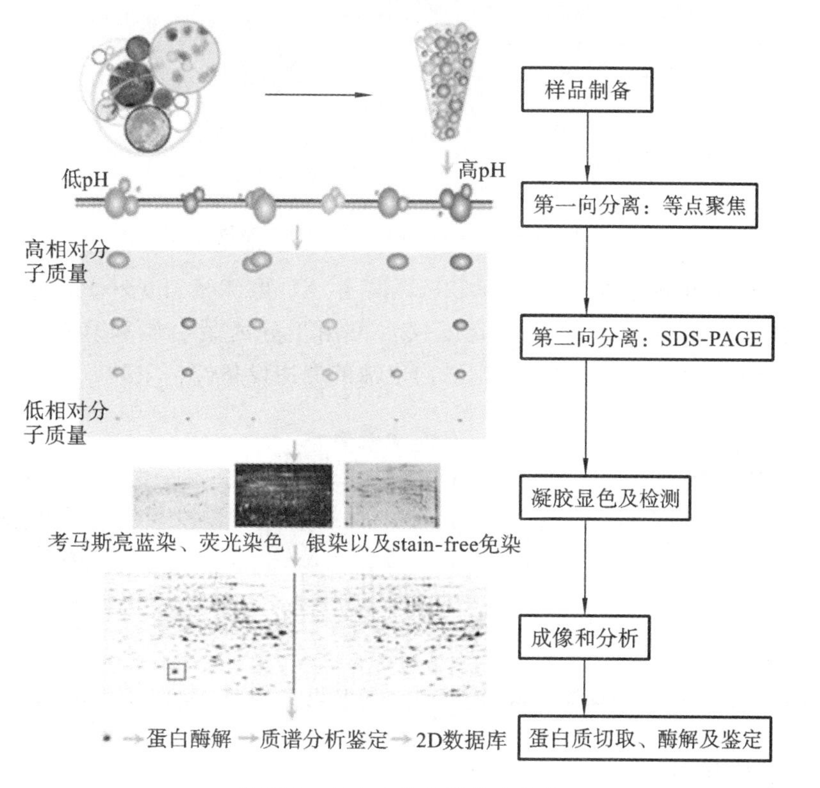

图 27-2 双向电泳实验技术流程

上样缓冲液Ⅱ、双向电泳水化上样缓冲液Ⅲ、胶条平衡缓冲母液、胶条平衡缓冲液Ⅰ、胶条平衡缓冲液Ⅱ、低熔点琼脂糖封胶液、聚丙烯酰胺胶母液(30%,质量体积比)、Tri-HCl(1.5 mol/L,pH 8.8)、SDS溶液(10%,质量体积比)、过硫酸铵溶液(10%,质量体积比)、10×电泳缓冲液、硝酸银、氢氧化钠、氨水(14.8 mol/L,30%)、柠檬酸、甲醛(38%)、甲醇(试剂纯)、柯达快速定影剂(Kodak rapid fix)、柯达海波清洁剂(Kodak hypo clearing agent)、蛋白质银染液(灵敏度 2 ng/band)、IPG胶条等。

相关试剂配制参见附录。

(二) 实验仪器

高压蒸汽灭菌锅、高速冷冻离心机、涡旋振荡器、水浴锅、离心管(1.5 mL、50 mL)、移液枪(10 μL、100 μL、1 mL、5 mL)及吸头、制冰机、冰盒等。

Bio-Rad® 等电聚焦电泳仪 PROTEAN i12 IEF 系统,是双向电泳第一向等电聚焦蛋白分离、IPG胶条电泳的专用设备(图 27-3)。

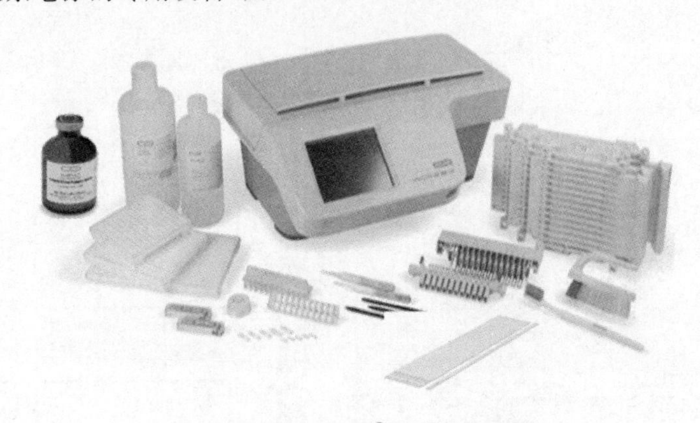

图 27-3 PROTEAN® i12™ IEF 系统

Bio-Rad® 垂直电泳系统(包括 PROTEAN Ⅱ XL 电泳槽、PowerPac 通用电泳仪电源、凝胶扫描仪 GS-900™ 校准型吸光度仪),可用于分离蛋白质和寡核苷酸,是 SDS-PAGE 蛋白分离、IPG胶条双向电泳第二向电泳的专用设备(图 27-4)。

图 27-4 PROTEAN Ⅱ XL 电泳槽、PowerPac 通用电泳仪电源、凝胶扫描仪 GS-900™ 校准型吸光度仪

(三) 生物材料

培养的大肠杆菌菌液。

四、实验操作与步骤

（一）样品制备

在生长中期离心收集大肠杆菌细胞，然后用 1×PBS 缓冲液润洗 3 次，离心（8 000 r/min，5 min），小心移去上清液，在沉淀中加入蛋白质提取液 500 μL 左右重悬细胞，超声破碎 10 min 左右（超声破碎程序设置为 pulse on 5 s，pulse off 5 s），在此过程中菌液一直放在冰上，防止超声产生的热量使重组蛋白质失活。然后将细胞破碎物在 4 ℃，12 000 r/min，离心 30 min 后取上清液。将所得的组分于－80 ℃保存备用。

（二）第一向分离：等电聚焦

等电聚焦（IEF）是按蛋白质等电点，即蛋白质所带净电荷为零时的 pH 值，对蛋白质进行电泳分离。对于一般蛋白质组的分析来说，等电聚焦最好在固定 pH 梯度的凝胶条（IPG）中进行，并使样品中全部蛋白质变性溶解（与非变性等电聚焦不同）。可用自制的电泳上样缓冲液，7 cm 的胶条，pH 3～10。

【操作方法】

1. 从－20 ℃冰箱中取出保存的水化上样缓冲液（Ⅰ）（不含 DTT，不含 Bio-Lyte）一小管（每管 1 mL），置室温溶解。

2. 在小管中加入 0.01 g DTT，Bio-Lyte 4～6、5～7 各 2.5 μL，充分混匀。

3. 从小管中取出 400 μL 水化上样缓冲液，加入 100 μL 样品，充分混匀。

4. 从－20 ℃冰箱取出保存的 IPG 预制胶条（7 cm，pH 3～10），室温放置 10 min。

5. 沿着聚焦盘或水化盘中槽的边缘至左而右线性加入样品。在槽两端各 1 cm 左右不要加样，中间的样品液一定要连贯。注意：不要产生气泡，否则会影响胶条中蛋白质的分布。

6. 当所有的蛋白质样品都已经加入到聚焦盘或水化盘中时，用镊子轻轻的去除预制 IPG 胶条上的保护层。

7. 分清胶条的正负极，轻轻地将 IPG 胶条的胶面朝下置于聚焦盘或水化盘中样品溶液上，使得胶条的正极（标有＋）对应于聚焦盘的正极。确保胶条与电极紧密接触。不要使样品溶液弄到胶条背面的塑料支撑膜上，因为这些溶液不会被胶条吸收。同样还要注意不使胶条下面的溶液产生气泡。如果已经产生气泡，用镊子轻轻地提起胶条的一端，上下移动胶条，直到气泡被赶到胶条以外。

8. 在每根胶条上覆盖 2～3 mL 矿物油，防止胶条水化过程中液体的蒸发。需缓慢地加入矿物油，沿着胶条，使矿物油一滴一滴慢慢加在塑料支撑膜上。

9. 对好正、负极，盖上盖子。设置等电聚焦程序。

10. 聚焦结束的胶条。立即进行平衡、第二向 SDS-PAGE 电泳，否则将胶条置于样品水化盘中，－80 ℃冰箱保存。

【注意事项】

1. 等点聚焦时的注意事项

（1）配好的尿素储液必须马上使用，或用 mixed-bed 离子交换树脂，清除长时间放置时尿素溶液中形成的氰酸盐，预防蛋白质的甲酰化。

(2) 将水化上样缓冲液分装后再储存于－20 ℃。用时，只要解冻需要量，其余继续储存。水化上样缓冲液一旦溶解不能再冷冻。

(3) 将水化上样缓冲液加入蛋白样品中，终溶液中尿素的浓度需达到或超过6.5 mol/L。

(4) 等电聚焦水化上样缓冲液和样品溶液中都要加入两性电解质，它能够促使蛋白质溶解。两性电解质的选择取决于 IPG 胶条的 pH 值范围，表 27-1 可提供参考。

表 27-1　两性电解质所适应的 IPG 胶条的 pH 值范围

IPG 胶条 pH 值	Bio-Lyte pH 值	两性电解质(存储液)质量体积百分率	样品溶液体积	
			每 5 mL	每 50 mL
3～10	3～10	40%	25 μL	250 μL
4～7	4～6	40%	12.5 μL	125 μL
	5～7	40%	12.5 μL	125 μL
3～6	3～5	20%	25 μL	250 μL
	4～6	40%	12.5 μL	125 μL
5～8	5～8	40%	25 μL	250 μL
7～10	7～9	40%	12.5 μL	125 μL
	8～10	20%	25 μL	250 μL

(5) 表 27-2 显示的是通常推荐使用的双向电泳第一向蛋白上样量。因为样品和样品之间存在差异，所以这种上样量仅提供参考。对于窄 pH 值范围的 IPG 胶条，需要比宽 pH 值范围的 IPG 胶条上更多的样品，这是因为 pI 值不在此范围内的蛋白质在等电聚焦过程中会走出胶条。窄 pH 值范围 IPG 胶条的上样量是通常的 4～5 倍，这样就可以很好地检测低丰度的蛋白质。

表 27-2　不同上样量所适宜的 IPG 胶条长度

IPG 胶条的长度	分析型的上样量(银或 SYPRO Ruby 染色)	制备型的上样量(考马斯亮蓝染色)
7 cm	10～100 μg 蛋白质	200～500 μg 蛋白质
11 cm	50～200 μg 蛋白质	250～1 000 μg 蛋白质
17 cm	100～300 μg 蛋白质	1～3 mg 蛋白质

(6) 样品溶液的上样体积见表 27-3。这样就可以使胶条溶胀至它们原来的厚度(0.5 mm)。胶条最少需要经过 11 h 的溶胀。即使看上去所有的缓冲液都已经被吸收，也一定要确保胶条在槽中溶胀充分的时间。只有在 IPG 凝胶的孔径已经溶胀充分后，才可以吸收大相对分子质量蛋白质，否则大相对分子质量蛋白质无法进入胶条。

表 27-3 不同上样体积所适宜的 IPG 胶条长度

ReadyStrip™ IPG 胶条的长度	上样体积
7 cm	125～250 μL
11 cm	185～370 μL
17 cm	300～600 μL

(7) 在等电聚焦过程中，当聚焦盘中还有很多溶液没有被吸收时，它会留在胶条的外面，并在胶条的表面形成并联的电流通路，而在这层溶液中蛋白质不会被聚焦。这就会导致蛋白质丢失或图像拖尾。为了减少形成并联电流通路的可能性，可以先将胶条在溶胀盒中进行溶胀，然后再将溶胀好的胶条转移到聚焦盘中。在转移过程中，要用湿润的滤纸仔细地从胶条上吸干多余的液体。

(8) 带上手套用镊子去除 IPG 胶条上的保护层。将 IPG 胶条仔细地置于溶胀缓冲液上，胶面朝下，确保整个胶面都能被浸湿。

(9) 在样品溶液中加入痕量的溴酚蓝对观察溶胀过程很有帮助。在覆盖矿物油之前，可以让胶条先吸收液体 1 h。IPG 胶条上一定要覆盖矿物油，否则缓冲液会蒸发，使得溶液浓缩，导致尿素沉淀。作为防止缓冲液蒸发的预防措施，矿物油必须缓缓地加在每个槽内，确保它能覆盖每一根胶条。

(10) 表 27-4 给出了建议使用的 IPG 胶条运行的总电压-小时数。这仅提供参考，不同的样品需要的电压-小时数不同。当聚焦过程无法达到最高电压时，只要最后能达到总的电压-小时数，且 7 cm 胶条电压不低于 3 000 V，11 cm 胶条电压不低于 5 000 V，17 cm 胶条电压不低于 7 000 V，也能对样品进行充分的聚焦。

表 27-4 不同 IPG 胶条长度所适宜的电压

ReadyStripIPG 胶条的长度	最高电压	建议的电压-小时数
7 cm	8 000 V	8 000～10 000 V-hr
11 cm	8 000 V	20 000～40 000 V-hr
17 cm	10 000 V	30 000～60 000 V-hr

(11) 为使样品进入胶的效率增加，采用 50 V 低电压溶胀；继续以低电压梯度(200 V、500 V、1 000 V 各 1 h)进行电泳，最后达到 10 000 V 进行聚焦。

(12) 处理预制 IPG 胶条时，一定要始终带着手套。注意预防角蛋白污染。

(13) 水化上样缓冲液的成分由不同的样品决定。

(14) 每根胶条蛋白质的总上样量由特定的样品，胶条的 pH 值范围，及最终的检测方式决定。表 27-5 是进行银氨染色时的蛋白质上样参考数据。

表 27-5 银氨染色时的蛋白质上样参考数据

ReadyStrip	7 cm	11 cm	17 cm
3～10	5～100 μg	20～200 μg	50～300 μg
4～7	10～150 μg	40～200 μg	80～300 μg

续表

ReadyStrip	7 cm	11 cm	17 cm
3～6	10～150 μg	40～200 μg	80～300 μg
5～8	10～150 μg	40～200 μg	80～300 μg
7～10	20～200 μg	50～300 μg	100～300 μg

(15) 所有含尿素的溶液加热温度不超过 30 ℃，否则会发生蛋白质甲酰化，使蛋白质 pI 值偏移。

(16) 主动水化过程，会帮助大相对分子质量蛋白质进入胶条，但会丢失部分小相对分子质量蛋白质。

(17) 当样品中含盐量较高时，建议选用慢速升压。当样品中含盐量一般时，选用线性升压。当样品中含盐量很少时，可以选用快速升压，这样可以节省聚焦时间。

(18) 虽然仪器中胶条的极限电流可以设为每根 99 μA。但一般 7 cm 胶条的极限电流不超过每根 30 μA，17 cm 胶条的极限电流不超过每根 50 μA，最好也在每根 30 μA 以下。

(19) 可以在聚焦盘的两端电极处搭上盐桥，这有利于除盐。但需注意的是，盐桥必须是湿润的但水不能太多，必要时需用滤纸吸去多余的水。使盐桥与电极紧密接触。

(20) 程序设置中的除盐步骤，可根据具体情况进行设置，如果样品中含盐量较高可设置多步除盐，并加长除盐时间。但这种方法只能除去很少量的盐离子，所以最好是在上样前，对样品进行除盐处理。

2. 在胶条平衡时的注意事项

(1) 不同长度的胶条，选用不同体积的胶条平衡缓冲液。可参考表 27-6。

表 27-6 不同 IPG 胶条长度所需胶条平衡缓冲液体积

胶条的长度	7 cm	11 cm	17 cm
胶条平衡缓冲液Ⅰ	2.5 mL	4 mL	6 mL
胶条平衡缓冲液Ⅱ	2.5 mL	4 mL	6 mL

(2) 从冰箱中取出的胶条一定要先解冻。

(3) 胶条平衡缓冲液Ⅰ和胶条平衡缓冲液Ⅱ都要现配，因为 DTT 和碘乙酰胺在室温下的半衰期很短。

(4) 平衡过程导致蛋白质丢失 5%～25%，还会使分辨率降低，平衡 30 min 时，蛋白带变宽 40%，所以平衡时间不可过长。如果不经平衡，把等电聚焦凝胶直接放在第二向凝胶上会导致高相对分子质量蛋白质的纹理现象，并且等电聚焦凝胶会粘在 SDS 胶上。缩短平衡时间可以减少扩散，但同时会减少向第二向的转移。所以平衡时间要充分长(至少 2×10 min)，但也不要超过(2×15 min)。

(5) 平衡缓冲液包括 Tris-HCl(pH 8.8)，SDS(2%)，高浓度尿素(6 mol/L)和甘油(20%)提高蛋白质的溶解度并减少电内渗。第一步加入 DTT(1%)是为了使蛋白质去折叠；第二步加入碘乙酰胺是为了去除多余的 DTT(银染过程中，DTT 会导致电脱尾)。

(6) 对于非常疏水或含有二硫键的蛋白质，TBP(tributylphosphine)比 DTT 和碘乙酰胺更有效。

3. 胶条转移过程中的注意事项

(1) 在琼脂糖中加入少量的溴酚蓝，可以观察到电泳的进程。

(2) 琼脂糖的温度不能太高，热的琼脂糖会加速平衡缓冲液中尿素的分解。

(3) 当用琼脂糖覆盖胶条时，常会在胶条的下面或背面形成气泡。这些气泡会干扰蛋白质的迁移，所以必须去除。通常在刚加入琼脂糖后，赶快用镊子、压舌板或平头针头轻压胶条塑胶支撑膜的上方，驱赶气泡。

(4) 如果选用的是普通琼脂糖，先将胶条推进玻璃板中，使之与第二向凝胶紧密接触，然后再加入琼脂糖封胶液。这是因为普通琼脂糖熔点较高，凝固较快。

（三）第二向分离：SDS-PAGE 凝胶电泳

第二向分离步骤是 SDS-PAGE 凝胶电泳，对经等电聚焦分离的蛋白质，再按其分子大小进行分离。进行第二向分离之前，先对含有分离蛋白的 IPG 胶条进行平衡。通过该过程，可还原第一向期间再次形成的二硫键，并对硫氢基进行巯基化。同时，蛋白质与 SDS 结合，为按相对分子质量大小进行分离做准备。在平板胶上进行电泳分离后，将得到按两向排列的分离蛋白质点。

【操作方法】

1. 配制 10％的丙烯酰胺凝胶两块。

2. 待凝胶凝固后，倒去分离胶表面的超纯水、乙醇或水饱和的正丁醇，用超纯水冲洗。

3. 从－20 ℃冰箱中取出的胶条，先于室温放置 10 min，使其溶解。

4. 配制胶条平衡缓冲液Ⅰ。

5. 在桌上先放置干的厚滤纸，聚焦好的胶条胶面朝上放在干的厚滤纸上。将另一份厚滤纸用超纯水浸湿，挤去多余水分，然后直接置于胶条上，轻轻吸干胶条上的矿物油及多余样品。这可以减少凝胶染色时出现的纵条纹。

6. 将胶条转移至溶胀盘中，每个槽一根胶条，在有胶条的槽中加入 5 mL 胶条平衡缓冲液Ⅰ。将样品水化盘放在水平摇床上缓慢摇晃 15 min。

7. 配制胶条平衡缓冲液Ⅱ。

8. 第一次平衡结束后，彻底倒掉或吸掉样品水化盘中的胶条平衡缓冲液Ⅰ。并用滤纸吸取多余的平衡液(将胶条竖在滤纸上，以免损失蛋白或损坏凝胶表面)。再加入胶条平衡缓冲液Ⅱ，继续在水平摇床上缓慢摇晃 15 min。

9. 用滤纸吸去 SDS-PAGE 聚丙烯酰胺凝胶上方玻璃板间多余的液体。将处理好的第二向凝胶放在桌面上，长玻璃板在下，短玻璃板朝上，凝胶的顶部对着自己。

10. 将琼脂糖封胶液进行加热溶解。

11. 将 10×电泳缓冲液，用量筒稀释 10 倍成 1×电泳缓冲液。赶去缓冲液表面的气泡。

12. 第二次平衡结束后，彻底倒掉或用滤纸吸除样品水化盘中的胶条平衡缓冲液Ⅱ。并用滤纸吸取多余的平衡液(将胶条竖在滤纸上，以避免蛋白质损失或损坏凝胶表面)。

13. 将 IPG 胶条从样品水化盘中移出，用镊子夹住胶条的一端，使胶面完全浸没在

1×电泳缓冲液中。然后将胶条胶面朝上放在凝胶的长玻璃板上。其余胶条同样操作。

14. 将放有胶条的 SDS-PAGE 凝胶转移到灌胶架上，短玻璃板一面对着自己。在凝胶的上方加入低熔点琼脂糖封胶液。

15. 用镊子、压舌板或平头的针头，轻轻地将胶条向下推，使之与聚丙烯酰胺凝胶胶面完全接触。注意不要在胶条下方产生任何气泡。在用镊子、压舌板或平头针头推胶条时，要注意的是，在推动凝胶背面的支撑膜时，不要碰到胶面。

16. 放置 5 min，使低熔点琼脂糖封胶液彻底凝固。

17. 在低熔点琼脂糖封胶液完全凝固后，将凝胶转移至电泳槽中。

18. 在电泳槽加入电泳缓冲液后，接通电源，起始时用低电流(5 mA/gel · 17 cm)或低电压，待样品在完全走出 IPG 胶条，浓缩成一条线后，再加大电流(或电压)(电流可增至 20～30 mA/gel · 17 cm)，待溴酚蓝指示剂达到底部边缘时即可停止电泳。

19. 电泳结束后，轻轻撬开两层玻璃，取出凝胶，并切角做记号(戴手套，防止污染胶面)，进行染色。

【注意事项】

(1) 玻璃板一定要清洗干净，否则在染色时会有不必要的凝胶背景。

(2) 过硫酸铵(Ap)要新鲜配制。40%的过硫酸铵储存于冰箱中只能使用 2～3 天，低浓度的过硫酸铵溶液只能当天使用。

(3) 蛋白质从一向(IPG 胶条)到二向(SDS 凝胶)转移时，为了避免点脱尾和避免高相对分子质量蛋白质损失，应缓慢进行(场强小于 10 V/cm)。

(4) 用 Mini Protein 3 电泳槽时，以电流为标准，开始进样的低电流为 5 mA/gel，待样品在浓缩胶部分浓缩成一条线后，再加大电流到 10～15 mA/gel；以电压为标准，开始进样的低电压为 50～75 V/gel，当样品在浓缩胶部分浓缩成一条线时，再加大电压到 150～200 V/gel。用 Protein Ⅱ电泳槽时，以电流为标准，开始进样的低电流为 10 mA/gel，当样品在浓缩胶部分浓缩成一条线时，再加大电流到 20～30 mA/gel；以电压为标准，开始进样的低电压为 75～100 V/gel，待样品在浓缩胶部分浓缩成一条线后，再加大电压到 300～400 mA/gel。

(四) 检测

【染色】

通常，分离的蛋白质在凝胶中肉眼不可见。因此，为了进行观察，必须进行染色或标记。选择最佳的染色方法需要考虑多种因素，包括灵敏度、线性范围、方便程度、费用以及成像设备的类型。本实验主要介绍灵敏度较高的银染方法。

1. 戴上手套，将凝胶移至一个盛有 50%甲醇-10%醋酸混合液的小容器内，至少浸泡 1 h，在此期间换液 2～3 次。

2. 用清水漂洗 30 min，在此期间至少换水 3 次。此时可准备溶液 A、B、C。

3. 将凝胶移入一个干净的容器内，在持续温和振摇下用 C 液染色 15 min。用去离子水漂洗凝胶，在轻轻振摇下浸泡 2 min。此时准备溶液 D。

4. 将凝胶移至一个干净的容器内，用溶液 D 洗涤，显色。注意：银染的电泳带一般在

10 min 内出现,否则更换溶液 D;如果背景已开始变为淡黄色,则应该停止反应。

5. 将凝胶浸入 1%的醋酸终止反应。

6. 在蒸馏水中漂洗凝胶至少 1 h,在此期间换水 3 次。

7. 如果蛋白质染色太深,则可用 Kodak Rapid Fix 或 Kodak Rapid Unfix 使电泳胶脱色;再用 Kodak clearing agent(如 Orbit)终止脱色,然后用 50%甲醇-10%醋酸漂洗。

8. 将凝胶使用 GS-900™校准型吸光度仪进行扫描成像后保存于水中或进行干胶。

【成像】

使用 GS900™校准型吸光度仪将银染后的凝胶进行成像。

1. 将凝胶平整的放置于 GS-900™校准型吸光度仪后,打开 image Lab 软件后,点击"编辑"设置"默认成像仪"为"GS-900™"。

2. 点击"新建实验协议"后在应用程序中选择"凝胶-silver stain",在扫描区域凝胶选择中选择凝胶类型为"Bio-Rad PROTEAN Ⅱ XL Gel",根据凝胶放置位置在扫描坐标中设置相应参数,最后设置"图像颜色"为"Silver"。

3. 点击"运行实验协议"后可以对银染法染色的双向电泳凝胶进行成像,最后点击保存即可。

【软件分析】

使用 Bio-Rad 双向电泳凝胶分析软件 PDQuest™2-D Analysis Software 对大肠杆菌蛋白质组图像进行分析。

五、实验结果与讨论

将凝胶使用 GS-900™校准型吸光度仪进行扫描成像后的结果以图片形式呈现(图 27-5 为参考图),并对照示例的图片进行分析。

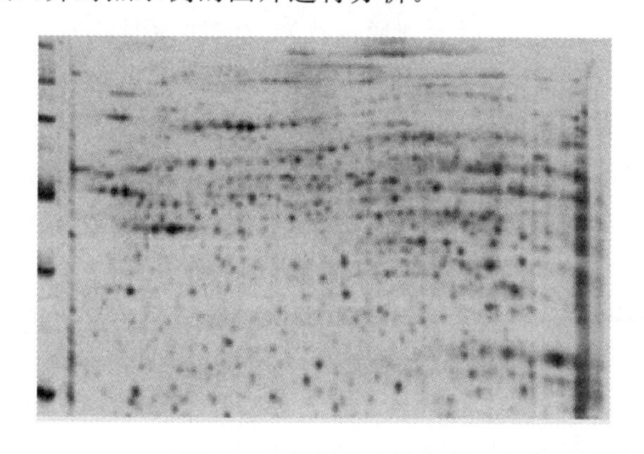

图 27-5 用银染法染色的双向电泳凝胶

六、参考资料

[1] 王清蓉,万德光,国锦琳,等.三斑海马蛋白质组学双向电泳技术的建立与优化[J].中国实验方剂学杂志,2018,24(5):50-54.

[2] Bio-Rad 公司的相关说明书。

实验二十八
斑马鱼全胚原位杂交

一、实验目的

1. 掌握制备特异性 RNA 探针的基本原理及实验操作。
2. 掌握斑马鱼全胚原位杂交的基本原理及实验操作。
3. 了解基因在体内时空表达的研究方法。

二、实验原理与设计

20 世纪 60 年代，科学家们将分子生物学、细胞生物学及组织化学相结合，研究出原位杂交技术。其基本原理是利用核酸碱基互补配对原则，将标记好的特异探针 DNA 或 RNA 与组织或细胞中的目标靶核酸序列结合，形成一个稳定的杂交复合体(DNA-DNA，DNA-RNA，RNA-RNA)，从而对靶核酸序列进行定位或相对定量检测。原位杂交的探针可以是同位素标记(如^{35}S、^{3}H、^{32}P 等)或非同位素标记(生物素标记探针和地高辛标记探针等)，前者需要用放射自显影检测，后者则通过荧光或酶法检测。

本实验主要目的是利用反义 RNA 探针检测斑马鱼体内 mRNA 表达，该技术在研究基因表达及斑马鱼发育方面有着重要的应用。不同于切片的原位杂交，整胚的原位杂交可以从整体上把握探针结合的部位，并且对于不同时期的斑马鱼胚胎进行检测及比较可以获得目的基因的时空表达情况。目前最常用的方法是利用地高辛标记探针对目的基因的表达进行原位检测。

地高辛(Digoxigenin，DIG)又称异羟基洋地黄毒苷元，是一种类固醇半抗原分子。利用不同的方法将 DIG-11-dUTP 掺入到 RNA 探针序列中，常用的方法有 PCR 法、随机引物法、末端标记法等，从而获得带有地高辛标记的反义 RNA 探针。实验过程中，在胚胎组织及细胞结构保持完整的情况下，地高辛标记的反义 RNA 探针可与细胞内的 mRNA 特异性结合，然后利用免疫组织化学的方法，使结合了碱性磷酸酶的抗地高辛抗体与杂交的核酸探针特异性结合，最后用碱性磷酸酶的发光底物进行显色。这一过程可以放大目的基因的表达信号，便于观察并定位目的基因的表达情况。具体原理如图 28-1 所示。

本实验方案旨在利用原位杂交技术检测目的基因在斑马鱼胚胎中的表达情况(图 28-2)。

在实验过程中，以下几个环节的研究可以提高实验效果。

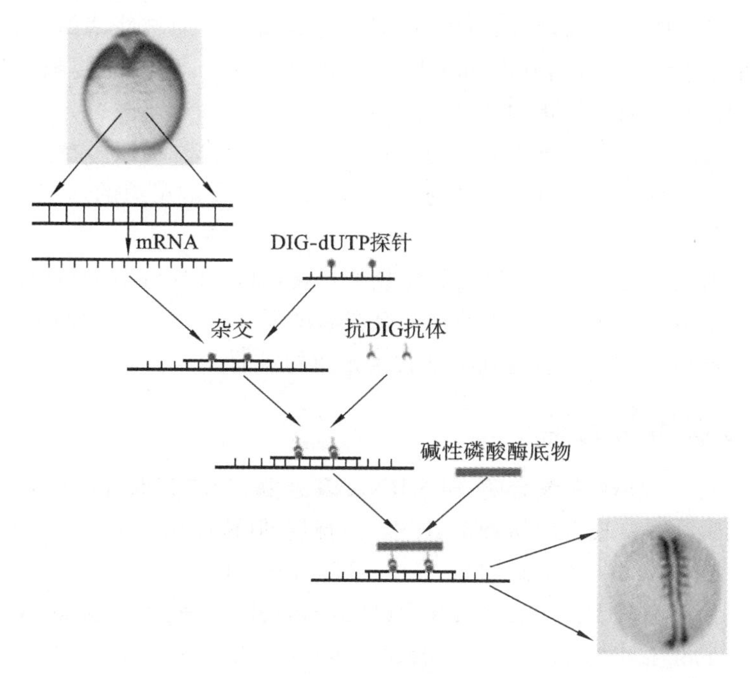

图 28-1 地高辛标记探针对目的基因的表达进行原位检测原理

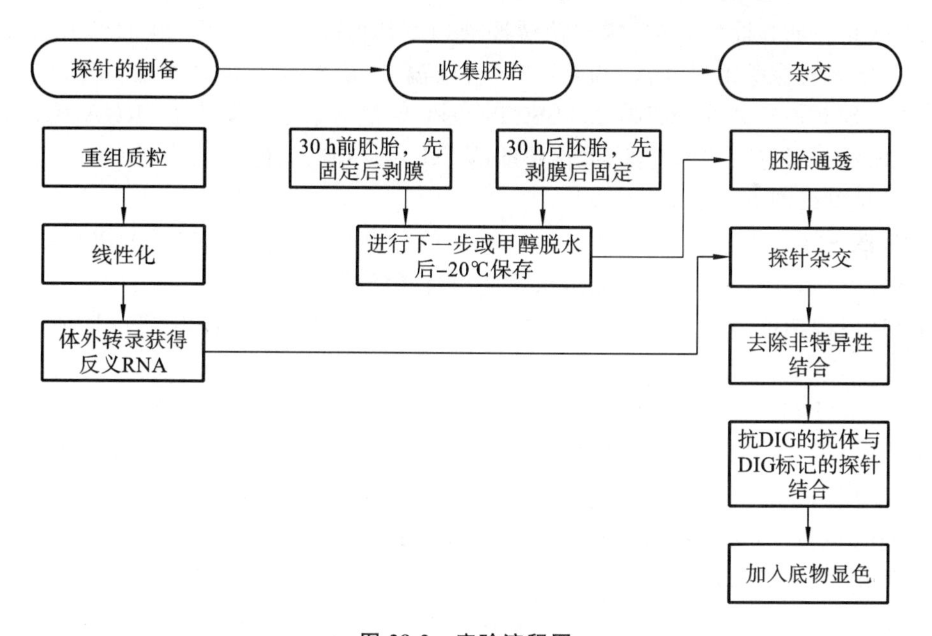

图 28-2 实验流程图

1. 清洗胚胎过程，进行充分的梯度换液洗涤，使得胚胎避免受不同溶液的影响，并且清洗时间也比较充足，可降低背景信号。

2. 固定组织常用多聚甲醛，多聚甲醛与其他醛类固定剂不同，多聚甲醛不会与蛋白质产生广泛的交叉连接，因而不会影响探针穿透入细胞或组织。

3. 为防止探针与组织中碱性蛋白之间的静电结合，以降低背景张力，杂交前样品可用0.25%乙酸酐处理10 min，经乙酸酐处理后，组织蛋白中的碱性基团通过乙酰化而被阻断。组织和细胞标本也可用0.2 mol/L HCl处理10 min，稀酸能使碱性蛋白质变性，结合蛋白酶消化，容易将碱性蛋白移除。（可选）

4. 去污剂处理的目的是增加组织的通透性，以利于杂交探针进入组织细胞，最常用的去污剂是Triton X-100。注意：过度的去污剂处理不仅影响组织的形态结构，而且还会引起靶核酸的丢失。

5. 蛋白酶消化能使固定后被遮蔽的靶核酸暴露，以增加探针对靶核酸的可及性。

6. 杂交前用不含探针的杂交缓冲液在杂交温度下孵育1～3 h，以阻断胚胎中可能与探针产生非特异性结合的位点，达到降低背景张力的目的。

三、实验仪器与材料

1. 实验试剂　T7 RNA聚合酶、SP6 RNA聚合酶、二硫苏糖醇(DTT)、DIG标记的dNTP混合液、5×RNA聚合酶缓冲液、RNA酶抑制剂(RNasin)、DNA酶Ⅰ(DNaseⅠ)、无水乙醇，DEPC水、0.003%苯硫脲(PTU)、甲醇、PBS、吐温-20(Tween-20)、蛋白酶K、多聚甲醛(PFA)、甲酰胺、酵母tRNA、肝素(Heparin)、RNA酶A(RNase A)、RNA酶T1(RNase T1)、1 mol/L Tris-HCl(pH 8.0)、0.1 mol/L Tris-HCl(pH 8.0)、1 mol/L Tris-HCl(pH 9.5)、牛血清蛋白(BSA)、胎牛血清(FBS)、抗地高辛碱性磷酸酶、NBT/BCIP储备液、$MgCl_2$、NaCl、柠檬酸钠、磷酸盐缓冲液(1×PBS)、1×含吐温-20的磷酸盐缓冲液(PBST)、20×柠檬酸钠缓冲液(SSC)、2×含吐温-20的柠檬酸钠缓冲液(SSCT)、0.2×SSCT、5×SSCT/50%甲酰胺、2×SSCT/50%甲酰胺、杂交缓冲液、RNA酶缓冲液、RNA酶溶液、封闭液、抗体溶液、碱性磷酸酶(AP)缓冲液、染色液等。

部分试剂配制方法如下。

10×PBS(1 L，灭菌后室温保存)：80 g NaCl，2 g KCl，27.98 g $Na_2HPO_4 \cdot 12H_2O$，2.4 g KH_2PO_4，溶于1 000 mL双蒸水。使用时稀释至1×PBS。

1×PBST(PBS含0.1% Tween-20，50 mL，室温保存)：1×PBS 50 mL加入50 μL Tween-20。

0.003% PTU：0.003 g PTU粉末，溶于100 mL双蒸水。

1 mol/L Tris-HCl(pH 8.0)：121.1 g Tris溶于800 mL双蒸水，用浓盐酸将溶液pH值调至8.0后，定容至1 000 mL。加入盐酸时需边加边测定pH值，以防过量。

1 mol/L Tris-HCl(pH 9.5)：同上，pH值调至9.5即可。

0.1 mol/L Tris-HCl(pH 8.0)：12.11 g Tris溶于800 mL双蒸水，用浓盐酸将溶液pH值调至8.0后，定容至1 000 mL。加入盐酸时需边加边测定pH值，以防过量。

4% PFA/PBS(100 mL，4 ℃保存)：4 g PFA溶于100 mL 1×PBS中，PFA不易溶解，需要加热搅拌，但加热温度不能高于65 ℃。

20×SSC(1 L，室温保存)：175.3 g NaCl，88.2 g柠檬酸钠，溶于1 000 mL双蒸水。

5×SSCT/50%甲酰胺(50 mL，室温保存)：25 mL甲酰胺，12.5 mL 20×SSC，50 μL Tween20，加双蒸水至50 mL。

2×SSCT/50%甲酰胺(50 mL，室温保存)：25 mL甲酰胺，5 mL 20×SSC，50 μL

Tween20，加双蒸水至 50 mL。

2×SSCT(50 mL，室温保存)：5 mL 20×SSC，50 μL Tween20，加双蒸水至 50 mL。

0.2× SSCT(50 mL，室温保存)：0.5 mL 20×SSC，50 μL Tween20，加双蒸水至50 mL。

蛋白酶 K：PBST 稀释蛋白酶 K 至终浓度为 10 μg/mL。

杂交缓冲液(50 mL，−20 ℃保存)：25 mL 甲酰胺，50 μL Tween 20，500 μL 50 μg/μL 酵母 tRNA，50 μL 50 μg/μL Heparin，12.5 mL 20×SSC，加 DEPC 水定容至 50 mL。

RNA 酶缓冲液(50 mL，室温保存)：5 mL 5 mol/L NaCl，500 μL 1 mol/L Tris-HCl (pH 8.0)，50 μL Tween20，加双蒸水至 50 mL。

RNA 酶溶液(10 mL，现配现用)：10 μL 20 μg/μL RNase A，20 μL 5 U/μL RNase T1，加 RNA 酶缓冲液至 10 mL。

封闭剂(50 mL，−20 ℃保存)：0.1 g BSA，1 mL FBS，加 PBST 至 50 mL。

抗体溶液(4 mL，现配现用)：4 mL 封闭剂中加入 1 μL 地高辛抗体。

AP 缓冲液(50 mL，现配现用)：5 mL 1 mol/L Tris-HCl(pH 9.5)，1.25 mL 2 mol/L $MgCl_2$，1 mL 5 mol/L NaCl，50 μL Tween20，加双蒸水定容至 50 mL。

染色液(5 mL，现配现用)：25 μL NBT/BCIP 封闭液，加 AP 缓冲液至 5 mL。

2. 实验仪器 恒温生化培养箱、体视显微镜、通风橱、高压蒸汽灭菌锅、高速冷冻离心机、涡旋振荡器、水浴锅、普通离心管及不含 RNA 酶的离心管(1.5 mL、2 mL、10 mL、50 mL)、移液枪(10 μL、100 μL、1 mL、5 mL)及吸头、不含 RNA 酶的枪头、制冰机、冰盒等。

3. 生物材料 目标时期的斑马鱼胚胎。

四、实验操作与步骤

(一) 探针制备

1. 根据目的片段插入 T 载时可能有 5′→3′或 3′→5′两个方向，在目的片段的 5′端选择合适的单酶切位点。参照表 28-1 反应体系，利用单酶切将抽提好的重组质粒线性化。线性化后，进行琼脂糖凝胶电泳，将目的条带割胶回收，所得产物即为下一步体外转录的模板。

表 28-1 线性化酶切体系

成分	体积
质粒	10 μg
10×缓冲液	10 μL
内切酶	2.5 μL
H_2O	补充至 100 μL

注：将上述各成分在 1.5 mL 离心管中加样，混匀后，置于 37 ℃恒温水浴中过夜。

2. 根据 DNA 转录的原则，选择位于目的片段 3′端的 T7 或 SP6 逆转录酶进行体外转录，反应体系参照表28-2，在1.5 mL不含RNA酶的离心管内进行，且以下操作皆需使用不含RNA酶的枪头等耗材。

表28-2 体外转录体系

成分	体积
线性化质粒	5.25 μL
5×缓冲液	2 μL
DTT	1 μL
DIG-标记的dNTP混合物	1 μL
RNA酶抑制剂	0.25 μL
T7/SP6 RNA聚合酶	0.5 μL
	总体积10 μL

注：将上述各成分加样，混匀后，置于37 ℃水浴恒温2 h。

3. 转录结束后，取1 μL反应液进行琼脂糖电泳检测。若条带明显，则向管内加入0.5 μL DNase Ⅰ，37 ℃水浴5～15 min，除去反应液中的模板DNA。

4. 水浴结束后，加入2.5倍体积的无水乙醇，混匀，－20 ℃沉淀RNA 30 min以上。

5. 12 000 r/min，4 ℃低温离心15 min，沉淀出的RNA将置于管底。

6. 舍去上清液，加入1 mL用DEPC水配制的70%乙醇，清洗沉淀，4 ℃，12 000 r/min离心5 min，此步骤重复一次。

7. 尽量去除多余的乙醇，室温开盖晾5～6 min，让残余乙醇挥发。最终根据所获得沉淀的多少加入10～100 μL DEPC水，溶解RNA。测量其浓度，－80 ℃保存备用。

（二）收集胚胎

1. 该实验所需胚胎需要培养于含有PTU的培养液中，以抑制胚胎黑色素的生长。按照实验五的方法收集所需时期的斑马鱼胚胎，一个1.5 mL/2 mL离心管中可放置30～35颗鱼卵。

2. 收集30 h之前的胚胎需要先用4% PFA固定，4 ℃过夜，转移胚胎至培养皿中，在体视显微镜下，剥除胚胎的卵膜，再重新收回胚胎于离心管中；若收集的为30 h之后的胚胎，则需要先在培养皿中将胚胎的卵膜剥除后，再进行固定，若斑马鱼已出膜，则不需进行该步骤。若不能即时进行实验，则可加入甲醇脱水10 min，再换成新鲜的甲醇，－20 ℃可保存半年左右。

（三）全胚原位杂交

所有实验分3天完成，标记为DAY1、DAY2、DAY3。

【标号为DAY1的全胚原位杂交】

1. 新鲜固定好的胚胎，或复水后的胚胎，加入1 mL PBST，室温放置5 min，重复3次。注：甲醇脱水后的胚胎，取出后需先将胚胎进行复水，操作如下。

(1) 溶液置换为1 mL 75%甲醇/25%PBST溶液，室温放置5 min。

（2）溶液置换为 1 mL 50%甲醇/50%PBST 溶液，室温放置 5 min。

（3）溶液置换为 1 mL 25%甲醇/75%PBST 溶液，室温放置 5 min。

（4）溶液置换为 1 mL PBST 溶液，室温放置 5 min。

2. 蛋白酶 K 处理胚胎，室温放置 1～30 min，具体处理时间根据胚胎的时期不同而不同。发育时间越短的胚胎越嫩，可以不用或者少用蛋白酶处理，发育时间长的胚胎需要用蛋白酶来进行疏松，以便于杂交。一般 12 h 前的胚胎无需处理；13～24 h 胚胎处理 1 min左右；24～36 h 胚胎处理 6 min 左右；36～48 h 胚胎处理 15 min 左右；72 h 以后的胚胎处理 30 min 左右，处理时间还需根据室温的高低进行微调。

3. 处理后，用 1 mL 4% PFA 室温固定 20 min 以上。

4. 溶液置换为 1 mL PBST，室温放置 5 min，重复 3 次，此步骤 PBST 需用 DEPC 水配制，以下步骤需要使用不含 RNA 酶的枪头进行吸换液。

5. 溶液置换为 200 μL 杂交缓冲液，润洗一次。

6. 加入 400 μL 杂交缓冲液，65 ℃水浴预杂交 1～3 h。

7. 用杂交缓冲液稀释探针至 1 ng/μL，配制成探针杂交液，65 ℃水浴 5 min，使探针变性，然后立即用于下一步。预杂交结束后，将溶液置换成 200 μL 探针杂交液（没过胚胎即可），65 ℃水浴杂交过夜（14～16 h）。

【标号为 DAY2 的全胚原位杂交】

1. 回收探针杂交液，－20 ℃保存，可多次使用。

2. 本步骤开始，可换回普通枪头进行吸换液。加入 1 mL 5×SSCT/50%甲酰胺润洗胚胎。

3. 溶液置换为 1 mL 2×SSCT/50%甲酰胺，65 ℃水浴 1 h。

4. 溶液置换为 1 mL 2×SSCT，室温放置 10 min，并重复一次。

5. 溶液置换为 1 mL RNA 酶缓冲液，室温润洗放置 10 min。

6. 溶液置换为 1 mLRNA 酶溶液，室温处理 10 min。去除多余的 RNA。

7. 溶液置换为 1 mL 2×SSCT，室温放置 10 min。

8. 溶液置换为 1 mL 2×SSCT/50%甲酰胺，65 ℃水浴 1 h。

9. 溶液置换为 1 mL 2×SSCT，65 ℃水浴 15 min。

10. 溶液置换为 1 mL 0.2×SSCT，65 ℃水浴 15 min。

11. 溶液置换为 1 mL PBST，室温放置 5 min。

12. 用 1 mL 封闭液润洗。

13. 换新的封闭液，室温封闭 1 h。

14. 封闭结束后，置换为 1 mL 抗体溶液，4 ℃过夜，让抗体与 DIG 充分结合。

【标号为 DAY3 的全胚原位杂交】

1. 用 PBST 洗 3 次，每次 30 min。

2. 溶液置换为 1 mL AP 缓冲液，室温放置 5 min，重复三次。

3. 将胚胎转移至 12 孔板，每个孔标记好胚胎的时间及探针的种类。

4. 将孔内 AP 缓冲液换为 1～2 mL 染色液，室温染色，每 30～60 min 检查染色的效果，防止染色过度。从该步骤起，注意避光。

5. 染色完成后，吸出染色液，加入 PBST 停止染色，并用 PBST 洗 3 遍。

6. 4% PFA 固定，4 ℃过夜，再用 PBST 洗 3 遍后即可拍照。

（四）检测

用带有外置光源的体视显微镜进行观察、拍照与分析。

取一个培养皿，加入甘油，放置于显微镜下（图 28-3），将胚胎依次挑入甘油中，根据信号可能会出现的位置，用注射器针头或镊子调整胚胎的位置，以便更好地观察及比较信号，拍照记录。染色的信号应为紫色。

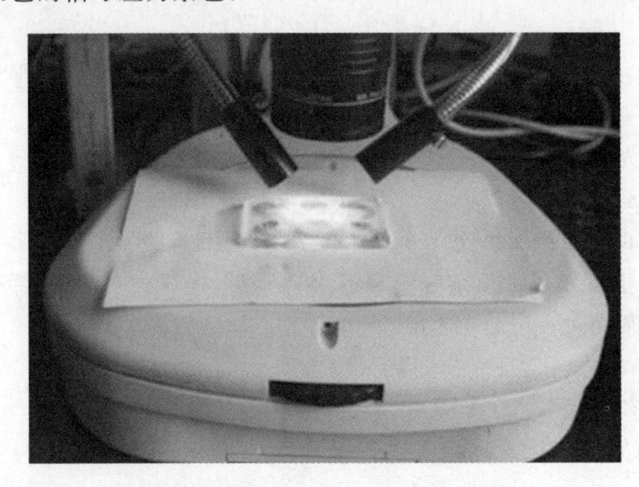

图 28-3　带有外置光源的体视显微镜

五、实验结果与讨论

1. 制备 RNA 探针检测图（图 28-4 为参考结果）。

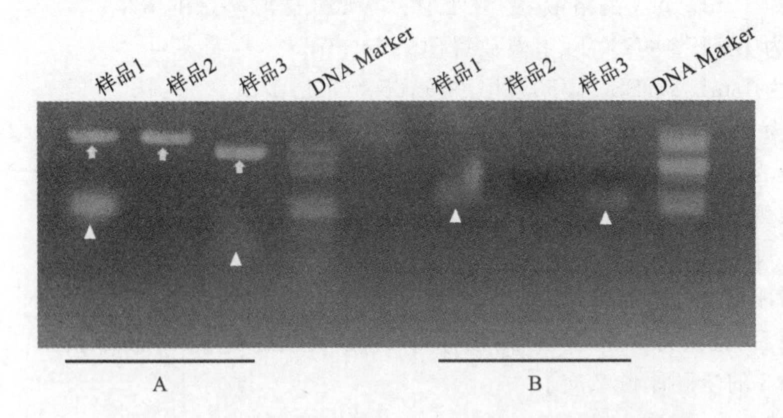

图 28-4　探针 RNA 琼脂糖电泳检测结果图

（图中，A 组是转录体系经过 37 ℃水浴后，取 1～2 μL 转录反应液进行检测的结果。黄色箭头所指为模板 DNA，白色三角所指为转录产生的 RNA 分子。由图可见，样品 1 转录效率最高。B 组是转录反应液经过 DNA 酶处理，纯化后的 RNA 检测结果，白色三角所指为 RNA 分子。由图可见，三个样品中的 DNA 模板均已去除，样品 1 的 RNA 浓度最高）

2. 得到原位杂交结果图(图 28-5 为结果参考图),指出信号点并分析结果。

实验组

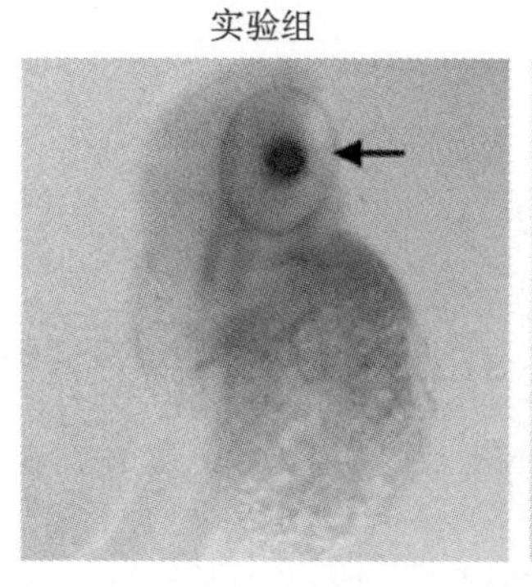

阴性对照

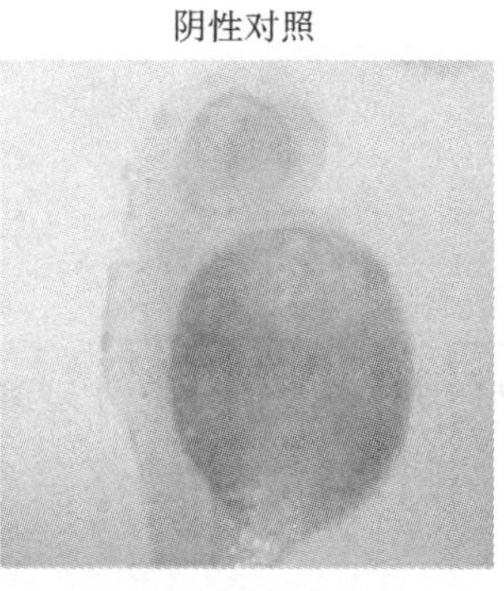

图 28-5 HSF4 在斑马鱼晶状体中表达

(参照基因 HSF4 的 mRNA 序列进行探针设计并制备后,取 60 h 胚胎进行原位杂交实验。箭头所指为信号所在,表明 HSF4 在晶状体中大量表达)

3. 讨论实验过程中可能会影响染色效果的因素。

六、参考资料

[1] 张春霞,刘峰. 斑马鱼高分辨率整胚原位杂交实验方法与流程[J]. 遗传,2013,35(4):522-528.

[2] Kimmel C B, Ballard W W, Kimmel SR, et al. Stages of Embryonic Development of the Zebrafish[J]. Dev Dyn. ,1995,203(3):253-310.

[3] Cui Xiukun, Wang Lei, Zhang Jing, et al. HSF4 regulates DLAD expression and promotes lens d-nucleation [J]. Biochimica et Biophysica Acta., 2013, 1832: 1167-1172.

实验二十九 利用冰冻切片及免疫荧光观察动物组织结构

一、实验目的

1. 掌握冰冻切片技术实验原理及操作。
2. 掌握冰冻切片的免疫荧光原理及技术。
3. 了解基因在生物体内组织表达的研究方法。

二、实验原理与设计

冰冻切片是免疫组织化学中最常用的切片方法之一。生物组织样品无需经过脱水和透明的步骤，在低温条件下快速冷冻后即可用于切片，耗时短，操作方便，可获得厚度为几微米至几十微米的切片，且低温条件下可避免组织中可溶性物质分解，维持生物化学活性，保持细胞形态，故主要应用于临床快速病理检测中。

相较于传统的石蜡切片，冰冻切片能更好地保存抗原的免疫活性和酶的活性，利于对组织内的目的蛋白进行特异性检测。需要注意的是冰冻时，组织中过多的水分容易形成冰晶，从而影响抗原的定位，所以在进行实验操作之前，需要将样品固定，脱水后再用包埋剂进行快速冷冻包埋，虽然冰冻切片得到的组织结构不如石蜡切片完整，但已经能够满足绝大部分的实验要求。所以近年来，冰冻切片越来越广泛地应用于科研实验中，特别是组织的免疫荧光实验。

免疫荧光(Immunofluorescence，IF)技术是免疫标记技术中发展最早的一种。它是在生物化学、免疫学和显微镜技术的基础上建立起来的。根据抗原抗体特异性结合的原理，对组织或细胞内的抗原物质进行定位检测。主要原理是先将已知的抗原或抗体标记上荧光基团，再用这种荧光抗体或抗原作为探针去与组织内相对应的抗原或抗体进行结合，利用荧光显微镜对标本进行观察，荧光基团受到外来激发光的照射会发出不同波长的肉眼可见荧光，通过对荧光的定位观察，即可获得对应组织内的抗体抗原的性质和定位情况。

本实验方案旨在利用冰冻切片及免疫荧光检测并观察斑马鱼眼睛的结构以及对目的蛋白定位进行观察，具体实验流程如图 29-1 所示。

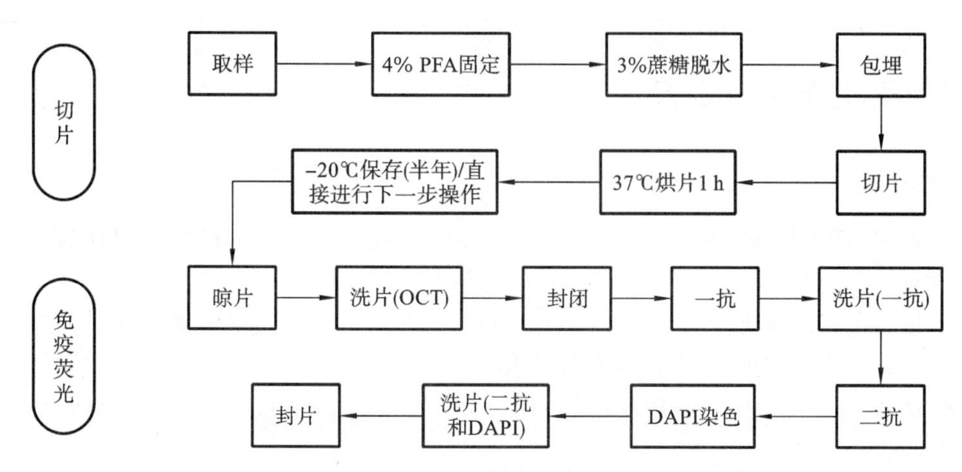

图 29-1 冰冻切片和冰冻切片免疫荧光实验的实验流程

三、实验仪器与材料

1. 实验试剂 4%多聚甲醛溶液(PFA)、30%蔗糖溶液、磷酸盐缓冲液(PBS)、OCT包埋剂、二甲基亚砜(DMSO)、Triton X-100、牛血清蛋白(BSA)、山羊血清、opn1lw2抗体、二抗、PDT(含有DMSO及TritonX-100的磷酸盐缓冲液)、PBDT(含有DMSO,TritonX-100及牛血清蛋白的磷酸盐缓冲液)、4′,6-二脒基-2-苯基吲哚(DAPI)、10% PBDTs(含有山羊血清的PBDT)、甘油或中性树脂,指甲油等。

部分试剂配制方法如下。

10×PBS(1 L,灭菌后室温保存):80 g NaCl,2 g KCl,27.98 g $Na_2HPO_4 \cdot 12H_2O$,2.4 g KH_2PO_4,溶于1 000 mL双蒸水。使用时稀释至1×PBS。

30%蔗糖(10 mL,现配现用):3 g蔗糖,加1×PBS至10 mL。

4% PFA/PBS(100 mL,4 ℃保存):4 g PFA溶于100 mL 1×PBS中,PFA不易溶解,需要加热搅拌,但加热温度不能高于65 ℃。

PDT(500 mL,室温保存):5 mL DMSO,500 μL Triton X-100,加1×PBS至500 mL。

PBDT(10 mL,−20 ℃保存):0.1 g BSA溶于10 mL PDT。

10% PBDTs(2 mL,现配现用):200 μL山羊血清,1 800 μL PBDT。

2% PBDTs(2 mL,现配现用):40 μL山羊血清,1 960 μL PBDT。

一抗/二抗(−20 ℃保存):根据说明书推荐的稀释度,用10% PBDTs对抗体进行稀释。注意二抗带有荧光,所以需要避光。

DAPI染液(−20 ℃保存,可回收多次使用):用PBS稀释DAPI,一般1∶500到1∶1 000稀释皆可。注意DAPI需避光。

2. 实验仪器 恒温生化培养箱、体视显微镜、冰冻切片机(带样品托及刀片)、防脱载玻片、普通载玻片、盖玻片、镊子、眼科剪、注射器(带针头)、涡旋振荡器、湿盒、普通离心管(1.5 mL、2 mL、10 mL)、移液枪(10 μL、100 μL、1 mL、5 mL)及枪头、免疫组化笔、玻片盒、制冰机、冰盒、染色缸等。

3. 生物材料 斑马鱼眼睛。

四、实验操作与步骤

(一) 冰冻切片

1. 取材,用眼科剪及眼科镊将斑马鱼的眼睛小心取出,避免损坏眼睛,操作时必须轻柔准确。

2. 取出的眼睛立即放入装有4% PFA的离心管中固定,固定液与样品的体积比至少达到20∶1。4 ℃固定过夜或者室温固定4~6 h。

3. 吸出固定液,加入1×PBS润洗样品,室温放置5 min,重复3次,操作需要轻柔,勿损坏样品。

4. 加入30%蔗糖,4 ℃过夜脱水,待样品沉至离心管底,即脱水完成。

5. 提前1~2 h打开冰冻切片机,调好仪器腔内及冻头温度,让其降温,不同的样品适用的温度不一样,本实验样本是斑马鱼的眼睛,故设置腔内温度−24 ℃,冻头温度−27 ℃,切片机内部结构和温度设置如图29-2所示。

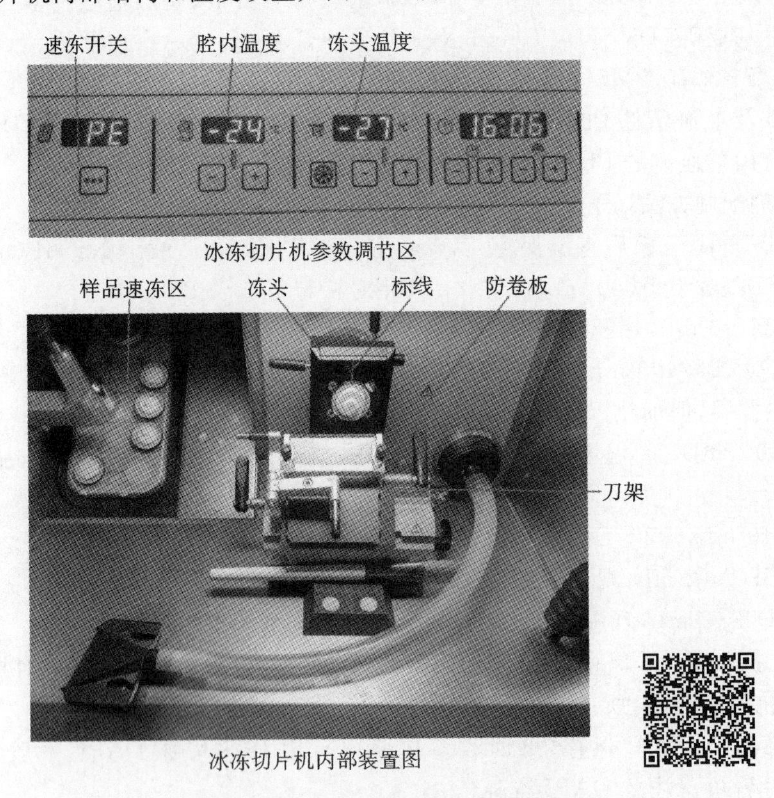

图29-2 切片机设置以及内部结构图示

6. 从管中取出样品,放入OCT中;取出样品托,在样品托上覆盖一层OCT,放回切片机样品区,让OCT凝固后取出,在凝固的OCT层滴上OCT,将样品用镊子放入其中,根据所需的切片方向用注射器针头调整眼睛的位置。随后将包埋有样品的样品托放回切片机样品区，设置速冻，使样品在OCT的包埋下快速冷冻，样品托和包埋有样品的样品托如图29-3所示。

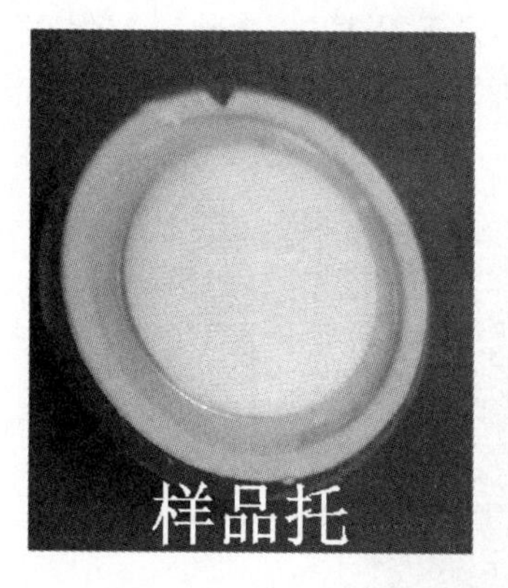

图29-3 样品托和包埋有样品的样品托

7. 将载有样品的样品托夹紧于冻头上，样品托的缺口对准冻头上的标线，移动冻头使其靠近刀片，调整切片厚度，未切到样品前可设置30～35 μm，切到样品后调至10～18 μm。

8. 调好防卷板，切片时，切出的切片能在第一时间顺利地通过刀与防卷板间的通道，平整地躺在持刀器的铁板上。这时便可掀起防卷板，取载玻片，将其附贴上即可。

9. 每切几张片子，用体视显微镜确认是否切到了组织结构，切到所需目的结构后，换用防脱玻片贴片。

10. 获得的切片需放入37 ℃培养箱中烘片0.5～1 h，巩固样品的黏附，减少后续操作中脱片的可能性。烘片结束可立即进行下一步操作，也可将其置于－20 ℃下保存半年。

（二）免疫荧光

1. 玻片若是从－20 ℃冰箱中取出，则需先放置于室温下晾20 min；若是烘干的玻片可以直接进行下一步操作。用免疫组化笔在玻片上将样品圈出。

2. 将玻片放入染色缸中，加入PDT，室温放置洗片10 min，重复3次。

3. 封闭，将玻片转移至湿盒中，在免疫组化笔圈出的区域内加入10% PBDTs，由于免疫组化笔的疏水性，适量封闭液不会流出圈外，提高样品的封闭效果。室温封闭1 h。

4. 一抗用2% PBDTs稀释为工作液，封片结束后，去除封闭液，将一抗工作液加入免疫组化笔圈内。玻片置于湿盒中，4 ℃过夜。

5. 过夜后，取出玻片，回收一抗工作液，玻片放入染色缸，加入PDT，室温放置10 min，重复3次，洗去残留的一抗。

6. 用2% PBDTs稀释二抗，加入免疫组化笔圈内，玻片置于湿盒中，避光，37 ℃孵育1 h。记录二抗的激发光波长。

7. 用PBS以1∶500或1∶1 000稀释DAPI，洗去玻片上的二抗工作液，加入DAPI稀释液，避光，室温染色7～10 min。

8. 回收DAPI，玻片放入染色缸；加入PBS，室温放置15 min，避光，重复三次，洗去多余的二抗及 DAPI。

9. 取出玻片，用吸水纸擦干样品周围液体，玻片上滴加 80～100 μL 的甘油，盖上盖玻片，指甲油封住盖玻片四周，封片后，玻片置于湿盒中，避光，4 ℃保存。

10. 用荧光显微镜对样品进行观察拍照，拍照时，选择二抗对应的激发光进行观察。图 29-4 所示为结果参考图。

图 29-4 免疫荧光标记红视锥细胞

(取 12 个月斑马鱼眼睛，样品处理后进行冰冻切片及免疫荧光染色。蓝色荧光为 DAPI(标记细胞核)，红色为 opn1lw2(标记红视锥)。该照片用激光共聚焦扫描显微镜观察所得)

五、实验结果与讨论

1. 标注所用的一抗及二抗信息。(可列表表示)
2. 列出免疫荧光染色结果图，展示染色结果图，并分析讨论切片的效果及染色信号。
3. 讨论实验操作过程中会影响染色效果的因素。

六、参考资料

[1] Uribe R A, Gross J M. Immunohistochemistry on cryosections from embryonic and adult zebrafish eyes[J]. CSH Protoc., 2007, 7: 29-31.

[2] 赵丽微，杨淑艳，方青. 冰冻切片制作及免疫组化的改进[J]. 吉林医药学院学报，2009，1：18-19.

[3] Liu F, Chen J, Yu S, et al. Knockout of RP2 decreases GRK1 and rod transducin subunits and leads to photoreceptor degeneration in zebrafish[J]. Hum Mol Genet. 2015, 24(16): 4648-4659.

[4] Yu S, Li C, Biswas L, et al. CERKL gene knockout disturbs photoreceptor outer segment phagocytosis and causes rod-cone dystrophy in zebrafish[J]. Hum Mol Genet., 2017, 26(12): 2335-2345.

实验三十 利用石蜡切片及免疫组化技术观察植物组织结构

一、实验目的

1. 掌握植物组织石蜡切片制作的基本原理和实验操作。
2. 掌握免疫组化实验的基本原理和操作技术。

二、实验原理与设计

在观察植物的细微结构之前，必须根据植物材料的特性，采用不同的方法对材料进行处理，从而将材料制成透明的玻片标本，便于染色观察。根据材料的特点和处理方法的差异，可以将植物显微制片技术分为切片法与非切片法两大类，前者常用的有徒手切片法、冰冻切片法、火棉胶切片法、石蜡切片法、冷冻切片法等，其中以石蜡切片法最为常用。

石蜡切片以石蜡作为包埋剂，将植物组织经固定、脱水、透明、浸蜡后包埋在石蜡中。然后用切片机切成薄片，再经脱蜡、复水、染色、脱水、透明、封片等步骤制成永久切片，便于在显微镜下观察组织、细胞内的显微形态和结构。石蜡切片法有许多优点：①易操作；②可以把材料切成均匀、极薄（1～12 μm）的切片；③切下的单个蜡带可以形成连续蜡带，有利于制作连续切片；④可永久保存。石蜡切片也有缺点：制片时间长，操作过程复杂；在脱水与浸蜡后，容易使组织收缩、变硬、变脆；同时坚硬、易脆的材料不适宜采用石蜡制片法。

组织制片技术与免疫学技术结合构成免疫组织（细胞）化学技术，利用抗原与抗体的特异性结合原理，通过化学反应使标记抗体的显色剂（荧光素、酶、金属离子、同位素）显色来检测组织切片中细胞组织的多肽及蛋白质等大分子物质的定性和定位观察研究。免疫组织化学技术主要包括抗体的制备、组织材料处理、制备玻片标本以及免疫染色等步骤。石蜡切片虽然步骤繁多，切制片过程会降低抗原活性，但观察到的组织细胞形态清晰，是免疫组织化学常规制备切片方法之一。

免疫组化原理：根据抗原抗体反应和化学显色原理，组织切片或细胞标本中的抗原先和一抗结合，再利用一抗与标记生物素、荧光素等二抗进行反应，前者再用标记辣根过氧化物酶（horse radish peroxidase，HRP）或碱性磷酸酶（alkaline phosphatase，AKP）等的抗生物素（如链霉亲和素等）结合，最后通过呈色反应或荧光来显示细胞或组织中化学成分，在光学显微镜或荧光显微镜下可清晰地看见细胞内发生的抗原抗体反应产物，从而能够在细胞爬片或组织切片上原位确定某些化学成分的分布和含量。

本实验拟用石蜡切片及免疫组化的方法观察拟南芥发育中的角果的IAA含量（图30-1）。

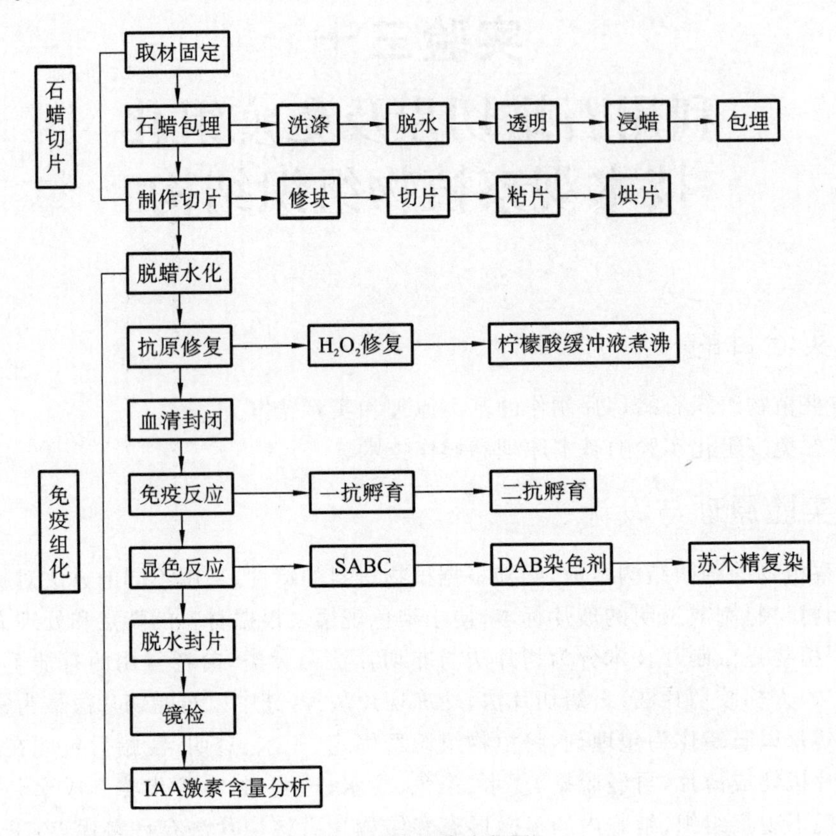

图 30-1　实验流程图

生长素主要的合成部位是具有分生能力的植物组织，主要是幼嫩芽、叶和发育中的种子。生长素在植物体内的各器官都有分布，但在生长旺盛的部位相对集中分布，如胚芽鞘、芽、根顶端的分生组织、形成层、发育中的种子和果实等处。可以尝试探究拟南芥不同部位以及不同发育时期的IAA含量。

三、实验仪器与材料

（一）实验试剂

磷酸缓冲液（0.2 mol/L，pH 7.2）、$CaCl_2$（0.1 mol/L）溶液、混合醛固定液、梯度浓度乙醇（100％、95％、80％、70％、50％、30％）、多聚赖氨酸溶液、载玻片清洗液、DAB（3，3-二氨基苯联胺）显色液、苏木精染色液、二甲苯、中性树胶等。

（二）实验仪器

石蜡切片机（图 30-2）、生物组织包埋仪、烘片机（图 30-3）、烘箱、显微镜、染色缸、小培养皿、镊子、毛笔、吸水纸、纱布、载玻片、盖玻片等。

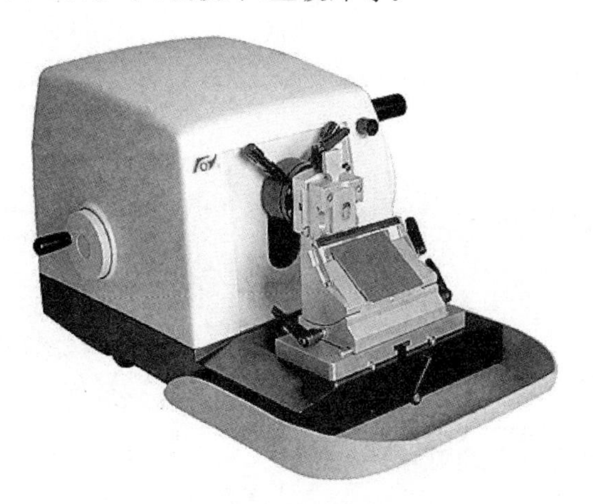

图 30-2　切片机

图 30-3　KD-H 烘片机

（三）实验材料

幼嫩植物各部分，根据植物的发育时期选择材料。若选择较老的材料需要提前使用 15% HF 处理。

四、实验操作与步骤

（一）取材及固定

取开花后约 14 天的角果投入混合醛固定液中，使用真空泵抽气直至材料沉入液体底部，4 ℃固定 48 h。

（二）石蜡包埋

1. 洗涤　使用磷酸缓冲液洗涤材料 3 次，每次 1 h，再用蒸馏水洗涤 1 h。

2. 脱水　材料经 30% 乙醇→50% 乙醇→70% 乙醇→85% 乙醇→95% 乙醇→100% 乙醇Ⅰ→100% 乙醇Ⅱ→50% 乙醇+50% 二甲苯→二甲苯Ⅰ→二甲苯Ⅱ脱水，每

级 1 h。

3. 浸蜡　将材料用体积比为 2∶1 的二甲苯和石蜡溶液浸没，37 ℃恒温箱中开盖放置 8 h；接着用体积比为 1∶2 的二甲苯和石蜡的溶液浸没，42 ℃恒温箱中开盖放置 3 h；纯石蜡Ⅰ、纯石蜡Ⅱ、纯石蜡Ⅲ依次 60 ℃恒温箱中开盖浸蜡 2 h。

4. 包埋　先在预热的铁模具中滴加一些液态石蜡，然后再将待包埋的组织置于石蜡之中，并排列整齐，稍微冷却后将塑料模具盒盖上，最后加入少许液体石蜡，室温或 4 ℃放置使石蜡凝固(图 30-4)。

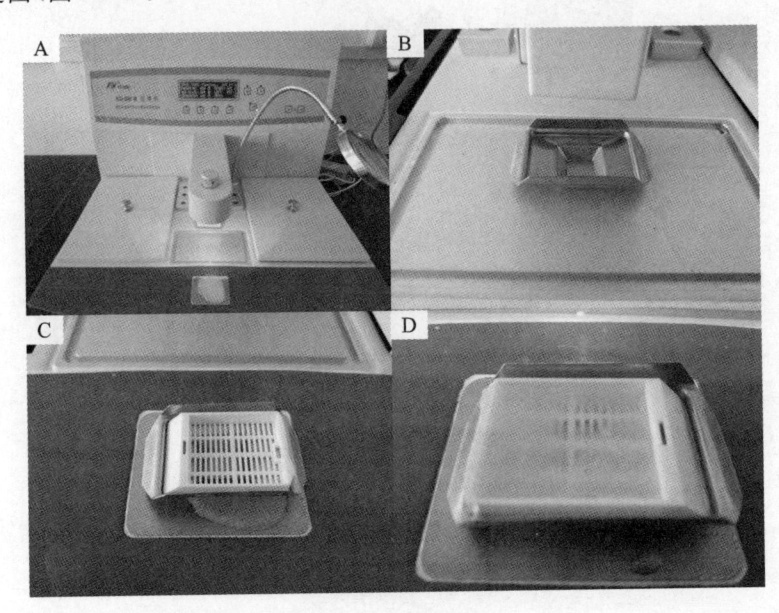

图 30-4　石蜡包埋

(A. KD-BM Ⅲ包埋仪；B. 石蜡模具；C. 加盖塑料模具盒；D. 石蜡凝固)

(三) 制片

1. 洗载玻片　将载玻片置于载玻片清洗液中，然后置于清水中冲洗 1 h，除去残余的重铬酸钾和浓硫酸，再将载玻片浸泡于无水乙醇中，使用前在 37 ℃温箱中烘干载玻片，将多聚赖氨酸涂布于载玻片的表面，置于 60 ℃温箱烘烤或室温过夜干燥备用。

2. 切片　将包埋好的组织从模具上取出，固定在石蜡切片机上，然后调节切片的厚度，一般为 5～12 μm(如果比较难切，则可以适当调整厚度)，用毛笔托住切下的蜡带往外拉，避免蜡带在刀片处堆积。用镊子将包含有完整组织的蜡带放入 40 ℃温水中。

3. 粘片　在蜡带置于 40 ℃温水中之前，先赶走水中的气泡，以免气泡受热上浮而贴到组织上，用载玻片捞取蜡带时，一般取载玻片的下 1/3 或者下 1/2，一般每种组织捞 5～6 张蜡带(其中 2～3 张是备用的)，每张载玻片上通常捞两份组织作为对照，以降低误差，而且蜡带的方向尽量保持一致，再将载玻片置于架子上，放入 37 ℃温箱中烘干。

（四）免疫组化

1. 脱蜡　依次将载玻片放入二甲苯Ⅰ→二甲苯Ⅱ→50% 乙醇＋50% 二甲苯→100% 乙醇Ⅰ→100% 乙醇Ⅱ→95% 乙醇→80% 乙醇→70% 乙醇→50% 乙醇→30% 乙醇→蒸馏水中，二甲苯Ⅰ为 10 min，其余每级 2 min。

2. 抗原修复　脱蜡后使用蒸馏水中冲洗一段时间，加入 3% H_2O_2浸泡 10 min，然后在蒸馏水中洗两次，再加入柠檬酸缓冲液，放入微波炉中蒸煮至溶液刚沸腾即可，冷却至室温，重复蒸煮一次。

3. 血清封闭　冷却至室温后使用蒸馏水清洗载玻片 2 次，再用磷酸缓冲液清洗 2 次，每次 5 min，用吸水纸吸掉组织周围的磷酸缓冲液，马上加上血清，然后放入 37 ℃温箱中保温半小时。血清稀释 10 倍（90 μL PBS∶10 μL 血清）后使用。

4. 加一抗　将温箱中的载玻片取出，用吸水纸擦干载玻片反面和正面组织周围的血清，加一抗，对照组加 PBS。4 ℃冰箱中保存过夜。

5. 加二抗　将载玻片从冰箱中取出，使用 PBS 清洗 3 次，每次 5 min，用吸水纸吸掉组织周围的磷酸缓冲液后加上二抗，然后置于 37 ℃温箱中半小时。

6. 加 SABC　将载玻片从温箱中取出，使用 PBS 清洗 3 次，每次 5 min，用吸水纸吸掉组织周围的磷酸缓冲液后加上 SABC（链霉亲和素-生物素复合物，strept avidin-biotin complex，SABC），然后置于 37 ℃温箱中半小时。SABC 稀释 100 倍（990 μL PBS∶10 μL SABC）后使用。

7. 加显色剂　将载玻片从温箱中取出，使用 PBS 清洗 3 次，每次 5 min，用吸水纸吸掉组织周围的 PBS 后加上 DAB 显色剂。

8. 复染　将显色后的载玻片用清水冲洗一段时间后，浸泡于苏木精染色液中染色 3～5 min。

9. 脱水　将复染后的载玻片置于蒸馏水中冲洗后，依次将载玻片放入 30% 乙醇→50% 乙醇→70% 乙醇→80% 乙醇→95% 乙醇→100% 乙醇Ⅰ→100% 乙醇Ⅱ→50% 乙醇＋50% 二甲苯→二甲苯Ⅰ→二甲苯Ⅱ中进行梯度脱水。每级 2 min，最后浸泡在二甲苯中。

10. 封片　从二甲苯中取出载玻片，稍微沥干在组织旁边滴一滴中性树脂，再盖上盖玻片。盖盖玻片时要先放平一侧，然后轻轻放下另一侧，以免产生气泡，若有气泡产生，可用镊子轻轻挤压盖玻片赶走气泡，封片完成后置于通风柜中晾干。

11. 镜检　在显微镜下观察染色结果。

12. IAA 激素含量分析　每张切片随机选取 25 个视野，用 Image-Pro Plus 6.0 软件对角果中 IAA 含量进行半定量分析，统计其积分吸光度值，即 A_I。A_I 可以表示组织中激素含量的相对高低。

五、实验结果与讨论

1. 以图片的形式呈现石蜡切片结果。

2. 展示免疫组化图片，附加详细说明（图 30-5 为参考结果）。

3. 统计 IOD 值，数据均用平均值±标准差（X±S）表示。

4. 列出不同组织或样品中 IAA 含量差异的显著性。

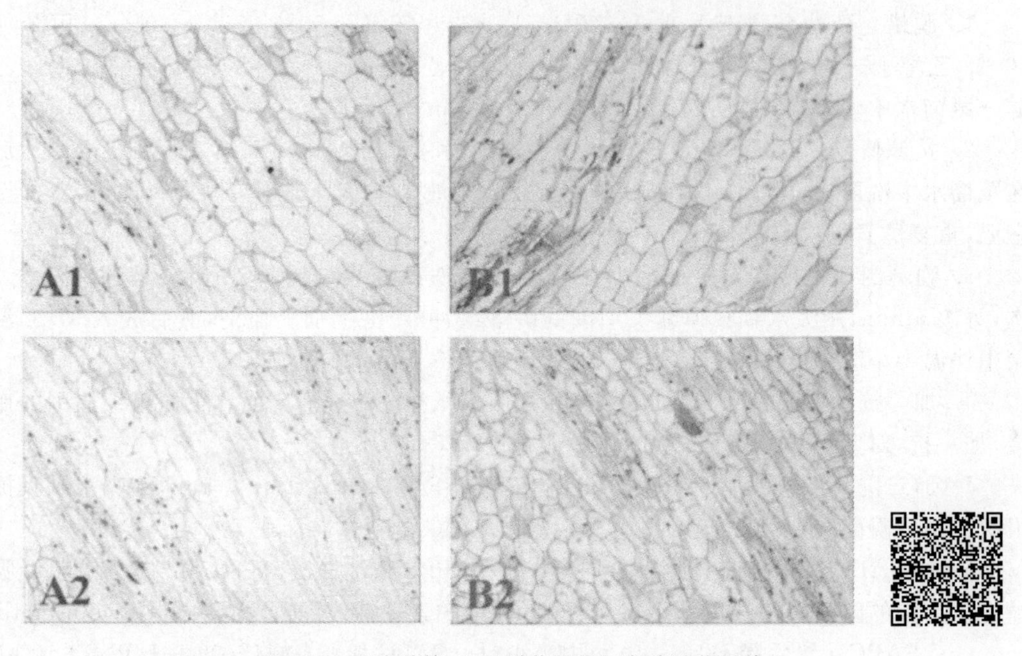

图 30-5 阳春砂第 12 天脱落果果柄免疫组化图片

（A1、A2 代表果柄部位的免疫组化阴性对照图片；B1、B2 代表果柄部位的 IAA 免疫组化图片）

六、参考资料

［1］ 李琼鑫．水稻钙依赖性蛋白激酶（OsCDPK14）在颖果发育进程中作用的分子机理研究［D］．北京师范大学，2005.

［2］ 胡佳佳．阳春砂果实生长发育规律及其落果生理机制研究［D］．广州中医药大学，2016.

［3］ 张立霞，王春藏，王秀文．Image-Pro Plus 图像分析软件在免疫组织化学定量分析中的基本应用［J］．滨州医学院学报，2014，37(04)：313-317.

［4］ 免疫组化操作视频（https://www.jove.com/video/5064/immunohistochemistry-protocol-for-paraffin-embedded-tissue-sections）.

实验三十一 电压门控钠离子通道膜片钳实验

一、实验目的

1. 掌握膜片钳实验技术的基本原理及实验操作。
2. 熟悉电压门控钠离子通道的基本特性。

二、实验原理与设计

膜片钳技术(patch clamp techniques)主要是在人为控制细胞膜两侧膜电位(membrane potential)的条件下测定通过细胞膜电流的技术,其主要原理是将玻璃电极接触在细胞表面,给电极尖端施加负压,这样可以使玻璃电极尖端和细胞膜之间形成紧密接触,即高阻封接,使离子不能从电极尖端与细胞膜之间通过,只能从细胞膜上的离子通道流通,击破细胞与电极尖端接触的这片细胞膜,使电极与细胞内连通,即可形成全细胞记录模式,记录全细胞通道电流。

电压门控钠离子通道(voltage-gated sodium channel,Na_v)是选择性通透钠离子通过细胞膜的蛋白质孔道,同时其开放和关闭受到细胞膜两侧的膜电位控制,其主要生理功能为改变细胞兴奋性,产生并传导动作电位。离子通道的电流-电压曲线(I-V 曲线)能反映离子通道动力学特性,可反映离子通道的激活过程、阈电位等特性。为了获得 I-V 曲线,需给予连续变化的步阶测试电压,测量出不同测试电压下的全细胞电流峰值 I,以 I 为 X 轴,以测试电压 V 为 Y 轴,即可作出离子通道的 I-V 曲线。

本实验方案拟从已转染 Na_v1.7 质粒的 HEK293 细胞中成功记录到 Na_v1.7 通道电流(图 31-1)。

三、实验仪器与材料

1. 实验试剂 电压钳外液、电压钳内液、多聚赖氨酸(0.1 mg/mL)、DMEM 培养基,胎牛血清(FBS)、胰酶、磷酸盐缓冲液(1×PBS)等。

部分试剂配制方法如下。

电压钳外液:140 mmol/L NaCl,3 mmol/L KCl,1 mmol/L $MgCl_2$,2 mmol/L $CaCl_2$,10 mmol/L 4-羟乙基哌嗪乙磺酸(HEPES),1 mmol/L 葡萄糖,用 NaOH 调节 pH 至7.4,

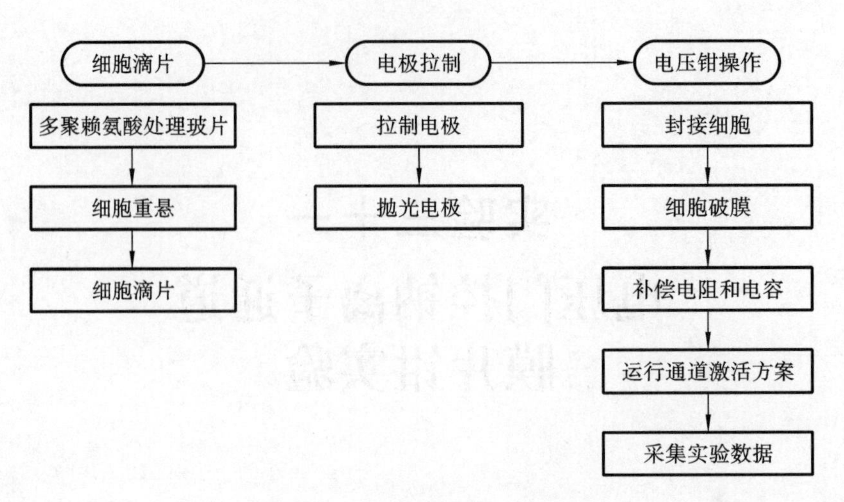

图 31-1 电压钳实验操作流程图

配制完成后用 0.2 μm 微孔滤膜过滤，4 ℃保存。

电压钳内液：107 mmol/L CsF，10 mmol/L NaCl，1 mmol/L $CaCl_2$，2 mmol/L $MgCl_2$，10 mmol/L 4-羟乙基哌嗪乙磺酸（HEPES），10 mmol/L 四乙基氯化铵（TEACl），10 mmol/L 乙二醇二乙醚二胺四乙酸（EGTA），用 CsOH 调节 pH 值至 7.2，配制完成后用 0.2 μm 微孔滤膜过滤，4 ℃保存。

2. 实验仪器　CO_2 恒温培养箱、电极拉制仪（NARISHIGE PC-10）、电极抛光仪、膜片钳仪器（包括微操，显微镜，膜片钳放大器（Axopatch 200B），信号采集系统等）、培养皿（3.5 cm）、玻片（8 mm ×8 mm）、移液枪（1 mL、200 μL）及吸头、注射器（1 mL）、离心管（1.5 mL）等。

3. 生物材料　已转染 $Na_v1.7$ 质粒 24～48 h 的 HEK293 细胞（以 $Na_v1.7$ 通道为例）。

四、实验操作与步骤

（一）细胞滴片

1. 在超净工作台内将浸泡于 95%酒精中的玻片用镊子取出，置于酒精灯火焰上，燃去酒精后置于培养皿中，用 0.1 mg/mL 多聚赖氨酸包被玻片 10 min。用移液枪将多聚赖氨酸移除，然后用灭菌的双蒸水清洗玻片两次，将玻片置于培养皿中完全晾干后即可使用。

2. 在超净工作台内将已转染 $Na_v1.7$ 质粒的 HEK293 细胞用细胞培养基重悬后，用培养基稀释细胞比例（稀释后使细胞呈较为分散状态，不成片聚集），然后将含有细胞的培养基滴于处理后的玻片上（约 80 μL），将此培养皿置于 37 ℃，5% CO_2 培养箱中培养 1 h 左右，每皿内加入 1 mL 含有 10%血清的培养基并将玻片重新置于 37 ℃，5% CO_2 培养箱中培养。（每次进行膜片钳操作时只取出一片玻片细胞进行电生理实验即可）

（二）电极拉制及抛光

1. 将硼硅酸硬质玻璃电极置于拉制仪上，采用两步拉制法拉制玻璃电极，第一步加热使电极软化并拉开一段距离，形成一个细管，即为电极杆部；第二步加热并拉断电极细管部位，即为电极尖端，形成两个玻璃微电极（图 31-2）。

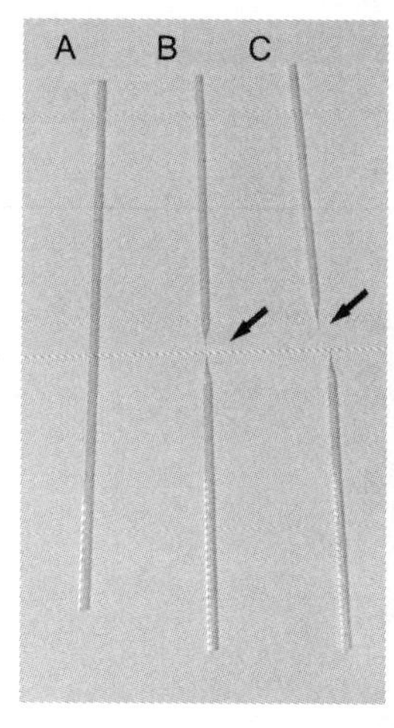

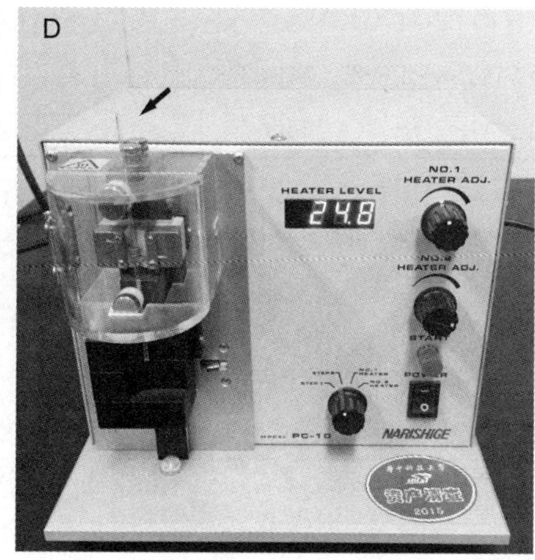

图 31-2 电极拉制示意图

（A. 硼硅酸硬质玻璃电极；B. 第一步拉制后，电极形成一个细管部位（箭头所示部位）；C. 第二步拉断电极细管部位，形成电极尖端（箭头所示部位）；D. 电极拉制仪（箭头所示为电极安装部位））

2. 小心取下拉制好的玻璃电极，将其置于抛光仪上，将电极尖端靠近铂丝，加热铂丝使电极尖端变光滑。（抛光可使电极尖端变光滑，从而有利于封接，有利于延长记录细胞电信号的时间）

3. 小心取下抛光好的玻璃电极，将其卡于泡沫板上并置于干净的盒子中备用。

（三）检测 $Na_v1.7$ 通道电流

膜片钳放大器（Axopatch 200B）面板旋钮如图 31-3 所示，其参数设置见表 31-1。

表 31-1 膜片钳放大器（Axopatch 200B）参数设置

面板上旋钮名称	参数设置
ZAP	0.5 ms
SERIES RESISTANCE COMP. % COMPENSATION PREDICTION	0
SERIES RESISTANCE COMP. % COMPENSATION CORRECTION	0
WHOLE CELL PARAMETES	ON
WHOLE CELL CAP.	0
SERIES RESISTANCE	0
COMMANDS HOLD COMMAND	0,X1,OFF
EXT. COMMAND	SEAL TEST

续表

面板上旋钮名称	参数设置
METER	I
MODE	V-CLAMP
CONFIG.	WHOLE CELL β=1
OUTPUT GAIN(α)	X2
LOWPASS BESSEL FILTER	5 kHz
LEAK SUBTRACTION	∞

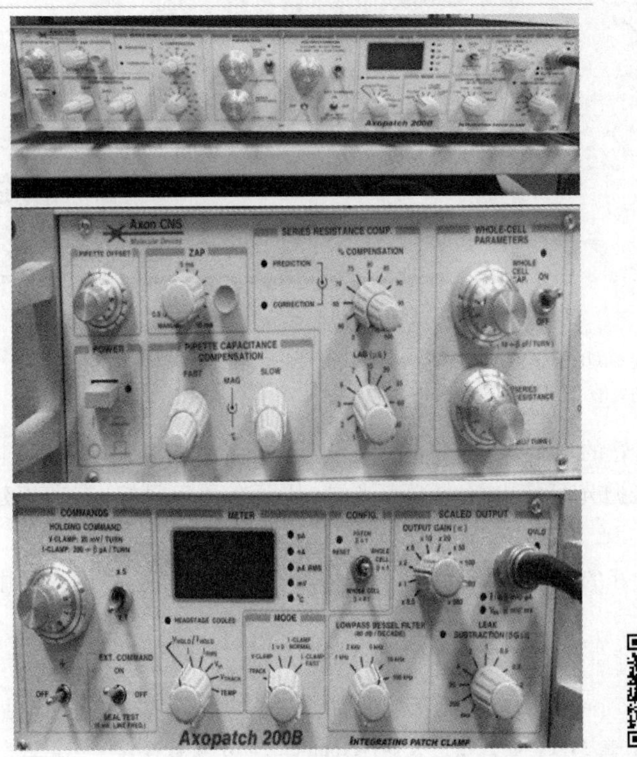

图 31-3　膜片钳放大器(Axopatch 200B)面板旋钮

1. 在另一个培养皿中加入 2 mL 电压钳外液并置于膜片钳操作台上，将接地线银丝末端置于电压钳外液中，从培养箱中取出一片玻片细胞置于此培养皿中。

2. 在显微镜下选取一个状态较好的 HEK293 细胞(细胞呈梭形，且细胞膜表面光滑)置于视野中央。用充灌器将电压钳内液充灌于电极内(无需充灌过多内液，只需保证将电极安装于电极加持器上时，液面与夹持器内银丝接触)，并用手指轻弹电极杆部数次以完全排除残留在电极尖端的气泡。

3. 将此电极置于电极夹持器上(图 31-4A)，通过微操装置(图 31-4B)将电极尖端移动至距离外液正上方约 0.5 cm 处(图 31-5A)，通过连接在电极夹持器的负压侧孔的硅胶管施加正压，然后通过微操装置向下移动电极进入电压钳外液，调节 PIPETTE OFFSET

旋钮，使屏幕上出现测试电流方波（图 31-5B），且使测试方波下部分与基线 0 保持水平。（后续操作步骤中，电极与细胞接触后不允许调节 PIPETTE OFFSET 旋钮）

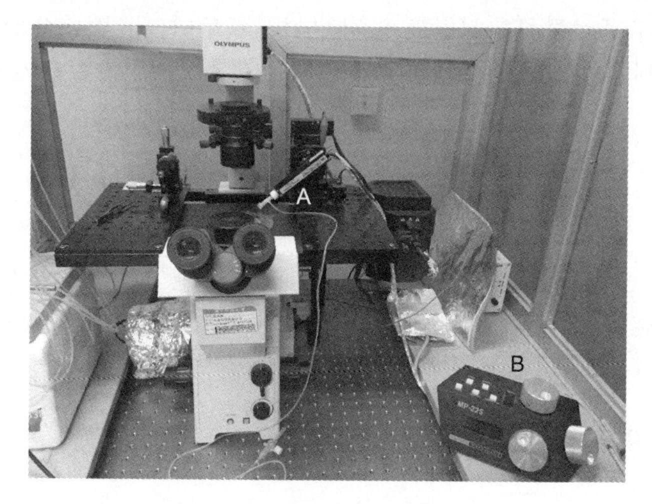

图 31-4 电压钳实验操作平台

（A. 电极夹持器；B. 电动微操（控制电极夹持器移动））

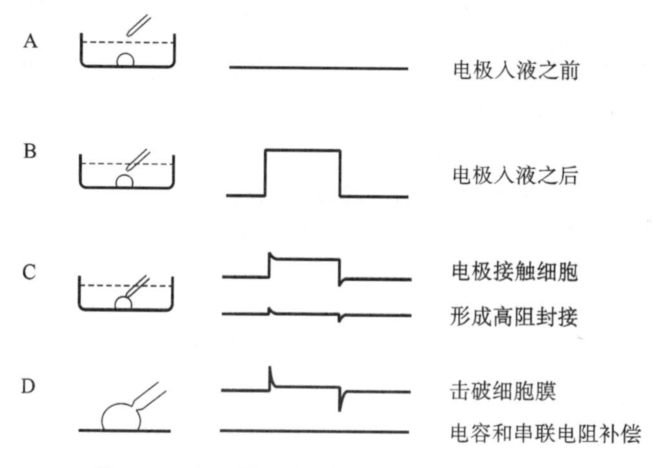

图 31-5 电压钳实验操作及测试方波变化情况

4. 调节电极尖端使其置于细胞正上方偏右的位置。继续向下缓慢移动电极，使电极尖端接触细胞并轻压细胞表面，此时测试方波幅度会迅速下降（图 31-5C），撤除正压，并通过用嘴吸硅胶管轻轻给予电极内部负压，在玻璃电极尖端与细胞膜之间可形成紧密接触，即为高阻封接（图 31-5C），其电阻一般为兆欧以上，通过旋转 FAST 和 SLOW τ 及 MAG 旋钮对电极电容进行补偿。

5. 高阻封接形成后，进一步在电极尖端施加负压或使用放大器 ZAP 功能，击破细胞膜（图 31-5D），破膜后，不影响细胞封接的条件下轻轻撤除电极尖端负压。然后通过旋转 WHOLE CELL CAP 和 SERIES RESISTANCE 旋钮对膜电容（Cm）和串联电阻进行补偿，使电流反应方波基本呈水平状态（图 31-5D），必要时需调节 FAST 和 SLOWτ 及 MAG 旋钮消除膜电容瞬变值。

6. 将 EXT. COMMAND 旋钮调节至 ON，使放大器和采样软件相接通。选择预设置好的软件程序，开始记录细胞电信号，即可检测到 $Na_v1.7$ 通道电流。

7. 检测完成后通过微操抬起电极并移除电极，然后重复步骤 2 至步骤 6，多次重复实验以统计实验数据，每记录一个实验数据需同时记录补偿的膜电容数值和串联电阻数值。

五、实验结果与讨论

1. 记录通过 Clampfit 软件测量不同激活电压 V 下细胞峰值电流 I。

2. 以 I/C_m 为 Y 轴，激活电压 V 为 X 轴，绘制曲线图，即为 $Na_v1.7$ 通道的电流-电压关系曲线(I-V 曲线)(示例如图 31-6)。注：C_m 为膜电容，膜电容的大小与细胞膜表面积成正比。进行全细胞记录时，由于细胞直径大小不同，离子通道数目也不相同，为了便于不同细胞之间的比较，故采用电流密度 I/C_m。

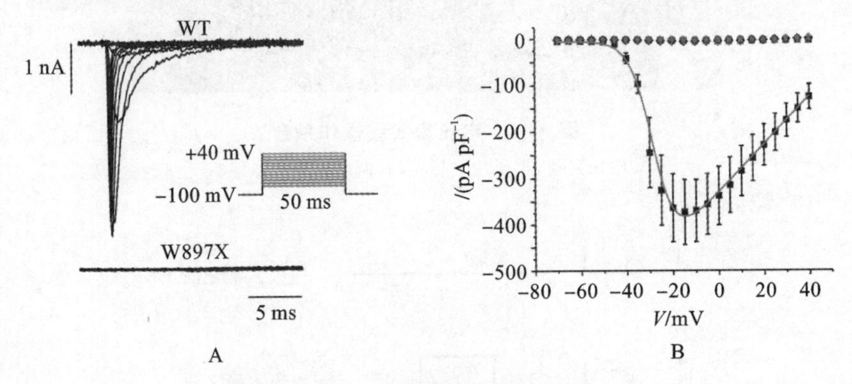

图 31-6　$Na_v1.7$ 通道电流及其 I-V 曲线

(A. $Na_v1.7$ 通道及其突变体(W897X)通道全细胞电流，中间插图为记录 $Na_v1.7$ 通道电流时使用的激活方案。B. $Na_v1.7$ 通道及其突变体(W897X)通道 I-V 曲线。从图 31-6 中可以看出 $Na_v1.7$ 通道从 −50 mV 左右开始激活，在 −15 mV 左右时 $Na_v1.7$ 通道电流达到最大值，随着测试电压增大，$Na_v1.7$ 通道开始失活，$Na_v1.7$ 通道全细胞电流逐渐减小。而其突变体 W897X 通道电流基本消失)

六、参考资料

[1]　刘振伟. 实用膜片钳技术.[M]. 2 版. 北京：北京科学技术出版社，2016.

[2]　关兵才，张海林，李之望. 细胞电生理学基本原理与膜片钳技术[M]. 北京：科学出版社，2013.

[3]　Cox J J, Reimann F, Nicholas A K, et al. An SCN9A channelopathy causes congenital inability to experience pain[J]. Nature. 2006 Dec 14;444(7121):894-898.

实验三十二 利用电融合技术构建重组酵母菌株

一、实验目的

1. 学习电场诱导酵母菌原生质体融合的原理。
2. 掌握电场诱导酵母菌原生质体融合的方法。
3. 微生物基础实验技能的综合运用。

二、实验原理与设计

电融合技术是1980年开始出现的一项电场诱导原生质体融合新技术，由Zimmerman等提出并广泛地对几十种植物细胞原生质体、微生物原生质体、动物细胞等进行了电场诱导融合实验，为电融合技术的建立奠定了基础。近年来，这种物理融合技术迅速崛起，显示出其强大的生命力，运用电场诱导融合技术对细胞性能的改造越来越显示出它特有的优越性，与其他育种技术相比，它具有杂交频率高、受接合型或致育型的限制较小和遗传物质更加完整，并且存在着两株以上亲株同时参与融合形成融合子的可能性等优点，提高菌株产量和品质的潜力较大。

原生质体融合技术的原理：在短时间、强电场的作用下，细胞膜发生可逆性电击穿，瞬时地失去其高电阻和低通透性，然后在数分钟内恢复原状，当可逆性电击穿发生在两相邻细胞的接触区时，即可诱导它们的膜相互融合，从而导致细胞融合，经细胞质的完全融合，直至基因组的交换重组，产生众多的重组子。其融合过程可分为三个阶段。①细胞膜接触阶段：通过不均一的弱电场处理，诱导细胞偶极化。偶极化的细胞从电场强度低处向高处泳动，并相互吸引，形成珠链状排列。②电击穿阶段：通过高强度短时间的电脉冲处理，使相邻细胞的胞膜接触区出现可逆性击穿。③融合阶段：相邻细胞通过电击穿孔道形成融合体。融合后的细胞有两种可能：一是形成异核体，即染色体DNA不发生重组，两种细胞的染色体共存于一个细胞内，形成异核体，这是不稳定的融合。二是形成重组融合子，即两细胞染色体DNA发生重组，形成新的基因组。即使是真正的重组融合子，在传代中也有可能发生分离，产生回复或新的遗传重组体。因此，必须经过多次分离、筛选才能获得稳定的融合子。此法直观、定向、高效，是一种重要且被广泛运用的遗传育种方法。

本实验方案拟将酿酒酵母(His-)与糖化酵母(Arg-)脱壁后，进行电融合获得杂合子，利用营养缺陷型来筛选杂合细胞获得重组酵母菌(图 32-1)。

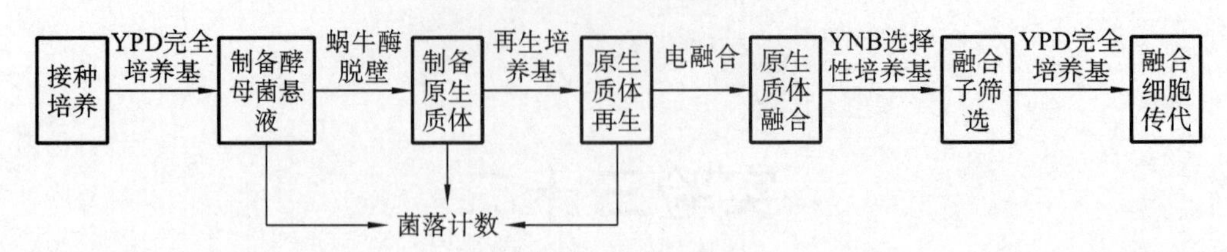

图 32-1 实验流程图

本实验利用蜗牛酶处理酵母细胞壁,使酵母细胞脱壁,便于电融合进行。若想提高酵母细胞脱壁成功率,可通过对 pH 值、酶浓度、处理时间以及预处理条件进行优化。

各种动植物、微生物细胞的融合,通过成串的具体脉冲频率、脉冲电压、脉冲个数,脉冲宽度等数据可以进行实验探索。

三、实验仪器与材料

1. 实验试剂 酵母液体完全培养基(YPD)、酵母固体完全培养基、酵母固体再生完全培养基、酵母选择性培养基(YNB 培养基,即无氨基酸培养基)、脉冲液(PM)、磷酸缓冲液(0.2 mol/L,pH 5.8)、0.2 mol/L 磷酸高渗缓冲液(0.2 mol/L,pH 5.8)、2%蜗牛酶、0.85%生理盐水等。

部分试剂配制方法如下。

(1) 酵母液体完全培养基(YPD):3.0 g 葡萄糖,0.5 g 蛋白胨,1.0 g 酵母粉,0.1 g KH_2PO_4,0.05 g $MgSO_4 \cdot 7H_2O$,加到 100 mL 蒸馏水中,0.1 MPa、121 ℃,高压灭菌 20 min。酵母固体完全培养基在上述配方中加上 2 g 琼脂粉,其余相同。

(2) 酵母固体再生完全培养基:3.0 g 葡萄糖,0.5 g 蛋白胨,1.0 g 酵母粉,0.1 g KH_2PO_4,0.05 g $MgSO_4 \cdot 7H_2O$,2 g 琼脂粉,17.115 g 蔗糖,加到 100 mL 蒸馏水中,0.1 MPa、121 ℃,高压灭菌 20 min。

(3) 酵母选择性培养基(YNB)(又称无氨基酸培养基):1.0 g 无氨基酵母氮源(Yeast Nitrogen Base,YNB),3.0 g 葡萄糖,2.0 g 琼脂(经纯化处理),加到 100 mL 蒸馏水中,0.1 MPa、121 ℃,高压灭菌 20 min。

(4) 脉冲液(PM):1 mol/L 山梨醇(或蔗糖)用电导率小于 5×10^{-6} S/cm 的去离子水配制。

(5) 磷酸高渗缓冲液(0.2 mol/L,pH 5.8):0.2 mol/L 磷酸缓冲液(pH 5.8)中加入 0.8 mol/L 山梨醇。

(6) 2%蜗牛酶:PBS 溶液中加入 2%蜗牛酶,用 0.22 μm 针头过滤器过滤除菌。

2. 实验仪器 恒温生化培养箱、恒温摇床、超净工作台、高压蒸汽灭菌锅、高速冷冻离心机、显微镜、细胞融合仪、恒水浴锅、离心管(1.5 mL、7 mL、50 mL)、移液枪(10 μL、100 μL、1 mL、5 mL)及吸头、培养皿、涂布棒等。

3. 生物材料 毕赤酵母(his-)、糖化酵母(arg-)。

四、实验操作与步骤

（一）接种培养

从毕赤酵母(his-)和糖化酵母(arg-)的菌种斜面上分别取一环接入装有 50 mL 液体完全培养基的 250 mL 锥形瓶中，28 ℃振荡培养 18～24 h，使细胞进入对数生长期。

（二）制备菌悬液

1. 取两种上述菌液各 5 mL 于 7 mL 离心管中，4 000 r/min 离心 15 min 后，弃上清液。

2. 加 5 mL 0.2 mol/L 磷酸缓冲液吹打均匀，使菌体悬浮其中，4 000 r/min 离心 15 min。如此洗涤两次。

3. 将菌悬浮于 5 mL 0.2 mol/L 磷酸缓冲液中。取适量于载玻片上，在显微镜下观察酵母菌的显微形态。

（三）总菌数测定

1. 另取各菌液 0.5 mL 于 7 mL 离心管中，记为管 0。

2. 取 8 个已灭菌的 7 mL 离心管，编号管 1～8，均加入 4.5 mL 生理盐水。

3. 从管 0 中取 500 μL 菌液加入管 1，摇匀或吹打均匀后即被稀释 10 倍。

4. 从管 1 中取 500 μL 菌液，加至管 2，摇匀。以此类推，连续加至管 8，即可稀释至 10^{-8}。

5. 两菌液都取管 5 即 10^{-5}倍、管 6 即 10^{-6}倍、管 7 即 10^{-7}倍、管 8 即 10^{-8}倍稀释液各 0.2 mL 涂布于固体完全培养基上，油性笔标记后，置于 28 ℃恒温箱中培养 48 h 后进行总菌数测定。

（四）脱壁制备原生质体

1. 将上述实验步骤(二)制备好的两亲株菌悬液各取 3 mL，加入 3 mL 0.3% β-巯基乙醇溶液，置于已调制 30 ℃的水浴锅中，水浴预处理 10 min。

2. 预处理后，4 000 r/min 离心 15 min 并在离心期间配制 2%蜗牛酶(配制方法见溶液配制)。

3. 菌液离心后将上清液倒去，再在菌体中各加入 3 mL 2%蜗牛酶，30 ℃振荡处理 50 min，每隔 20 min 取样镜检。当 90%以上细胞已脱壁变为球状原生质体时，3 000 r/min 离心 10 min。

4. 收集原生质体，用 3 mL PM 液洗涤两次。

5. 用 5 mL PM 溶液配成原生质体悬液备用。显微镜下观察酵母菌的显微形态并与之前的图片进行比较来检验实验过程是否染菌。

（五）剩余菌数的测定

1. 取 0.5 mL 原生质体悬液于管 0，用生理盐水做梯度稀释至 10^{-5}倍。

2. 分别取管2即稀释10^{-2}倍、管3即稀释10^{-3}倍、管4即稀释10^{-4}倍、管5即稀释10^{-5}倍的溶液各0.2 mL,涂布于固体完全培养基平板上。

3. 标记后,28 ℃培养48 h,计算酶处理后剩余细胞数。

(六) 原生质体再生

1. 取0.5 mL原生质体悬液,用PB液做梯度稀释至10^{-6}。

2. 分别取管3即10^{-3}倍、管4即10^{-4}倍、管5即10^{-5}倍、管6即10^{-6}倍稀释液各0.2 mL涂布于固体再生完全培养基上,涂匀,28 ℃培养48 h,计算原生质体再生率,再生率、融合率计算公式如下。

$$\text{原生质体再生率}(\%)=\frac{\text{再生平板上的总菌数}-\text{酶解后的剩余菌数}}{\text{原生质体数(酶解前总菌数}-\text{剩余菌数)}}\times 100\%$$

(七) 电场诱导原生质体融合

1. 分别取两亲本原生质体液各1 mL,按1∶1的比例混合。

2. 用无菌移液管将混合后的原生质体液注入电融合小池,将小池置于显微镜的载物台上,在物镜20倍的镜头下,调正光距至细胞清晰。

3. 将电融小室板接上电极。

4. 按下细胞融合仪的电源开关。

5. 先调节所需的成串脉冲频率(1 000 kHz),然后调节所需的成串脉冲电压(70 V/cm)。

6. 调节融合脉冲脉宽至所需值(80 μs),调节融合所需的脉冲个数(9个),选择好闸门时间(一般为“中”)。

7. 调节融合脉冲电压至所需值(600 V/cm)。

8. 同时按下成串脉冲及融合脉冲开关,此时在显微镜中可观察到细胞移动并排列成串状。

9. 按下脉冲触发开关,可观察到细胞被电脉冲击穿,并与相邻的细胞发生融合,此时实验完成。

10. 实验完成后,取下融合小室及电极,关掉电源。

11. 将融合小池放入无菌操作台内,静止15 min,用1 mL PB液洗下原生质体融合液,用PB液稀释至10^{-2},取100、10^{-1}、10^{-2}稀释液各0.2 mL涂布于选择性培养基(YNB培养基)上,28 ℃培养96 h,长出的菌落便是融合子,挑取单菌落(即融合子)上斜面(用固体完全培养基配制单菌落斜面)。

(八) 筛选遗传性状稳定的融合子

在YNB培养基上连续培养传代10次后,该菌株即为遗传性状稳定的融合子。再上摇瓶进行复筛。

五、实验结果与讨论

1. 活化后毕赤酵母(his-)和糖化酵母(arg-)菌悬液显微镜下图片,就两种酵母的异同进行分析讨论。

2. 总菌数测定时,得到各个稀释度固体完全培养基上的菌落生长图,并计算各个稀释度的菌落数,推算原始液体中的总菌数。

3. 显微镜观察原生质体悬液图,将它与之前活化后的酵母菌图片进行比较、分析,讨论实验过程是否染菌。

4. 列出原生质体悬液中剩余酵母菌计数时,各个稀释度固体完全培养基上的菌落生长图,并计算各个稀释度的菌落数,推算原生质体悬液中剩余菌数。再根据公式,计算原生质体再生率。

5. 得到融合子在YNB固体培养基上的生长图。

六、参考资料

王岳五,宇学锋,汪和睦,等. 电诱导酵母属与短梗霉属属间融合的研究[J]. 菌物学报,1990,9(1):56-63.

实验三十三
酵母细胞的固定化及发酵特性研究

一、实验目的

1. 了解从酶到固定化酶，再到固定化细胞的发展过程，掌握固定化酶和固定化细胞的作用和原理。

2. 学习制备固定化酵母细胞，并利用固定化酵母细胞进行酒精发酵。

二、实验原理与设计

固定化技术是20世纪60年代开始发展起来的一项新兴技术，是用物理或化学的手段将游离细胞定位于限定的空间区域，并使其保持催化活性、反复使用的一种基本技术，包括固定化酶技术和固定化细胞技术。

传统的酒精发酵工艺，采用游离细胞发酵，酵母随发酵醪液流走，造成发酵罐中酵母细胞浓度不够大，使酒精发酵速率慢、发酵时间长、设备利用率不高，发酵生产中酵母细胞数少、产酒率不高、杂菌污染严重以及菌种单一等缺点。固定化细胞发酵，其机理是将活的微生物细胞高度密集于载体之上，并不断生长繁殖，形成高浓度的生物催化剂，从而大大加快了反应速度，使生产能力大幅度提高，简化了生产工序，节能降耗，提高了设备利用率。

固定化细胞技术具有较好的催化活性和多种优点而被应用在制药行业、食品工业、环境保护及传统发酵工业中，尤其是固定化细胞酒精发酵技术，在工业生产应用中研究得最深入也最为成熟。

目前，用于酵母细胞固定化的方法较多，按照固定化载体与作用方式的不同，可分为吸附法、包埋法、交联法、共价结合法等。

本实验拟用海藻酸钠包埋法固定酵母菌，再利用固定化的酵母菌发酵葡萄糖生产乙醇(图33-1)。

实验中的酒精含量的测量方法有多种，如酒精计法、重铬酸钾分光光度法等，实验时可以通过几种方法的综合比较，选取最适合的测量方法。

酵母细胞固定化有很多方法和实验工艺，可以根据实验室的条件，选取不同的方法进行实验，并通过对后期酵母发酵相率的测定与分析，选取合适的固定化方法。

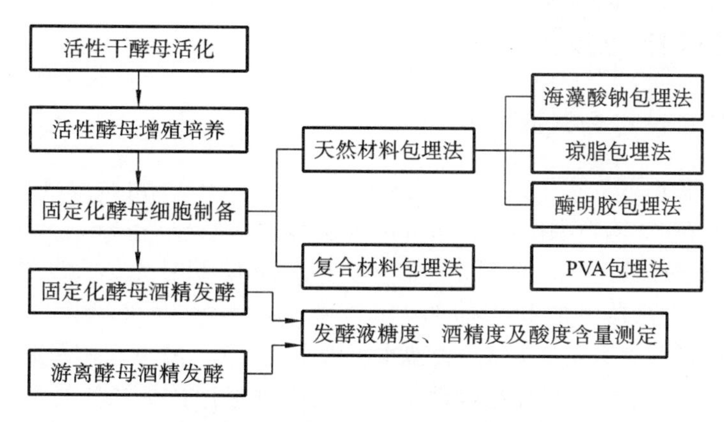

图 33-1 酵母细胞固定化实验流程图

三、实验仪器与材料

1. 实验试剂 15%葡萄糖溶液、葡萄糖标准液(1 g/L)、NaOH、无水 $CaCl_2$、海藻酸钠、蒸馏水、乙醇标准溶液、5%重铬酸钾溶液、酵母增殖培养基、酵母发酵培养基、斐林试剂甲液、斐林试剂乙液、0.1 mol/L 标准氢氧化钠溶液等。

部分试剂配制方法如下。

葡萄糖标准液:准确称取 1.000 g,经过 96 ℃±2 ℃干燥 2 h 的纯葡萄糖,加水溶解后加入 5 mL 盐酸,并以水稀释至 1 000 mL。此溶液每毫升相当于 1.0 mg 葡萄糖。

乙醇标准溶液:称取优级纯无水乙醇 0.200 g 于 100 mL 容量瓶中,加水至刻度。此溶液每毫升相当于 2.0 mg 乙醇。

重铬酸钾溶液(5%):称取 5 g 重铬酸钾溶于 50 mL 水中,加 10 mL 浓硫酸,放冷,加水至 100 mL。

酵母增殖培养基:葡萄糖 5.0 g/L、蛋白胨 0.5 g/L、酵母膏 0.5 g/L、七水硫酸镁($MgSO_4 \cdot 7H_2O$)0.1 g/L 和磷酸二氢钾(KH_2PO_4)0.1 g/L,调节 pH 值至 5.0。

酵母发酵培养基:葡萄糖 12%~15%、蛋白胨 0.5 g/L、酵母膏 0.5 g/L、七水硫酸镁 0.1 g/L、磷酸二氢钾 0.1 g/L 和硫酸铵($(NH_4)_2SO_4$)0.5 g/L,调节 pH 值至 5.0。

斐林试剂甲液(碱性酒石酸铜甲液):称取 15 g 硫酸铜($CuSO_4 \cdot 5H_2O$)及 0.05 g 次甲基蓝,溶于水中并稀释至 1 000 mL。

斐林试剂乙液(碱性酒石酸铜乙液):称取 50 g 酒石酸钾钠及 75 g 氢氧化钠,溶于水中,再加入 4 g 亚铁氰化钾,完全溶解后,用水稀释至 1 000 mL,储存于具橡胶塞玻璃瓶内。

2. 实验仪器 电子天平、锥形瓶(500 mL×4)、烧杯(1 000 mL×1 500 mL×4)、电炉、恒温水浴锅、玻璃棒、磁力搅拌器、蠕动泵、胶管、量筒、滴管、pH 计、恒温培养箱、试管(20 mL×14)、分光光度计、比色皿等。

3. 生物材料 安琪高活性干酵母。

四、实验操作与步骤

（一）活性干酵母的活化与增殖

用电子天平各称取 3 g 干酵母，分别放在两个 250 mL 三角瓶中，用 50 mL 浓度为 2%的蔗糖溶液，在 30 ℃恒温中活化 30 min，分别编号 1#、2#，备用。

将活化后的酵母菌 1#、2# 全部分别加入装有 50 mL、编号为 1#、2# 增殖培养基的三角瓶中，放入恒温振荡器中在 28 ℃、120 r/min 条件下增殖培养 24 h。

活化后的酵母细胞可用 0.025%美蓝水溶液染色后（活酵母细胞可将蓝色的美蓝还原成无色，而死细胞则被染上蓝色），用水浸片法或血球计数板法进行酵母细胞死亡率检查。

（二）酵母细胞的固定化

【天然材料包埋法】

包埋酵母细胞的天然材料有海藻酸钠、琼脂、明胶等材料。

1. 海藻酸钠包埋酵母制备固定酵母细胞

(1) 制备海藻酸钠-酵母菌悬液：用 100 mL 蒸馏水加热溶解 1 g 海藻酸钠，将增殖酵母菌液 1# 与海藻酸钠溶液充分混合均匀，形成海藻酸钠-酵母菌悬液。

(2) 酵母细胞固定：

①方法一：将预先制好的海藻酸钠-酵母菌悬液倒入预先配好的 4%氯化钙溶液中，边倒边搅，即形成海藻酸钙包埋的固定化蔗糖酶。

②方法二：称取 3 g 无水氯化钙，溶于 150 mL 蒸馏水中，配制成所需浓度（2%）的氯化钙溶液，将其置于设定温度（20 ℃）的电子恒温水浴锅中，将预先制好的海藻酸钠-酵母菌悬液滴入氯化钙溶液中造粒，并恒温维持 2 h，使酵母充分固定化。倾去上清液，用蒸馏水冲洗固定化酵母 3 次，然后重新置于 2%的氯化钙溶液中平衡 24 h 后，备用。

2. 琼脂包埋酵母制备固定酵母细胞　用琼脂 3 g 加水 100 mL，加热溶解，冷却后将预先制备好的含 3 g 酵母的菌悬液混入琼脂中，待冷凝后备用。

3. 明胶包埋酵母制备固定酵母细胞　用明胶 10 g 加水 100 mL 加热溶解，冷却后将预先制备好含 3 g 酵母的菌悬液加入明胶中，待冷却后备用。

【复合材料包埋法】

人工高分子复合材料聚乙烯醇（polyvinyl alcohol，PVA）具有机械强度高、稳定性好、价格低廉等优点，但用它制备的凝胶具有非常强的附聚倾向，在制备凝胶珠体时比较困难；而海藻酸钙凝胶含水率高，制备简单，凝胶成形方便，但其网络的孔隙尺寸太大且凝胶珠机械强度较差，重复使用率不高。将互溶性好的海藻酸钠与 PVA 混合使用，使其优劣互补，可制得柔韧性好、含水率高、凝胶机械强度和传质性能均较好的固定化细胞载体。

将一定量的 PVA 和海藻酸钠加蒸馏水煮沸溶解，配成一定浓度混合物，冷却后加入体积分数为 2%的菌悬液混匀。在搅拌条件下采用注射器，将混合液逐滴滴入一定浓度的 $CaCl_2$ 和饱和硼酸混合溶液中，形成大小均匀的固定化凝胶珠，固化一段时间后取出，于4 ℃下在生理盐水中悬浮保存备用。

(三) 固定化酵母及游离酵母的发酵试验

将固定化好的酵母置于1 000 mL、pH 5.0的发酵培养基中，放置于温度调节为30 ℃的电子恒温培养箱中进行发酵，定时记录发酵液糖度、酒精度、酸度和糖度的变化。

用配好的2#瓶酵母菌直接将其添加于1 000 mL、pH 5.0的发酵培养基中，放置于温度调节为30 ℃的电子恒温培养箱中进行发酵，定时记录发酵液糖度、酒度、酸度的变化。

发酵液酒精度、酸度、糖度的检测方法如下。

【发酵液酒精度的检测——重铬酸钾氧化法】

林仁权等发现在硫酸介质中，乙醇可定量被重铬酸钾氧化，生成绿色的三价铬，最大吸收波长为600 nm。实验表明，乙醇浓度在0～16 mg/10 mL范围内，与对应的吸光度成良好线性关系，据此建立了测定乙醇的新方法，该法应用于酒样测定简便、实用，相对标准偏差为3.6%，最低检出乙醇浓度为0.40 mg/10 mL。

(1) 取6支刻度一致的10 mL比色管，其中5支分别加入不同量的乙醇标准工作液(使乙醇终浓度形成0～16 mg/10 mL范围内的梯度)，一支不加乙醇标准工作液，作为参比；再分别加入重铬酸钾溶液2.0 mL，加水至刻度(即总体积为10 mL)；在100 ℃水浴中加热10 min，取出，用流水冷却5 min，以零管作为参比，用1 cm比色皿，于波长600 nm处测定各管吸光度，以乙醇浓度与对应的吸光度作工作曲线。

(2) 吸取待测酒样5.0 mL于100 mL容量瓶中，加水至刻度；取0.20 mL样品稀释液，按上述实验方法操作测定样品吸光度。

(3) 根据样品溶液的吸光度，查工作曲线得样品含量M，换算成20 ℃酒精度X，按下式计算：

$$酒精度(度)X=\frac{M\times 10^{-3}\times 100}{V_0\times V/100\times 0.79}$$

式中：X——100 mL溶液中所含乙醇的体积(度)；

M——由标准曲线查得样品含量(mg)；

V_0——取酒样体积(mL)；

V——所取样品稀释液的体积(mL)；

0.79——20 ℃时乙醇密度(g/mL)。

【发酵液酸度的检测——酸碱滴定指示剂法】

1. 0.1 mol/L标准氢氧化钠溶液的配制　称取分析纯的固体氢氧化钠4.1 g，用水溶解后转移到1 L的容量瓶中，冷却后定容至刻度。溶液保存在橡皮塞的试剂瓶中，待标定。

2. 氢氧化钠溶液的标定　准确地(准确到0.1 mg)称取105～110 ℃电烘箱中干燥至恒重的分析纯邻-苯二甲酸氢钾0.75 g 3份，分别置于150～250 mL三角瓶中，各加入无二氧化碳的50 mL蒸馏水，使邻-苯二甲酸氢钾全部溶解，加酚酞指示剂2～3滴，用待测的氢氧化钠溶液滴定至淡红色(粉红色)出现并维持30 s为止，同时做空白试验，记下氢氧化钠的滴定体积，通过下式可计算出氢氧化钠的浓度$c(NaOH)$。

$$c(NaOH)=(m\times 1\ 000)/(Mr\times V_{NaOH})$$

式中：m——KHC_8HO_4的质量(g)；

Mr——KHC_8HO_4的相对分子质量；

V_{NaOH}——NaOH 滴定体积(mL)。

3. 样品测定　空白滴定：用 96 mL 水做空白实验，读取所消耗氢氧化钠标准溶液的体积 V_0(mL)。空白所消耗的氢氧化钠的体积应不小于零，否则应重新制备和使用符合要求的蒸馏水。

样品滴定：操作同空白滴定。

4. 计算　所得数据根据式(1)和式(2)进行计算。

$$c(NaOH)=\frac{m}{(V_1-V_0)\times 0.204\ 2} \tag{1}$$

式中：$c(NaOH)$——氢氧化钠标准溶液的物质的量浓度(mol/L)；

m——邻-苯二甲酸氢钾的质量(g)；

V_0——空白实验氢氧化钠溶液的用量(mL)；

V_1——氢氧化钠溶液的用量(mL)；

$$X=\frac{c\times(V_1-V_0)\times S_i}{V_2} \tag{2}$$

式中：X——样品中滴定酸的含量(g/L)；

V_2——吸取样品的体积(mL)；

S_i——取值为 0.075。

【发酵液糖度的检测—斐林溶液滴定法】

1. 样品处理　吸取 25～50 mL 液体样品(固体样品 2.5～5 g)，置于 250 mL 容量瓶中，加水 50 mL，摇匀后加 10 mL 碱性酒石酸铜甲液及 4 mL 1 mol/L 氢氧化钠溶液，加水稀释至刻度，混匀，静止 30 min，用干燥滤纸过滤，弃去初滤液，滤液备用(或 3 000～4 000 r/min 离心 15 min，取上清液备用)。

2. 碱性酒石酸铜溶液的标定　吸取 5.0 mL 碱性酒石酸铜甲液及 5.0 mL 乙液，置于 150 mL 锥形瓶中，加水 10 mL，加入玻璃珠 2 粒，从滴定管滴加约 9 mL 葡萄糖标准溶液，控制在 2 min 内加热至沸，趁热以每 2 s 一滴的速度滴定，直至溶液蓝紫色刚好褪去为终点，记录消耗葡萄糖标准溶液的总体积，同时平行操作三份，取其平均值，计算每 10 mL 碱性酒石酸铜溶液相当于葡萄糖的质量。

3. 样品液预测定：吸取 5.0 mL 碱性酒石酸铜甲液及 5.0 mL 乙液，置于 150 mL 锥形瓶中，加水 10 mL，加入 2.0 mL 试样稀释液，加入玻璃珠 2 粒，控制在 2 min 内加热至沸，趁热以先快后慢的速度，从滴定管中滴加葡萄糖标准溶液，并保持溶液沸腾状态，待溶液颜色变浅时，以每 2 s 一滴的速度滴定，直至溶液蓝紫色刚好褪去为终点，记录消耗葡萄糖标准溶液的体积。

4. 样品液测定　吸取 5.0 mL 碱性酒石酸铜甲液及 5.0 mL 乙液，置于 150 mL 锥形瓶中，加水 10 mL，加入玻璃珠 2 粒，加入 2.0 mL 试样稀释液，加入玻璃珠 2 粒，从滴定管加比预测体积少 1 mL 的葡萄糖标准溶液，控制在 2 min 内加热至沸，趁热以每 2 s 一滴的速度继续滴定，直至溶液蓝紫色刚好褪去为终点，记录溶液消耗的体积，同时平行操作三份，取其平均值。计算公式如下。

$$F = \frac{m}{1\ 000} \times V \tag{3}$$

式中：F——斐林溶液 A、B 各 5 mL 相当于葡萄糖的质量(g)；

m——称取葡萄糖的质量(g)；

V——消耗葡萄糖标准溶液的总体积(mL)。

$$X = \frac{F}{(V_1/V_2)V_3} \times 1\ 000 \tag{4}$$

$$X = \frac{F - G \times V}{(V_1/V_2)V_3} \times 1\ 000 \tag{5}$$

式中：X——总糖或还原糖的含量(g/L)；

V_1——吸取的样品体积(mL)；

V_2——样品稀释后或水解定容的体积(mL)；

V_3——消耗试样的体积(mL)；

G——葡萄糖标准溶液的准确浓度(g/mL)。

五、实验结果与讨论

1. 列表记录固定化酵母发酵液糖度、酒精度、酸度和糖度的变化，每小时记录 1 次，记录 48 h。

2. 列表记录游离酵母发酵液糖度、酒精度、酸度和糖度的变化，每小时记录 1 次，记录 48 h。

3. 分析、比较上述两个表格的数据，讨论固定化酵母与游离酵母之间发酵效率优劣。

六、参考资料

[1] 严复，吴怡莹，孙馥. 固定化蔗糖酶的初步研究[J]. 微生物学杂志. 1981，(1)：27-29.

[2] 李沁华，张文宇. 聚乙烯醇-海藻酸钙复合材料制备及性质 [J]. 暨南大学学报(自然科学与医学版)，2001，22(3)：81-85.

[3] 杨丽，张晶，熊强，等. 聚乙烯醇-海藻酸钙作为德氏乳酸杆菌包埋剂的研究[J]. 南京工业大学学报(自然科学版)，2007，29(1)：65-69.

[4] 林仁权，胡文兰，陈国亮. 重铬酸钾氧化分光光度法测定酒中乙醇含量[J]. 浙江预防医学，2006，18(3)：78-79.

[5] 张正奇. 分析化学[M]. 北京：科学出版社，2006.

[6] 朱宝镛. 葡萄酒工业手册[M]. 北京：中国轻工业出版社，1995.

[7] Carl Lachat，马兆瑞. 苹果酒酿造技术[M]. 北京：中国轻工业出版社，2004.

实验三十四
基于胶原蛋白的人工皮肤支架制备

一、实验目的

1. 掌握鼠尾Ⅰ型胶原蛋白提取与纯化技术。

2. 掌握基于胶原蛋白制备人工皮肤支架的制备技术。

3. 学习本实验原理及讨论Ⅰ型胶原蛋白在生物材料与组织工程研究中的应用范围及研究价值。

二、实验原理与设计

胶原蛋白是脊椎动物结缔组织极重要的结构蛋白和细胞外基质成分，广泛存在于动物的皮肤、骨骼、肌腔、韧带、神经、血管、肠胃、牙齿等组织中，约占哺乳动物总蛋白质的1/3，起着支撑器官、保护机体的功能。胶原蛋白种类较多，常见类型为Ⅰ型、Ⅱ型、Ⅲ型、Ⅴ型和Ⅺ型。不同类型的胶原蛋白由于分子中非螺旋部位的范围和分布差异，也即多肽链结构不同，使得其各自的生理特性也差别很大，例如胶原蛋白和钙磷聚合物聚集成骨和牙的坚硬结构；皮肤胶原蛋白则编织成疏松的三维网状结构；而血管壁胶原则排列成螺旋网状结构等。

在胶原蛋白这个大家族中，Ⅰ型胶原的研究最为深入，应用最为广泛，因为它的免疫性最低，在动物体内的含量也最多。Ⅰ型胶原蛋白主要分布于骨、皮肤、肌腱等组织，也是水产品加工废弃物（皮、骨和鳞）含量最多的蛋白质，占全部胶原蛋白含量的80％～90％。Ⅰ型胶原分子由三条肽链以左手α-螺旋的形式缠绕成右手大螺旋的结构（图34-1），相对分子质量约300 000。胶原蛋白因具有良好的生物相容性、可生物降解性以及生物活性，因此在食品、医药、组织工程、化妆品等领域获得了广泛应用。

胶原蛋白作为一种皮肤创伤修复材料广泛应用于组织工程领域。天然皮肤中富含胶原蛋白，胶原蛋白可以黏附伤口周围的细胞及生长因子，并且胶原蛋白及其分解产物能被体内各种细胞化学物质所识别，进而诱导更复杂的细胞活动，促进皮肤创口的愈合。其制备过程简单易行，常见运用冷冻干燥法提取哺乳动物肌腱中的胶原蛋白，制成胶原蛋白的人工皮肤支架，具有无免疫排斥反应，成本低廉，原料来源广泛等优势（图34-2）。

本实验从大鼠尾巴提取及纯化胶原蛋白，再利用冷冻铸造技术生产胶原海绵人工皮

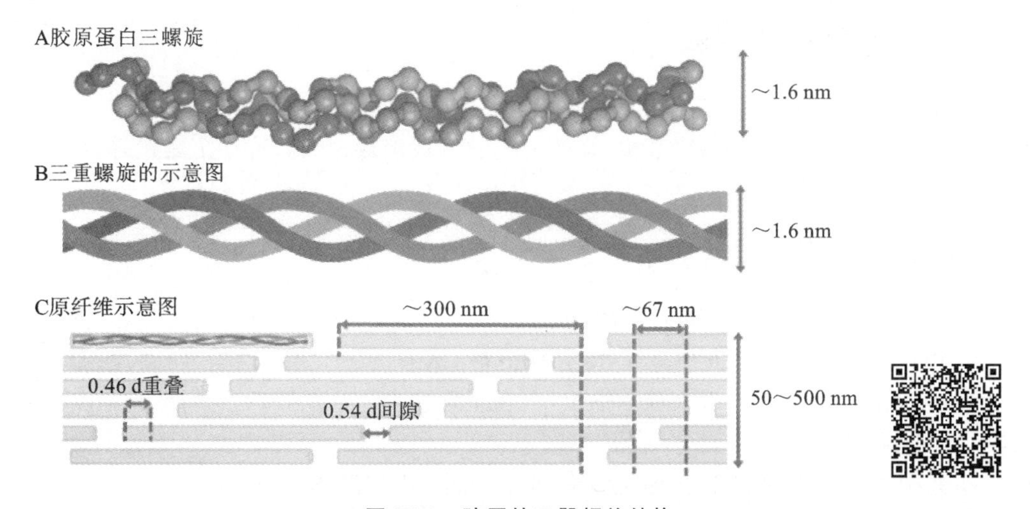

图 34-1 胶原的三股螺旋结构

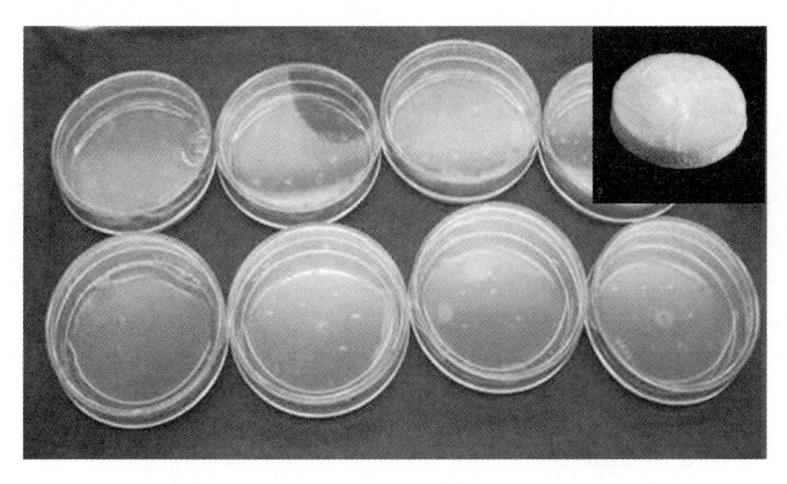

图 34-2 胶原蛋白制成的胶原海绵人工皮肤支架

（右上图所示为冻干后成品，培养皿中各自盛有不同增塑剂含量的胶原蛋白水合胶原）

肤支架。具体流程如图 34-3 所示。

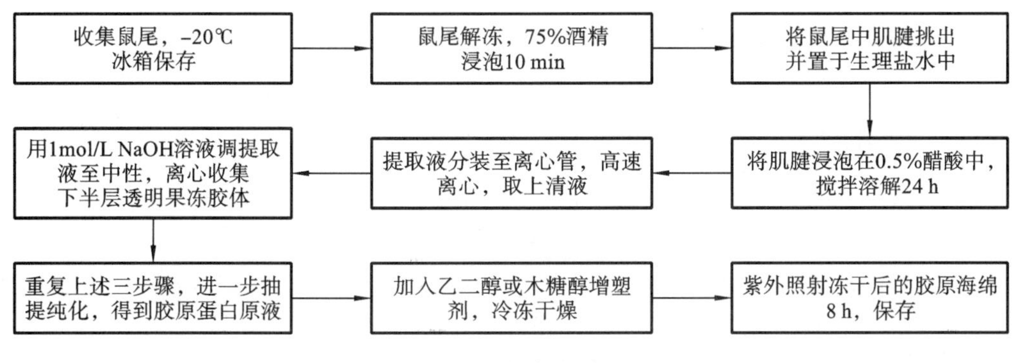

图 34-3 实验流程图

三、实验仪器与材料

1. 实验试剂　冰醋酸、氢氧化钠、生理盐水等。
2. 实验器材　pH 试纸、离心机、烧杯、离心管、玻璃棒、冰箱、冷冻干燥机等。
3. 生物材料　鼠尾。

四、实验操作与步骤

1. 将大鼠尾从冰箱中取出，室温解冻，在 75%酒精中浸泡 10 min。

2. 用剪刀将大鼠尾巴尖约 0.5 cm 长度剪掉，从尖部往跟部沿皮剪开，将皮拔掉。再用镊子从尖端挑起肌腱，一根一根地抽出，放在生理盐水中。肌腱的主要成分是 Ⅰ 型胶原蛋白，有弹性的细丝。

3. 将分离出的肌腱置于浓度为 0.5%的醋酸中，搅拌溶解 24 h。

4. 分装于 50 mL 离心管中，12 000 r/min 离心 10 min，取上清液，弃管底不溶的杂质。

5. 将上清液用 1 mol/L 的 NaOH 滴定至中性，胶原蛋白被等电点沉淀而析出。再次 12 000 r/min 离心 10 min，弃上清液，下层白色半透明果冻状的胶体就是水合胶原蛋白。

6. 重复步骤“3”至“5”一遍，对胶原蛋白进一步提纯。

7. 在上述胶原蛋白原液中按 1%～5%的体积比加入乙二醇或木糖醇增塑剂，混合后置于圆柱形的容器（培养皿）中形成胶原海绵。

8. 将上述胶原海绵置于−20 ℃冻 12 h，再放入冷冻干燥机中，冷冻 48 h。

9. 将冻干后的胶原海绵用紫外灯距离 30 cm 照射 8 h 进行交联和灭菌，然后置于无菌袋中保存。

五、实验结果与讨论

1. 制作表格，列出原料以及溶剂投入量；称量胶原蛋白海绵重量并计算产率；阐明原液提取过程中，如何提高胶原蛋白提取量。

2. 简述胶原海绵材料的孔隙率、内部结构与制备条件之间的关系。

3. 调研近几年胶原海绵支架文献，简要论述胶原海绵作为皮肤组织工程支架的优势与不足。

六、参考资料

[1] Browne S, Zeugolis D I, Pandit A. Collagen: finding a solution for the source[J]. Tissue Engineering Part A, 2013, 19(13-14): 1491-1494.

[2] Hu K, Shi H, Zhu J, et al. Compressed collagen gel as the scaffold for skin engineering[J]. Biomedical Microdevices, 2010, 12(4): 627.

[3] Sherman V R, Yang W, Meyers M A. The materials science of collagen[J]. Journal of the Mechanical Behavior of Biomedical Materials, 2015, 52, 22-50.

实验三十五
丝素蛋白提取及人工血管的制备

一、实验目的

1. 了解丝素蛋白提取的原理及其应用范围和意义。
2. 学习丝素蛋白提取的方法。
3. 掌握基于丝素蛋白的人工血管制备技术。

二、实验原理与设计

丝素蛋白(silk fibroin)是从蚕茧或蚕丝中提取的天然高分子纤维蛋白,含量占70%～80%,含有18种氨基酸,其中甘氨酸(Gly)、丙氨酸(Ala)和丝氨酸(Ser)占总组成的80%以上(图35-1)。丝素蛋白具有良好的生物相容性,优异机械性能和理化性质,如良好的柔韧性和抗拉伸强度、透气透湿性、缓释性等,而且经过不同处理可以得到不同的形态,如纤维、溶液、粉、膜以及凝胶等。

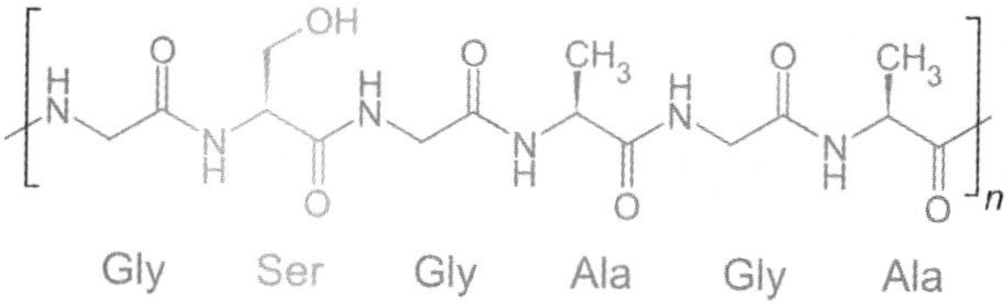

图35-1 丝素蛋白的结构

研究人员利用丝素蛋白可合成人工血管,人工骨修复材料和人工皮肤等。现已证实丝素蛋白具有的优点如下。

1. 机械性能优异,与其他天然纤维和许多高性能合成纤维相比,丝素具有较好的力学性能。

2. 生物相容性良好,在医学领域的应用已有很长的历史。

3. 化学改性便利,可以通过对某些特定氨基酸的侧链进行化学修饰以便获得更好的理化性能。

4. 加工工艺简便且多样,可以通过不同制备工艺获得二维膜材料或三维支架材料。

5. 生物可降解性,在体内外可以缓慢降解。

蚕丝蛋白主要含有丝素和丝胶两种不同的蛋白质,经脱胶后得到不溶性丝素蛋白,可对所得丝素蛋白使用不同方法进行化学修饰以提高其性能,使它更好地应用于生物材料领域。

本实验拟用0.5%的碳酸钠将丝素蛋白脱胶,经三元溶剂再溶解后,再经透析、浓缩、冻干等步骤,形成可以铸造人工血管的基材,该基材经过冷冻铸造技术可以制造出人工血管(图35-2)。

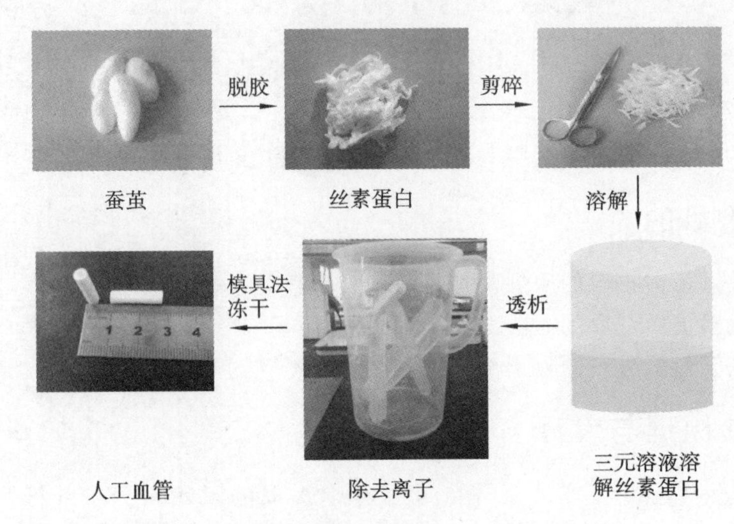

图35-2 提取丝素蛋白及制备人工血管的流程图

三、实验仪器与材料

1. 实验试剂　去离子水、无水碳酸钠、无水氯化钙、无水乙醇、戊二醛等。

2. 实验器材　剪刀、镊子、不锈钢锅、电磁炉、玻璃棒、5 L烧杯、250 mL双口烧瓶(带转子)、磁力搅拌器、搪瓷托盘、保鲜膜、透析袋(MW 12 000～14 000)、玻璃漏斗、封口夹(10个)、高速离心机、一次性手套、塑料培养皿、冻干机等。

3. 生物材料　蚕丝或蚕茧。

四、实验操作与步骤

(一) 脱胶

将剪碎的蚕茧在0.5%的碳酸钠溶液中煮沸30 min(溶液的用量可根据所用蚕茧及容器容量进行适当调整),捞出后晾凉,拧干水分。重复上一步骤后再用去离子水煮沸30 min,捞出晾凉,拧干,再用去离子水彻底洗净(拧干,重复三遍)。把保鲜膜铺于搪瓷托盘上,将脱胶后的丝素蛋白撕成小块铺展开放置在保鲜膜上,将托盘放入烘箱,24 h后得到干燥后的丝素蛋白,可以长期保存。

(二)溶解

配制三元溶剂(现用现配):$CaCl_2$ ∶ C_2H_5OH ∶ H_2O=1∶2∶8(摩尔比,参考数据:55.5 g、58.3 mL、72 mL),溶解时先将 $CaCl_2$ 溶于 H_2O,最后加无水乙醇。

将三元溶剂倒入双口烧瓶中(瓶口盖上保鲜膜,三元溶剂易挥发),放入磁力搅拌器中升温至 78 ℃。

将烘干后的丝素蛋白用镊子夹取,分多次加入三元溶剂中(丝素蛋白/三元溶剂为 10～15 g/300 mL),搅拌约 2 h 直至完全溶解,得到再生丝素蛋白溶液。

(三)离心

充分溶解后,将溶液进行离心以除去不溶性杂质(10 000 r/min,10 min)。

(四)透析

将透析袋剪成与 5 L 烧杯等高的长度(根据再生丝素蛋白溶液的量决定透析袋的数量),透析袋一端用塑料夹夹紧,再从另一端缓慢倒入再生丝素蛋白溶液(占透析袋的 1/2～2/3),挤出上端空气后用相同的方法夹紧透析袋。

把装有再生丝素蛋白溶液的透析袋放在装入 5 L 去离子水的大烧杯中,加入转子搅拌,透析 3 天(第一天每 3 h 换水一次,之后两天可每半天换一次),直至透析袋中溶液变为无色。

(五)浓缩

取出透析袋,悬挂晾干至液体剩约 1/3。此时可根据需要使用再生丝素蛋白溶液,如制膜、冻干后长期保存等。

(六)冻干

1. 预冻　将浓缩后的再生丝素蛋白溶液倒入塑料培养皿中,每皿 10 mL,放入 −20 ℃中冻实(约 4 h)。

2. 冻干　将冷冻的再生丝素蛋白迅速转移至冻干机,冻干 20 h。

注意:冻干机运行前需提前打开制冷机,使冷阱温度降至 −35 ℃以下(约需 20 min)。冻干后的再生丝素蛋白呈现多孔结构,可在 4 ℃下长期保存以便日后使用。

(七)基于丝素蛋白的人工血管制备

以上述制备的丝素蛋白溶液为基材,借助定型模具,并通过冷冻铸造技术,制备出具有弹性性能的人工血管。具体操作如下。

1. 将再生丝素蛋白溶于水中,制成溶液。
2. 将溶液灌入人工血管的特殊定制模具中。
3. 将其移入 −80 ℃冰箱,冷冻过夜。
4. 次日将冰冻人工血管取出,并立即置入冻干机中冻干(一般需要 24～48 h)模具放入。

5. 将得到的人工血管浸泡于戊二醛交联剂中，进行交联处理，即制成一种具有良好弹性的人工血管。

五、实验结果与讨论

1. 人工血管实物图　经冷冻干燥后，人工血管如图 35-3 所示(白色管子)，将得到的人工血管放入交联剂中，交联处理，人工血管颜色由白变黄，且不溶于水。

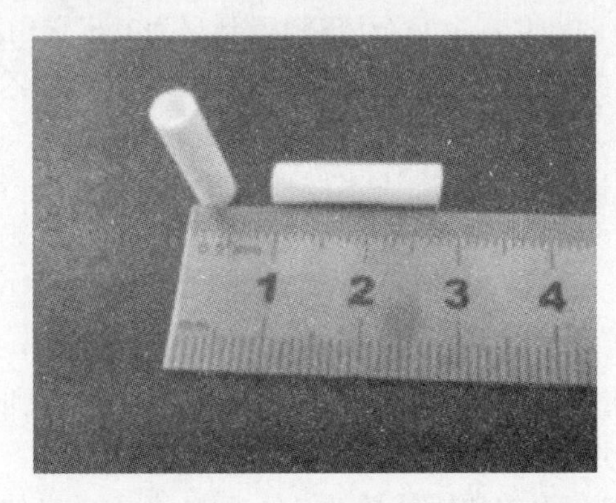

图 35-3　人工血管实物图

2. 傅里叶红外光谱分析曲线(图 35-4 为参考结果)　未交联处理的人工血管通过傅立叶变换红外光谱仪分析，在 1 633 cm^{-1}和 1 516 cm^{-1}处显示主峰，表明它们的组成主要为无规卷曲。经交联处理后，观察到峰值明显地向低波数方向移动。在 1 623 cm^{-1}(酰胺Ⅰ)和 1 515 cm^{-1}(酰胺Ⅱ)处的强峰证明结构从无规卷曲转变为反向平行β-折叠结构。

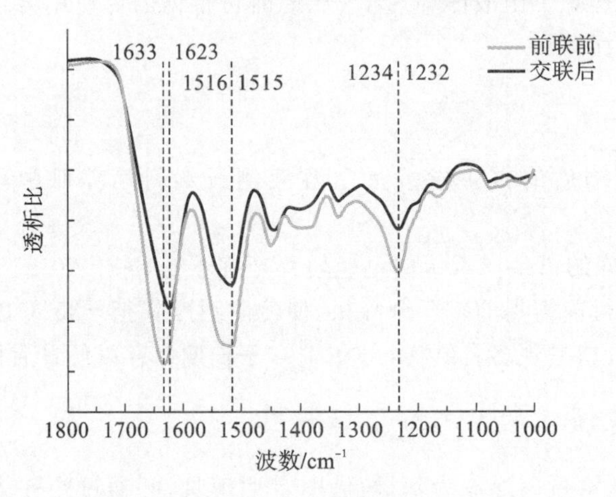

图 35-4　红外分析

3. 讨论

(1) 提取丝素蛋白的核心关键要素有哪些?

(2) 调研近年来关于丝素蛋白的文献报道，指出基于丝素蛋白制备的人工血管和其他类型人工血管(胶原基人工血管、聚氨酯基人工血管等)相比有哪些优缺点?

六、参考资料

[1] 孙浩,闫玉生,陈群清,等.丝素蛋白在小口径人工血管中的应用[J].中国组织工程研究,2014,18(16):2576-2581.

[2] Deboki Naskar, AnantaKGhosh, Mahitosh Mandal, et al. Dual growth factor loaded nonmulberry silk fibroin/carbon nanofiber composite 3D scaffolds for invitro and in vivo bone regeneration [J]. Biomaterials, 2017, 136:67.

[3] 林向进.丝素蛋白/聚氨酯复合水凝胶人工皮肤的制备[A].浙江省医学会骨科学分会,2012年浙江省骨科学术年会论文集[C].

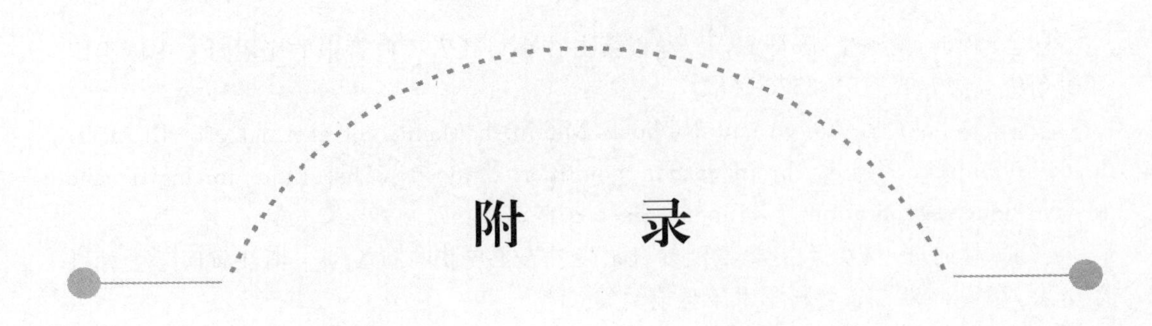

附　录

附录 A　常用缓冲液

1. 甘氨酸-盐酸缓冲液(0.05 mol/L)

分别配制 0.2 mol/L 甘氨酸溶液以及 0.2 mol/L HCl 溶液，根据 pH 值要求，按下表准确量取适当体积液体混合，再加水稀释到 200 mL。

pH 值	0.2 mol/L 甘氨酸/mL	0.2 mol/L HCl/mL
2.2	50	44.0
2.4	50	32.4
2.6	50	24.2
2.8	50	16.8
3.0	50	11.4
3.2	50	8.2
3.4	50	6.4
3.6	50	5.0

[注]Mr(甘氨酸)=75.07，0.2 mol/L 甘氨酸溶液含甘氨酸 15.01 g/L。0.2 mol/L HCl 溶液含 16.72 mL/L 市售浓盐酸(浓度为 36%～38%，密度为 1.179 g/cm^3)。

2. 邻苯二甲酸-盐酸缓冲液(0.05 mol/L)

分别配制 0.2 mol/L 邻苯二甲酸氢钾以及 0.2 mol/L HCl 溶液，根据 pH 值要求，按下表准确量取适当体积液体混合，再加水稀释到 20 mL。

pH 值	0.2 mol/L 邻苯二甲酸氢钾/mL	0.2 mol/L HCl/mL	pH 值	0.2 mol/L 邻苯二甲酸氢钾/mL	0.2 mol/L HCl/mL
2.2	5	4.670	3.2	5	1.470
2.4	5	3.960	3.4	5	0.990
2.6	5	3.295	3.6	5	0.597

续表

pH 值	0.2 mol/L 邻苯二甲酸氢钾/mL	0.2 mol/L HCl/mL	pH 值	0.2 mol/L 邻苯二甲酸氢钾/mL	0.2 mol/L HCl/mL
2.8	5	2.642	3.8	5	0.263
3.0	5	2.032			

[注]*Mr*(邻苯二甲酸氢钾)=204.23,0.2 mol/L 邻苯二甲酸氢钾溶液含邻苯二甲酸氢钾 40.85 g/L。0.2 mol/L HCl 溶液含 16.72 mL/L 市售浓盐酸(浓度为 36%～38%,密度为 1.179 g/cm^3)。

3. 磷酸氢二钠-柠檬酸缓冲液

分别配制 0.2 mol/L Na_2HPO_4 以及 0.1 mol/L 柠檬酸溶液,根据 pH 值要求,按下表准确量取适当体积液体混合。

pH 值	0.2 mol/L Na_2HPO_4/mL	0.1 mol/L 柠檬酸/mL	pH 值	0.2 mol/L Na_2HPO_4/mL	0.1 mol/L 柠檬酸/mL
2.2	0.40	19.60	5.2	10.72	9.28
2.4	1.24	18.76	5.4	11.15	8.85
2.6	2.18	17.82	5.6	11.60	8.40
2.8	3.17	16.83	5.8	12.09	7.91
3.0	4.11	15.89	6.0	12.63	7.37
3.2	4.94	15.06	6.2	13.22	6.78
3.4	5.70	14.30	6.4	13.85	6.15
3.6	6.44	13.56	6.6	14.55	5.45
3.8	7.10	12.90	6.8	15.45	4.55
4.0	7.71	12.29	7.0	16.47	3.53
4.2	8.28	11.72	7.2	17.39	2.61
4.4	8.82	11.18	7.4	18.17	1.83
4.6	9.35	10.65	7.6	18.73	1.27
4.8	9.86	10.14	7.8	19.15	0.85
5.0	10.30	9.70	8.0	19.45	0.55

[注]*Mr*(Na_2HPO_4)=141.98;0.2 mol/L Na_2HPO_4 溶液含 Na_2HPO_4 28.40 g/L。*Mr*($Na_2HPO_4 \cdot 2H_2O$)=178.05;0.2 mol/L Na_2HPO_4 溶液含 $Na_2HPO_4 \cdot 2H_2O$ 35.61 g/L。*Mr*($C_6H_8O_7 \cdot H_2O$)=210.14;0.1 mol/L 柠檬酸溶液含 $C_6H_8O_7 \cdot H_2O$ 21.01 g/L。

4. 柠檬酸-氢氧化钠-盐酸缓冲液

根据 pH 值的要求,按照下表分别称(量)取柠檬酸($C_6H_8O_7 \cdot H_2O$)、氢氧化钠(NaOH)、盐酸(浓 HCl),溶于 1 000 mL 双蒸水中。使用时可以在每升溶液中加入 1 g 酚,若最后 pH 值有变化,再用少量 50%氢氧化钠溶液或浓盐酸调节,4 ℃冰箱保存。

pH 值	钠离子浓度 /(mol/L)	柠檬酸 $(C_6H_8O_7 \cdot H_2O)$/g	氢氧化钠 (NaOH)/g	盐酸 (浓 HCl)/mL
2.2	0.20	21.0	8.4	16.0
3.1	0.20	21.0	8.3	11.6
3.3	0.20	21.0	8.3	10.6
4.3	0.20	21.0	8.3	4.5
5.3	0.35	24.5	14.4	6.8
5.8	0.45	28.5	18.6	10.5
6.5	0.38	26.6	15.6	12.6

5. 柠檬酸-柠檬酸钠缓冲液(0.1 mol/L)

分别配制 0.1 mol/L 柠檬酸以及 0.1 mol/L 柠檬酸钠溶液，根据 pH 值要求，按下表准确量取适当体积液体混合。

pH 值	0.1 mol/L 柠檬酸/mL	0.1 mol/L 柠檬酸钠/mL	pH 值	0.1 mol/L 柠檬酸/mL	0.1 mol/L 柠檬酸钠/mL
3.0	18.6	1.4	5.0	8.2	11.8
3.2	17.2	2.8	5.2	7.3	12.7
3.4	16.0	4.0	5.4	6.4	13.6
3.6	14.9	5.1	5.6	5.5	14.5
3.8	14.0	6.0	5.8	4.7	15.3
4.0	13.1	6.9	6.0	3.8	16.2
4.2	12.3	7.7	6.2	2.8	17.2
4.4	11.4	8.6	6.4	2.0	18.0
4.6	10.3	9.7	6.6	1.4	18.6
4.8	9.2	10.8			

[注]$Mr(C_6H_8O_7 \cdot H_2O)$=210.14；0.1 mol/L 柠檬酸溶液含 $C_6H_8O_7 \cdot H_2O$ 21.01 g/L，$Mr(Na_3C_6H_5O_7 \cdot 2H_2O)$=294.12；0.1 mol/L 柠檬酸钠溶液含 $Na_3C_6H_5O_7 \cdot 2H_2O$ 29.41 g/L。

6. 乙酸-乙酸钠缓冲液(0.2 mol/L)

分别配制 0.2 mol/L NaAc 以及 0.2 mol/L HAc 溶液，根据 pH 值要求，按下表准确量取适当体积液体混合。

pH 值	0.2 mol/L NaAc/mL	0.2 mol/L HAc/mL	pH 值	0.2 mol/L NaAc/mL	0.2 mol/L HAc/mL
3.6	0.75	9.25	4.8	5.90	4.10
3.8	1.20	8.80	5.0	7.00	3.00
4.0	1.80	8.20	5.2	7.90	2.10

续表

pH 值	0.2 mol/L NaAc/mL	0.2 mol/L HAc/mL	pH 值	0.2 mol/L NaAc/mL	0.2 mol/L HAc/mL
4.2	2.65	7.35	5.4	8.60	1.40
4.4	3.70	6.30	5.6	9.10	0.90
4.6	4.90	5.10	5.8	9.40	0.60

[注]$Mr(NaAc \cdot 3H_2O)=136.09$，0.2 mol/L NaAc 溶液含 $NaAc \cdot 3H_2O$ 27.22 g/L。0.2 mol/L HAc 溶液含 11.55 mL/L冰醋酸。

7. 磷酸氢二钠-磷酸二氢钾缓冲液(1/15 mol/L)

分别配制 1/15 mol/L Na_2HPO_4 以及 1/15 mol/L KH_2PO_4 溶液，根据 pH 值要求，按下表准确量取适当体积液体混合。

pH 值	1/15 mol/L Na_2HPO_4/mL	1/15 mol/L KH_2PO_4/mL	pH 值	1/15 mol/L Na_2HPO_4/mL	1/15 mol/L KH_2PO_4/mL
4.92	0.10	9.90	7.17	7.00	3.00
5.29	0.50	9.50	7.38	8.00	2.00
5.91	1.00	9.00	7.73	9.00	1.00
6.24	2.00	8.00	8.04	9.50	0.50
6.47	3.00	7.00	8.34	9.75	0.25
6.64	4.00	6.00	8.67	9.90	0.10
6.81	5.00	5.00	8.78	10.00	0
6.98	6.00	4.00			

[注]$Mr(Na_2HPO_4 \cdot 2H_2O)=178.05$；1/15 mol/L Na_2HPO_4 溶液含 $Na_2HPO_4 \cdot 2H_2O$ 11.876 g/L。$Mr(KH_2PO_4)=136.09$；1/15 mol/L KH_2PO_4溶液含 KH_2PO_4 9.078 g/L。

8. 磷酸氢二钠-磷酸二氢钠缓冲液(0.2 mol/L)

分别配制 0.2 mol/L Na_2HPO_4 以及 0.2 mol/L NaH_2PO_4 溶液，根据 pH 值要求，按下表准确量取适当体积液体混合。

pH 值	0.2 mol/L Na_2HPO_4/mL	0.2 mol/L NaH_2PO_4/mL	pH 值	0.2 mol/L Na_2HPO_4/mL	0.2 mol/L NaH_2PO_4/mL
5.8	8.0	92.2	7.0	61.0	39.0
5.9	10.0	90.0	7.1	67.0	33.0
6.0	12.3	87.7	7.2	72.0	28.0
6.1	15.0	85.0	7.3	77.0	23.0
6.2	18.5	81.5	7.4	81.0	19.0
6.3	22.5	77.5	7.5	84.0	16.0
6.4	26.5	73.5	7.6	87.0	13.0

续表

pH 值	0.2 mol/L Na_2HPO_4/mL	0.2 mol/L NaH_2PO_4/mL	pH 值	0.2 mol/L Na_2HPO_4/mL	0.2 mol/L NaH_2PO_4/mL
6.5	31.5	68.5	7.7	89.5	10.5
6.6	37.5	62.5	7.8	91.5	8.5
6.7	43.5	56.5	7.9	93.0	7.0
6.8	49.0	51.0	8.0	94.7	5.3
6.9	55.0	45.0			

[注]$Mr(Na_2HPO_4 \cdot 2H_2O)=178.05$；0.2 mol/L Na_2HPO_4溶液含 $Na_2HPO_4 \cdot 2H_2O$ 35.61 g/L。$Mr(Na_2HPO_4 \cdot 12H_2O)=358.22$；0.2 mol/L Na_2HPO_4溶液含 $Na_2HPO_4 \cdot 12H_2O$ 71.64 g/L。$Mr(NaH_2PO_4 \cdot H_2O)=138.01$；0.2 mol/L NaH_2PO_4溶液含 $NaH_2PO_4 \cdot H_2O$ 27.6 g/L。$Mr(NaH_2PO_4 \cdot 2H_2O)=156.03$；0.2 mol/L NaH_2PO_4溶液含 $NaH_2PO_4 \cdot 2H_2O$ 31.21 g/L。

9. 磷酸氢二钾-磷酸二氢钾缓冲液(0.1 mol/L)

分别配制 1 mol/L 的 K_2HPO_4 以及 1 mol/L KH_2PO_4 两种储存液，根据 pH 值要求，按下表准确量取适当体积液体混合后，再稀释至 1 000 mL。

pH 值	1 mol/L K_2HPO_4/mL	1 mol/L KH_2PO_4/mL
5.8	8.5	91.5
6.0	13.2	86.8
6.2	19.2	80.8
6.4	27.8	72.2
6.6	38.1	61.9
6.8	49.7	50.3
7.0	61.5	38.5
7.2	71.7	28.3
7.4	80.2	19.8
7.6	86.6	13.4
7.8	90.8	9.2
8.0	94.0	6.0

10. 磷酸二氢钾-氢氧化钠缓冲液(0.05 mol/L)

分别配制 0.2 mol/L KH_2PO_4 以及 0.2 mol/L NaOH 两种储存液，根据 pH 值要求，按下表准确量取适当体积液体混合后，再加水稀释至 20 mL。

pH 值	0.2 mol/L KH_2PO_4/mL	0.2 mol/L NaOH/mL	pH 值	0.2 mol/L KH_2PO_4/mL	0.2 mol/L NaOH/mL
5.8	5	0.372	7.0	5	2.963
6.0	5	0.570	7.2	5	3.500

续表

pH 值	0.2 mol/L KH_2PO_4/mL	0.2 mol/L NaOH/mL	pH 值	0.2 mol/L KH_2PO_4/mL	0.2 mol/L NaOH/mL
6.2	5	0.860	7.4	5	3.950
6.4	5	1.260	7.6	5	4.280
6.6	5	1.780	7.8	5	4.520
6.8	5	2.365	8.0	5	4.680

11. 巴比妥钠-盐酸缓冲液

分别配制 0.04 mol/L 巴比妥钠以及 0.2 mol/L 盐酸两种溶液，根据 pH 值要求，按下表准确量取适当体积液体混匀。

pH 值	0.04 mol/L 巴比妥钠/mL	0.2 mol/L 盐酸/mL	pH 值	0.04 mol/L 巴比妥钠/mL	0.2 mol/L 盐酸/mL
6.8	100	18.4	8.4	100	5.21
7.0	100	17.8	8.6	100	3.82
7.2	100	16.7	8.8	100	2.52
7.4	100	15.3	9.0	100	1.65
7.6	100	13.4	9.2	100	1.13
7.8	100	11.47	9.4	100	0.70
8.0	100	9.39	9.6	100	0.35
8.2	100	7.21			

[注]*Mr*(巴比妥钠)=206.18;0.04 mol/L 巴比妥钠溶液含巴比妥钠 8.25 g/L。0.2 mol/L HCl 溶液含 16.72 mL/L 市售浓盐酸(浓度为 36%～38%，密度为 1.179 g/cm^3)。

12. Tris-盐酸缓冲液(0.05 mol/L)

分别配制 0.1 mol/L 三羟甲基氨基甲烷(Tris)溶液以及 0.1 mol/L 盐酸溶液，根据 pH 值要求，按下表将适当体积的 0.1 mol/L 盐酸溶液与 50 mL 0.1 mol/L Tris 溶液混匀后，加水稀释至 100 mL。

pH 值	0.1 mol/L 盐酸/mL	pH 值	0.1 mol/L 盐酸/mL
7.10	45.7	8.10	26.2
7.20	44.7	8.20	22.9
7.30	43.4	8.30	19.9
7.40	42.0	8.40	17.2
7.50	40.3	8.50	14.7
7.60	38.5	8.60	12.4

续表

pH 值	0.1 mol/L 盐酸/mL	pH 值	0.1 mol/L 盐酸/mL
7.70	36.6	8.70	10.3
7.80	34.5	8.80	8.5
7.90	32.0	8.90	7.0
8.00	29.2	9.00	5.7

[注]Mr(三羟甲基氨基甲烷,Tris)=121.14;0.1 mol/L Tris 溶液含 Tris 12.114 g/L。0.1 mol/L HCl 溶液含 8.36 mL/L 市售浓盐酸(浓度为 36%~38%,密度为 1.179 g/cm³)。

13. 硼酸-硼砂缓冲液(0.2 mol/L 硼酸根)

分别配制 0.05 mol/L 硼砂溶液以及 0.2 mol/L 硼酸溶液,根据 pH 值要求,按下表取适当体积的溶液混匀。注意:硼砂易失去结晶水,必须在带塞的瓶中保存。

pH 值	0.05 mol/L 硼砂/mL	0.2 mol/L 硼酸/mL	pH 值	0.05 mol/L 硼砂/mL	0.2 mol/L 硼酸/mL
7.4	1.0	9.0	8.2	3.5	6.5
7.6	1.5	8.5	8.4	4.5	5.5
7.8	2.0	8.0	8.7	6.0	4.0
8.0	3.0	7.0	9.0	8.0	2.0

[注]Mr(硼砂,$Na_2B_4O_7 \cdot 10H_2O$)=381.43;0.05 mol/L 硼砂溶液(等于 0.2 mol/L 硼酸根)含硼砂 19.07 g/L,Mr(硼酸,H_3BO_3)=61.84,0.2 mol/L 硼酸溶液含硼酸 12.37 g/L。

14. 甘氨酸-氢氧化钠缓冲液(0.05 mol/L)

分别配制 0.2 mol/L 甘氨酸溶液以及 0.2 moL/L NaOH 溶液,根据 pH 值要求,按下表取适当体积的溶液混匀,加水稀释至 200 mL。

pH 值	0.2 mol/L 甘氨酸/mL	0.2 moL/L NaOH/mL	pH 值	0.2 mol/L 甘氨酸/mL	0.2 moL/L NaOH/mL
8.6	50	4.0	9.6	50	22.4
8.8	50	6.0	9.8	50	27.2
9.0	50	8.8	10.0	50	32.0
8.2	50	12.0	10.4	50	38.6
9.4	50	16.8	10.6	50	45.5

[注]Mr(甘氨酸)=75.07;0.2 mol/L 甘氨酸溶液含甘氨酸 15.01 g/L。

15. 硼砂-氢氧化钠缓冲液(0.05 mol/L 硼酸根)

分别配制 0.05 mol/L 硼砂溶液以及 0.2 mol/L NaOH 溶液,根据 pH 值要求,按下表取适当体积的溶液混匀,加水稀释至 200 mL。

pH 值	0.05 mol/L 硼砂/mL	0.2 mol/L NaOH/mL	pH 值	0.05 mol/L 硼砂/mL	0.2 mol/L NaOH/mL
9.3	50	6.0	9.8	50	34.0
9.4	50	11.0	10.0	50	43.0
9.6	50	23.0	10.1	50	46.0

[注]Mr(硼砂,$Na_2B_4O_7 \cdot 10H_2O$)=381.43;0.05 mol/L 硼砂溶液含硼砂 19.07 g/L。

16. 碳酸钠-碳酸氢钠缓冲液(0.1 mol/L)

分别配制 0.1 mol/L Na_2CO_3溶液以及 0.1 mol/L $NaHCO_3$溶液,根据 pH 值要求,按下表取适当体积的溶液混匀。注意:Ca^{2+}、Mg^{2+}存在时不得使用。

pH 值		0.1 mol/L Na_2CO_3/mL	0.1 mol/L $NaHCO_3$/mL
20 ℃	37 ℃		
9.16	8.77	1	9
9.40	9.12	2	8
9.51	9.40	3	7
9.78	9.50	4	6
9.90	9.72	5	5
10.14	9.90	6	4
10.28	10.08	7	3
10.53	10.28	8	2
10.83	10.57	9	1

[注]Mr($Na_2CO_3 \cdot 10H_2O$)=286.2;0.1 mol/L Na_2CO_3溶液含 $Na_2CO_3 \cdot 10H_2O$ 28.62 g/L。Mr($NaHCO_3$)=84.0;0.1 mol/L $NaHCO_3$溶液含 $NaHCO_3$ 8.40 g/L。

17. 常用电泳缓冲液

缓冲液	工作液	贮存液/L	备注
Tris-乙酸(TAE)	1× 40 mmol/L Tris-乙酸 1 mmol/L EDTA	50× 242 g Tris 碱 57.1 mL 冰乙酸 100 mL 0.5 mol/L EDTA (pH 8.0)	常用于核酸的琼脂糖电泳
Tris-硼酸(TBE)	0.5× 45 mmol/L Tris-硼酸 1 mmol/L EDTA	5× 54 g Tris 碱 27.5 g 硼酸 20 mL 0.5 mol/L EDTA (pH 8.0)	常用于核酸的琼脂糖电泳

续表

缓冲液	工作液	贮存液/L	备注
Tirs-磷酸(TPE)	1× 90 mmol/L Tris-磷酸 2 mmol/L EDTA	10× 108 g Tris 碱 15.5 mL 磷酸(85%,1.679 g/mL) 40 mL 0.5 mol/L EDTA(pH 8.0)	常用于核酸的琼脂糖电泳
Tris-甘氨酸	1× 25 mmol/L Tris 200 mmol/L 甘氨酸	10×,pH 8.9 30.3 g Tris 碱, 144 g 甘氨酸(电泳级)	常用于非变性聚丙烯酰胺凝胶电泳
Tris-甘氨酸(含 SDS)	1× 25 mmol/L Tris 260 mmol/L 甘氨酸 0.1% SDS	5×,pH 8.9 15.1 g Tris 碱 94 g 甘氨酸(电泳级) 50 mL 10% SDS(电泳级)	常用于 SDS-聚丙烯酰胺凝胶电泳

18. 磷酸缓冲盐溶液(1×PBS)

用 800 mL 蒸馏水溶解 8 g NaCl,0.2 g KCl,1.44 g Na_2HPO_4 和 0.24 g KH_2PO_4;用 1 mol/L HCl 调节溶液的 pH 值至 7.4,加水定容至 1 000 mL。分装后在 0.1 MPa、121 ℃下,高压蒸汽灭菌 20 min,或通过过滤除菌,保存于室温。配好的 PBS 溶液中含有如下成分:137 mmol/L NaCl;2.7 mmol/L KCl;10 mmol/L Na_2HPO_4;2 mmol/L KH_2PO_4。其中 PBS 溶液是动植物组织细胞培养等过程中常见的缓冲液。

19. Tris-HCl 缓冲液(1 mol/L)

将 121.1 g Tris 碱溶于 800 mL 蒸馏水中,待溶液冷却至室温后,加浓盐酸调节 pH 值至所需值,加水定容至 1 000 mL,分装后,0.1 MPa、121 ℃下,高压蒸汽灭菌 20 min。

所加浓盐酸的大概量与所调 pH 值之间的关系见下表。

pH 值	HCl
7.4	70 mL
7.6	60 mL
8.0	42 mL

20. 10×Tris-EDTA(TE)缓冲液

先配好 1 mol/L Tris-HCl(pH 值调整见上表)以及 0.5 mol/L EDTA(pH 8.0)两种母液,再按照下表配制,用蒸馏水定容至 1 000 mL 后进行分装,0.1 MPa、121 ℃下,高压蒸汽灭菌 20 min,室温保存。

pH 值	成分
7.4	100 mmol/L Tris-HCl(pH 7.4)+10 mmol/L EDTA(pH 8.0)
7.6	100 mmol/L Tris-HCl(pH 7.6)+10 mmol/L EDTA(pH 8.0)
8.0	100 mmol/L Tris-HCl(pH 8.0)+10 mmol/L EDTA(pH 8.0)

可在上述 TE 溶液中,加入终浓度为 0.1 mol/L NaCl,即为 STE 缓冲液。

21. 常用凝胶上样缓冲液

(1) 6×凝胶上样缓冲液:主要用于核酸分子的琼脂糖凝胶电泳。

序号	成分	贮存条件
1	0.25%(质量体积比)溴酚蓝 0.25%(质量体积比)二甲苯青 FF 40%(质量体积比)蔗糖水溶液	4 ℃
2	0.25%(质量体积比)溴酚蓝 0.25%(质量体积比)二甲苯青 FF 30%(质量体积比)甘油水溶液	4 ℃
3	0.25%(质量体积比)溴酚蓝 40%(质量体积比)蔗糖水溶液	4 ℃
4	0.25%(质量体积比)溴酚蓝 0.25%(质量体积比)二甲苯青 FF 50%(质量体积比)甘油水溶液 30 mmol/L EDTA	4 ℃

(2) 10×凝胶上样缓冲液　主要用于终止酶切反应以及核酸分子琼脂糖凝胶电泳的上样。室温贮存。

成分	配制 10 mL 体积用量	终浓度
溴酚蓝	20 mg	0.2%
二甲苯青 FF	20 mg	0.2%
0.5 mol/L EDTA(pH 8.0)	4 mL	200 mmol/L
10% SDS	100 μL	0.1%
甘油	5 mL	50%
	补足水到 10 mL	

(3) 5×SDS-PAGE 上样缓冲液　主要用于 SDS-PAGE 等凝胶电泳中蛋白质分子上样。

配制以下各试剂,使其终浓度分别为:

250 mmol/L Tris-HCl(pH 6.8)

10%(质量体积比)SDS

0.5%(质量体积比)BPB(溴酚蓝)

50%(体积比)甘油

5%(质量体积比)β-巯基乙醇

混匀后,分装至1.5 mL EP管,置于−20 ℃保存。

附录B 常用模式生物培养基(液)

(一) 大肠杆菌培养基

1. LB液体培养基

1 g NaCl,1 g 蛋白胨,0.5 g 酵母提取物,加入双蒸水搅拌至完全溶解,调节pH值至7.2,定容至100 mL,0.1 MPa、121 ℃下,高压蒸汽灭菌20 min。

2. LB固体培养基

1 g NaCl,1 g 胰蛋白胨,0.5 g 酵母提取物,1.5 g 琼脂粉,加入双蒸水搅拌至完全溶解,调节pH值至7.2,定容至100 mL,0.1 MPa、121 ℃下,高压蒸汽灭菌20 min。

(二) 酵母菌培养

1. 酵母浸出粉胨葡萄糖培养基(YEPD)

3.0 g 葡萄糖,0.5 g 蛋白胨,1.0 g 酵母粉,0.1 g KH_2PO_4,0.05 g $MgSO_4 \cdot 7H_2O$,2 g琼脂粉,加入蒸馏水搅拌至完全溶解,调整pH值至5.8,定容至100 mL,0.1 MPa、121 ℃下,高压蒸汽灭菌20 min。

2. YPDA生长培养基(液体和固体)

称取10 g酵母提取物,20 g胰蛋白胨,20 g葡萄糖,40 mg/L腺嘌呤硫酸盐(L-Adenine hemisulfate salt),加入约800 mL蒸馏水搅拌至完全溶解,调整pH值至5.8,定容至1 L。如配制固体培养基则另外加入20 g琼脂粉。0.1 MPa、121 ℃下,高压蒸汽灭菌20 min。

3. 10×基本DO溶液

称取200 mg精氨酸(Arginine,Arg)、300 mg异亮氨酸(Isoleucine,Ile)、300 mg赖氨酸(Lysine, Lys)、200 mg甲硫氨酸(Methionine, Met)、500 mg苯丙氨酸(Phenylalanine,Phe)、2 000 mg苏氨酸(Threonine,Thr)、300 mg络氨酸(Tyrosine,Tyr)、200 mg尿嘧啶(Uracil,Ura)、1 500 mg缬氨酸(Valine,Val),加入蒸馏水搅拌至完全溶解后定容至1 000 mL。10×基本DO溶液配好后可过滤除菌或0.1 MPa、121 ℃下,高压蒸汽灭菌20 min,4 ℃保存。

4. 100×单独氨基酸溶液

分别称取200 mg硫酸腺嘌呤(Adenine hemisulfate salt, Ade)、200 mg组氨酸(Histidine HCl monohydrate,His)、1 000 mg亮氨酸(Leucine,Leu)和200 mg色氨酸(Tryptophan,Trp),每种分别加入蒸馏水搅拌至完全溶解后定容至100 mL,过滤除菌,4 ℃保存。

5. SD选择培养基(液体和固体)

称取6.7 g酵母氮源基础培养基(Yeast Nitrogen Base,YNB),20 g葡萄糖,加入100 mL 10×基本DO溶液以及所需的100×单独氨基酸溶液(根据配制SD培养基的种类决定加入哪几种,每种 10 mL),加入约 800 mL 蒸馏水搅拌至完全溶解,调整 pH 值至 5.8,定容至 1 000 mL。如配制固体培养基则另外加入 20 g 琼脂粉。0.1 MPa、121 ℃下,高压蒸汽灭菌 20 min。Ade、His、Trp、Leu 四种单独加入的氨基酸决定了 SD 培养基的种类。SD/-Trp-Leu 代表配制时不加入 Trp、Leu 两种氨基酸;SD/-Trp-Leu-Ade-His 代表配制时 Ade、His、Trp、Leu 四种氨基酸均不加入。

6. 酵母液体完全培养基(YPD)

3.0 g 葡萄糖,0.5 g 蛋白胨,1.0 g 酵母粉,0.1 g KH_2PO_4,0.05 g $MgSO_4 \cdot 7H_2O$,加入蒸馏水搅拌至完全溶解,调节 pH 值至 5.8,定容至 100 mL,0.1 MPa、121 ℃下,高压蒸汽灭菌 20 min。

7. 酵母固体完全培养基

3.0 g 葡萄糖,0.5 g 蛋白胨,1.0 g 酵母粉,0.1 g KH_2PO_4,0.05 g $MgSO_4 \cdot 7H_2O$,2 g琼脂粉,加入蒸馏水搅拌至完全溶解,调节 pH 值至 5.8,定容至 100 mL,0.1 MPa、121 ℃下,高压蒸汽灭菌 20 min。

8. 酵母固体再生完全培养基

3.0 g 葡萄糖,0.5 g 蛋白胨,1.0 g 酵母粉,0.1 g KH_2PO_4,0.05 g $MgSO_4 \cdot 7H_2O$,2 g琼脂粉,17.115 g 蔗糖,加入蒸馏水搅拌至完全溶解,调节 pH 值至 5.8,定容至 100 mL,0.1 MPa、121 ℃下,高压蒸汽灭菌 20 min。

9. 酵母选择性培养基(无氨基酸培养基)

1.0 g YNB,3.0 g 葡萄糖,2.0 g 琼脂(经纯化处理),加入蒸馏水搅拌至完全溶解,调节 pH 值至 5.8,定容至 100 mL,0.1 MPa、121 ℃下,高压蒸汽灭菌 20 min。

10. 酵母增殖培养基

葡萄糖 5.0 g/L、蛋白胨 0.5 g/L、酵母膏 0.5 g/L、七水硫酸镁($MgSO_4 \cdot 7H_2O$)0.1 g/L和磷酸二氢钾(KH_2PO_4)0.1 g/L,调节 pH 值为 5.0。

11. 酵母发酵培养基

葡萄糖 12%～15%、蛋白胨 0.5 g/L、酵母膏 0.5 g/L,七水硫酸镁($MgSO_4 \cdot 7H_2O$)0.1 g/L、磷酸二氢钾(KH_2PO_4)0.1 g/L 和硫酸铵($(NH_4)_2SO_4$)0.5 g/L,调节 pH 值为 5.0。

12. 酵母菌冻存液(50%甘油)

量取 50 mL 甘油,加入蒸馏水搅拌混匀并定容至 100 mL,0.1 MPa、121 ℃下,高压蒸汽灭菌 20 min,4 ℃保存。

(三) 拟南芥培养

1. 拟南芥培养营养液

分别称取 620 mg $Ca(NO_3)_2$,340 mg KNO_3,240 mg $MgSO_4$,60 mg KH_2PO_4,53 mg NH_4NO_3,27.85 mg $FeSO_4 \cdot 7H_2O$,37.25 mg Na_2EDTA,0.67 mg $MgCl_2$,0.38 mg H_2BO_3,0.20 mg $MnSO_4$,0.029 mg $ZnSO_4 \cdot 7H_2O$,0.01 mg $CuSO_4$,加入蒸馏水溶解后,定容至 1 000 mL。

2. 10×MS 大量元素母液

分别称取 16.5 g NH_4NO_3、19 g KNO_3、4.4 g $CaCl_2 \cdot 2H_2O$、3.7 g $MgSO_4 \cdot 7H_2O$、1.7 g KH_2PO_4，加入蒸馏水中溶解，定容至 1 000 mL，4 ℃避光保存。

3. 100×MS 微量元素母液

分别称取 0.083 g KI、0.62 g H_3BO_3、2.23 g $MnSO_4 \cdot 4H_2O$、0.86 g $ZnSO_4 \cdot 7H_2O$、0.025 g $Na_2MoO_4 \cdot 2H_2O$，向其中加入 10 mL 250 mg/L $CuSO_4$储存液和 9 mL 280 mg/L $CoCl_2$储存液，加入蒸馏水中溶解，定容至 1 000 mL，4 ℃避光保存。

4. 100×MS 铁盐母液

称取 3.73 g Na_2-EDTA · $2H_2O$，加到装有 400 mL 蒸馏水的烧杯中，加热使其全部溶解，将溶液加热煮沸，然后边搅拌边慢慢加入 2.78 g $FeSO_4 \cdot 7H_2O$ 至完全溶解，停止加热，待完全冷却后定容至 1 000 mL，4 ℃避光保存。

5. 拟南芥侵染缓冲液（1/2MS+5%蔗糖）

分别量取 50 mL 10×MS 大量元素母液、10 mL 100×MS 微量元素母液和 10 mL 100×MS 铁盐母液，加入 50 g 蔗糖、0.5 g MES，加入蒸馏水溶解后，用 KOH 调节 pH 值至 5.7，定容至 1 000 mL，0.1 MPa、121 ℃下，高压蒸汽灭菌 20 min，置于 4 ℃保存。

6. 拟南芥筛选培养基（1/2 MS+1.5% 蔗糖+20 mg/L 潮霉素 B+250 mg/L 头孢霉素）

分别量取 50 mL 10×MS 大量元素母液、10 mL 100×MS 微量元素母液和 10 mL 100×MS 铁盐母液，加入 15 g 蔗糖，加入蒸馏水溶解后，用 KOH 调 pH 值至 5.7，定容至 1 000 mL，称取 6～8 g 琼脂粉加入液体培养基中，0.1 MPa、121 ℃下，高压蒸汽灭菌 20 min。待培养基冷却至 50～60 ℃时，分别加入潮霉素（Hygromycin B，HygB）至终浓度 20 mg/L、加入头孢霉素至终浓度 250 mg/L，混匀后倒固体平板，1/2 MS 固体平板在超净工作台中晾干后封口，做好标记，置于 4 ℃保存。

7. YEB 液体培养基

YEB 液体培养基：分别称取 5 g 牛肉浸膏、5 g 胰蛋白胨、1 g 酵母提取物、5 g 蔗糖、0.5 g $MgSO_4 \cdot 7H_2O$，加入蒸馏水溶解，用 NaOH 调 pH 值至 7.0，定容至 1 000 mL。如果是固体培养基需加入琼脂粉 12 g/L，0.1 MPa、121 ℃下，高压蒸汽灭菌 20 min。液体培养基使用前加入相应抗生素，固体培养基倒平板时加入相应抗生素，置于 4 ℃保存。

（四）秀丽隐杆线虫培养

1. 1 mol/L 磷酸钾缓冲液

称取 108.3 g KH_2PO_4、35.6 g K_2HPO_4 加水溶解，并定容至 1 000 mL，0.1 MPa、121 ℃下，高压蒸汽灭菌 20 min。

2. 5 mg/mL 胆固醇

用无水乙醇配制，0.22 μm 针头滤器过滤灭菌，4 ℃保存。

3. NGM 基本培养基

称取 3 g NaCl、2.5 g 蛋白胨、20 g 琼脂粉到锥形瓶中，加入 975 mL 水，0.1 MPa、121 ℃下，高压蒸汽灭菌 20 min；待培养基冷却至 60 ℃左右时，依次加入 25 mL 1 mol/L

磷酸钾缓冲液、1 mL 1 mol/L $CaCl_2$、1 mL 1 mol/L $MgSO_4$、1 mL 5 mg/mL 胆固醇，混匀；之后将混匀的培养基倒入干燥无菌的线虫培养皿中，约 2/3 培养皿高度，室温放置过夜。

4. S 缓冲液（线虫）

将 129 mL K_2HPO_4（0.05 mol/L），871 mL KH_2PO_4（0.05 mol/L），5.85 g NaCl 混匀后，分装，0.1 MPa、121 ℃下，高压蒸汽灭菌 20 min。

（五）果蝇培养

1. 果蝇玉米培养基

先按照下述组分配制 A 与 B。

A：蔗糖 6.2 g，加琼脂条 0.62 g，再加水 38 mL。煮沸溶解。

B：玉米粉 8.25 g，加水 38 mL，搅拌均匀，加热。

A、B 混合加热成糊状后，冷却，50 ℃左右加 0.5 mL 丙酸，充分混匀后，再加 0.7 g 酵母粉，搅拌均匀后，趁热分装至指型管中，每管约 2 cm 厚。待培养基冷却凝固后，用棉花吸干内管壁上的水分。每个瓶子用滤纸片或棉花团（棉塞）封口，室温存放，待用。配制好的培养基也可进行 0.1 MPa、121 ℃下，高压蒸汽灭菌 20 min，自然冷却干燥后待用。

2. 果蝇麦麸培养基

先按照下述组分配制 A 与 B。

A：蔗糖 15 g，加琼脂条 0.9 g，再加水 60 mL。煮沸溶解。

B：麦麸 11 g，加水 40 mL，搅拌均匀。

先将 A 中各组分加热，待 A 中琼脂条基本溶解后，倒入搅拌均匀的 B，混合加热至糊状，冷却至手背温感不太烫，加 0.67 mL 丙酸，充分混匀后，再加 1.7 g 酵母粉，搅拌均匀后，趁热分装至指形管中，每管约 1 cm 厚。待培养基冷却凝固、干燥后，用棉花/吸水纸吸干内管壁上的水分。每个瓶子用滤纸片或棉花团（棉塞）封口，室温存放，待用。配制好的培养基也可进行 0.1 MPa、121 ℃下，高压蒸汽灭菌 20 min，自然冷却干燥后待用。

（六）斑马鱼培养

1. Holt 缓冲液

60 mmol/L NaCl，0.67 mmol/L KCl，0.3 mmol/L $NaHCO_3$，0.9 mmol/L $CaCl_2$。

2. 0.3×Danieau 培养液

58 mmol/L NaCl，0.7 mmol/L KCl，0.4 mmol/L $MgSO_4$，0.6 mmol/L $Ca(NO_3)_2$，5.0 mmol/L HEPES(pH 7.6)。

3. 0.045 g/L PTU 溶液

0.045 g 1-苯基-2 硫脲（1-phenyl-2-thiourea，PTU）溶于 1 000 mL 0.3×Danieau 培养液中。

附录C 常用酸碱

溶质	分子式	Mr	物质的量浓度 /(mol/L)	质量浓度 /(g/L)	质量分数 /(%)	密度 /(g/cm^3)	配制 1 mol/L 溶液的加入量/(mL/L)
冰乙酸	CH_3COOH	60.05	17.4	1 045	99.5	1.05	57.5
乙酸	CH_3COOH	60.05	6.27	376	36	1.045	159.5
甲酸	HCOOH	46.03	23.6	1 086	90	1.22	42.7
盐酸	HCl	36.5	11.6	424	36	1.18	85.9
			2.9	105	10	1.05	347.667
硝酸	HNO_3	63.02	15.99	1 008	71	1.42	62.5
			14.9	938	67	1.40	67.1
			13.3	837	61	1.37	75.2
高氯酸	$HClO_4$	100.5	11.65	1 172	70	1.67	85.8
			9.2	923	60	1.54	108.7
正磷酸	H_3PO_4	98.0	14.7	1 441	85	1.70	67.8
硫酸	H_2SO_4	98.07	18.3	1 795	96	1.84	55.5
氢氧化铵	NH_4OH	35.0	14.8	251	28	0.898	67.6
氢氧化钾	KOH	56.1	13.5	757	50	1.52	74.1
			1.94	109	10	1.09	515.5
氢氧化钠	NaOH	40.0	19.1	763	50	1.53	52.4
			2.75	111	10	1.11	363.6

附录D 常用抗生素

名称	储存液浓度	工作液浓度	储存条件	配制方法	作用
氨苄青霉素溶液	100 mg/mL	50～100 μg/mL	－20 ℃，避光	溶于水，0.22 μm滤膜过滤除菌	细菌培养常用抗生素，可干扰肽聚糖的交联从而抑制细胞壁的合成
硫酸卡那霉素溶液	10 mg/mL	10～50 μg/mL	－20 ℃，避光	溶于水，0.22 μm滤膜过滤除菌	与70 s核糖体亚基结合，抑制革兰阴性菌、革兰阳性菌、支原体
硫酸链霉素溶液	10 mg/mL	10～50 μg/mL	－20 ℃，避光	溶于水，0.22 μm滤膜过滤除菌	抑制蛋白质合成，与30 s核糖体亚基结合，达到抑菌效果
硫酸庆大霉素溶液	50 mg/mL	50～200 μg/mL	－20 ℃，避光	溶于水，0.22 μm滤膜过滤除菌	通过与核糖体亚基的L6蛋白结合而抑制蛋白质的合成
氯霉素溶液	34 mg/mL	25～170 μg/mL	－20 ℃，避光	溶于乙醇，0.22 μm滤膜过滤除菌	抑制蛋白质翻译，高浓度下抑制真核细胞DNA合成
羧苄青霉素溶液	50 mg/mL	50～100 μg/mL	－20 ℃，避光	溶于水，0.22 μm滤膜过滤除菌	对绿脓杆菌及部分变形杆菌、大肠杆菌有抗菌性
罗红霉素溶液	50 mg/mL	50～100 μg/mL	－20 ℃，避光	溶于水，0.22 μm滤膜过滤除菌	窄谱类抗菌药物，对金黄色葡萄球菌、链球菌等军团菌等高度敏感或较敏感
G418溶液	20 mg/mL	50～1 000 μg/mL	－20 ℃，避光	溶于PBS，0.22 μm滤膜过滤除菌	对细菌、酵母、高等植物、原生生物、哺乳动物细胞具有氨基苷类毒性，常用于对真核细胞进行筛选

续表

名称	储存液浓度	工作液浓度	储存条件	配制方法	作用
潮霉素 B	50 mg/mL	20～100 μg/mL	4 ℃,避光,12 个月	溶于水,0.22 μm 滤膜过滤除菌	抑制原核细胞、真核细胞中蛋白质合成,常用于植物转基因阳性筛选
两性霉素 B 溶液	10 mg/mL	10～100 μg/mL	4 ℃,避光,12 个月	溶于水,0.22 μm 滤膜过滤除菌	可以与真菌细胞膜上的 Ergosterol 结合导致细胞膜通透性发生变化,使真菌细胞内钾离子、氨基酸通透到膜外,破坏真菌正常代谢,进而使真菌细胞死亡
青霉素-链霉素混合溶液	100×10^4 U/mL	1×10^2 U/mL	−20 ℃,避光	溶于水,0.22 μm 滤膜过滤除菌	传代细胞培养常用抗生素,主要由青霉素、链霉素等组成
细胞松弛素 B	1 mg/mL	1～20 μmol/L	−20 ℃,避光	溶于水,0.22 μm 滤膜过滤除菌	具有细胞通透性的真菌霉素,能阻断收缩性微丝的形成

附录E　实验室常用洗液的配制

1. 合成洗涤剂

将市售的洗洁精(非离子表面活性剂为主要成分)配制成1%～2%的水溶液,或将洗衣粉配制成5%水溶液,可以对玻璃等器材进行去污,必要时可温热或短时间浸泡,增强去污效果。

2. 重铬酸钾洗液

称取20 g重铬酸钾,使之在40 mL水中加热溶解,冷却后,缓慢倒入360 mL工业浓硫酸并用玻璃棒不停搅拌,配制好后装入有盖子的广口瓶中保存。新鲜配制的重铬酸钾洗液呈暗红色,具有强酸性、强氧化性,对有机物、油污等的去污能力特别强。

注意:

①配制时要戴耐酸碱手套、口罩及护目镜。

②要把浓硫酸加到水里,不能把水加入浓硫酸中。

3. 碱性高锰酸钾洗液

将4 g高锰酸钾溶于少量水后,加入10%的NaOH溶液至100 mL,混匀后装瓶备用。该洗液呈紫红色。有强碱性和氧化性,能浸洗去各种油污及其他有机溶剂。

注意:洗后若仪器壁上残留有褐色二氧化锰,可用盐酸或草酸洗液进行清洗。

4. 强碱洗液

用NaOH、KOH、Na_2CO_3配制而成的10%的水溶液。一般用于清洗普通油污,可通过加热、煮沸、浸泡等增强去污效果。

注意:该洗液在玻璃器皿中浸泡时间不能太长,以免造成腐蚀。

5. 硝酸洗液

量取10 mL浓硝酸加到90 mL水中,混匀即可。可以去除用作铜镜反应、银镜反应器皿上的沉淀。

6. 盐酸洗液(1∶1)

量取一定体积的浓盐酸,加同体积的水,混匀即成。可以去除碱性物质及大多数无机物残渣,如铁锈、二氧化锰、碳酸钙等。

7. 草酸洗液

称取5～10 g草酸溶于100 mL水中,加入少量浓盐酸或浓硫酸酸化,混匀。一般用于洗涤$KMnO_4$洗液洗涤后在玻璃器皿上产生MnO_2污迹。

8. 碱性乙醇洗液

称取120 g NaOH溶于150 mL水中,用95%乙醇稀释至1 L,混匀,现用现配。一般用于去除器皿上的油脂或有机物污染物。

9. 尿素洗涤液

称取450.45 g尿素,溶入300 mL 60 ℃左右的水中,待尿素溶解完全,加水定容至

500 mL，混匀，即为 7.5 mol/L 的尿素洗液。该洗液是蛋白质的良好溶剂，适用于洗涤盛过蛋白质制剂及血样的容器。

10. 有机溶剂

如苯、二甲苯、丙酮、乙醚、乙醇等试剂，一般用于洗脱油脂、脂溶性染料污痕等。

附录 F 常用生化试剂配制与储存

(一) 常用试剂(以本书用到的试剂为主)

见附表 F1。

附录 F1 常用试剂

试剂名称	储存液浓度	备注
NaOH	5 mol/L	保存于聚乙烯塑料瓶中
KCl	4 mol/L	0.1 MPa, 121 ℃, 高压灭菌 20 min
LiCl	5 mol/L	0.1 MPa, 121 ℃, 高压灭菌 20 min
$MgCl_2$	1 mol/L	0.1 MPa, 121 ℃, 高压灭菌 20 min
$MgSO_4$	1 mol/L	0.1 MPa, 121 ℃, 高压灭菌 20 min
NaCl	5 mol/L	4 ℃保存
$CuSO_4$	250 mg/L	4 ℃避光保存
$CoCl_2$	280 mg/L	4 ℃避光保存
CH_3COONH_4	10 mol/L	0.22 μm 滤器过滤除菌
$CaCl_2$	2.5 mol/L	0.22 μm 滤器过滤除菌,贮存于 4 ℃
$C_2H_3NaO_2$	2 mol/L,pH 4.0	称取 13.6 g $C_2H_3NaO_2 \cdot 3H_2O$,加入 10 mL 无 RNase 无菌水溶解,然后用冰醋酸调 pH 至 4.0,加无 RNase 无菌水定容至 50 mL,4 ℃保存
SDS	10%(质量体积比)	68 ℃加热溶解
RNAaseA	10 mg/mL	用蒸馏水溶解,沸水浴 10 min 后,-20 ℃保存备用
多聚赖氨酸	10 mg/mL	使用前按照 1∶80 稀释,制成工作液,浓度 25μg/mL,可用于包被培养皿。在-4 ℃或-20 ℃下保存
EDTA	0.5 mol/L,pH8.0	每 1 000 mL 约需加入 20 g NaOH 颗粒使其 pH 值接近 8.0 时,EDTA 才会溶解。4 ℃保存
IPTG	20%(质量体积比)	0.22 μm 滤器过滤除菌,贮存于-20 ℃
过硫酸铵	10%(质量体积比)	贮存于 4 ℃,存放 2~3 周
DTT	1 mol/L	用 20 mL $C_2H_3NaO_2$溶液(0.01 mol/L,pH5.2)溶解3.09 g DTT,过滤除菌后,保存于-20 ℃
X-gal	20 mg/mL	用二甲基甲酰胺溶解 X-gal,避光存于玻璃管中,分装后保存于-20 ℃
明胶	2%(质量体积比)	37 ℃水浴可以加速溶解

续表

试剂名称	储存液浓度	备　注
胆固醇	5 mg/mL	溶于无水乙醇，0.22 μm 滤器过滤灭菌，4 ℃保存
PMSF	100 mol/L	溶于异丙醇，贮存于－20 ℃
鲑鱼精 DNA	10 mg/mL	水浴煮沸 20 min，使 DNA 充分变性后，贮存于－20 ℃
溶菌酶	10 mg/mL	用 Tris-HCl(10 mmol/L，pH8.0)溶解，现配现用
蛋白酶 K	20 mg/mL	用无菌的 Tris-HCl(50 mmol/L，pH8.0)，$Ca(CH_3COO)_2$(1.5 mmol/L)溶解，分装后，在－20 ℃下保存
十二烷基肌氨酸钠	10%(质量体积比)	称取 10 g 十二烷基肌氨酸钠，加无 RNase 无菌水溶解，定容至 100 mL，4 ℃保存
CTAB	10%(质量体积比)	称取 100 g CTAB，加入 800 mL 蒸馏水中溶解，定容至 1 000 mL，0.1 MPa，121 ℃，高压灭菌 20 min，置于 4 ℃保存
葡萄糖标准液	1 mg/mL	准确称取 80 ℃烘至恒重的分析纯葡萄糖 100 mg，置于小烧杯中，加少量蒸馏水溶解后，转移到 100 mL 容量瓶中，用蒸馏水定容至 100 mL，混匀，4 ℃冰箱中保存备用
DNS 试剂		将 6.3 g DNS 和 262 mL NaOH(2 mol/L)溶液，加到 500 mL含有 185 g 酒石酸钾钠的热水溶液中，再加 5 g 结晶酚和 5 g 亚硫酸钠，搅拌溶解，冷却后加蒸馏水定容至 1 000 mL，贮存于棕色瓶中备用

（二）蛋白质浓度测量相关试剂

1. Folin-酚试剂

该试剂分试剂甲和试剂乙，其配制方法如下。

试剂甲：先分别配制 A 液和 B 液。A 液：10 g Na_2CO_3，2 g NaOH 和 0.5 g 酒石酸钾钠溶于 500 mL 蒸馏水中。B 液：0.5 g $CuSO_4 \cdot 5H_2O$ 溶于 100 mL 蒸馏水中。将这两种溶液以 A∶B＝50∶1 的比例混合后所得的混合溶液即为试剂甲。

试剂乙：在 1.5 L 磨口回流瓶中加入 100 g 钨酸钠($Na_2WO_4 \cdot 2H_2O$)，25 g 钼酸钠($Na_2MoO_4 \cdot 2H_2O$)及 700 mL 蒸馏水，再加入 50 mL 85%磷酸，100 mL 浓盐酸，充分混合，接上回流冷凝管以小火回流约 10 h。回流结束后加入 150 g 硫酸锂，50 mL 蒸馏水及数滴液体溴，开口继续沸腾 15 min 一边驱除过量的溴，冷却后溶液呈黄色。注意此时溶液的黄色为亮金黄色，如仍有绿色显现，须再重复滴加液体溴直至呈亮金黄色。将所得溶液稀释至 1 000 mL，过滤后将滤液保存在棕色试剂瓶中。

2. 考马斯亮兰 G-250 试剂

称 100 mg 考马斯亮兰 G-250，溶于 50 mL 95%的乙醇后，再加入 100 mL 85%的磷酸，用水稀释至 1 000 mL。

（三）蛋白质凝胶染色相关试剂

1. 考马斯亮蓝(R-250)染色法

(1) 方法一　染色液：考马斯亮蓝 R-250 1 g，乙醇 45%，冰乙酸 10%，加水定容至 1 000 mL。脱色液：冰乙酸 10%，乙醇 30%。

(2) 方法二　染色液：0.25 g 考马斯亮蓝 R-250，加入 50%甲醇水溶液 454 mL 和冰乙酸 46 mL。脱色液：100 mL 冰乙酸，800 mL 蒸馏水与 100 mL 甲醇混合。

2. 硝酸银染色法(灵敏度 2 ng/band)(本书用于双向电泳凝胶染色)

溶液 A：称取 0.8 g 硝酸银溶于 4 mL 蒸馏水中。

溶液 B：量取 21 mL NaOH(0.36%)和 1.4 mL 氨水(14.8 mol/L,30%)，混合。

溶液 C：将 A 液逐滴加入 B 液中并不停搅拌，使棕色沉淀迅速消失，然后加双蒸水至 100 mL，15 min 内使用。

溶液 D：将 0.5 mL 1%的柠檬酸和 50 μL 38%的甲醛混合，加水至 100 mL。溶液必须新鲜。

（四）SDS-聚丙烯酰胺凝胶电泳相关试剂

1. 10×电泳缓冲液

依次称取 30 g Tris 碱、144 g 甘氨酸、10 g SDS，加入约 800 mL 的超纯水，搅拌溶解后定容至 1 000 mL，室温保存。使用时稀释 10 倍。

2. 聚丙烯酰胺胶母液(30%，质量体积比)

依次称取 290 g 聚丙烯酰胺、10 g 甲叉双丙烯酰胺，加入约 600 mL 蒸馏水，搅拌溶解定容至 1 000 mL 滤纸过滤，棕色瓶 4 ℃保存。

3. 过硫酸铵溶液(10%，质量体积比)

称取 0.1 g 过硫酸铵，加入 1 mL 的去离子水，将固体粉末彻底溶解，贮存于 4 ℃。

注意：10%过硫酸铵最好现配现用，配好的溶液在 4 ℃保存可使用 2 周左右，过期会失去催化效果。

4. SDS-PAGE 凝胶配制

先根据蛋白质的大小选择分离胶的浓度(参考附表 F2)，再在根据附表 F3 及附表 F4 中的数据进行分离胶及浓缩胶的配制。

附表 F2　分离胶浓度与分离范围对照表

SDS-PAGE 分离胶浓度	最佳分离范围
6%	50 000～150 000
8%	30 000～90 000
10%	20 000～80 000
12%	12 000～60 000
15%	10 000～40 000

附表 F3　不同浓度分离胶配制表

成分	配制不同体积 SDS-PAGE 分离胶所需各成分的体积/mL					
6%胶	5	10	15	20	30	50
蒸馏水	2.0	4.0	6.0	8.0	12.0	20.0
30%Acr-Bis(29∶1)	1.0	2.0	3.0	4.0	6.0	10.0
Tris-HCl(1.5 mol/L,pH 8.8)	1.9	3.8	5.7	7.6	11.4	19.0
10%SDS	0.05	0.1	0.15	0.2	0.3	0.5
10%过硫酸铵	0.05	0.1	0.15	0.2	0.3	0.5
TEMED	0.004	0.008	0.012	0.016	0.024	0.04
8%胶	5	10	15	20	30	50
蒸馏水	1.7	3.3	5.0	6.7	10.0	16.7
30%Acr-Bis(29∶1)	1.3	2.7	4.0	5.3	8.0	13.3
Tris-HCl(1.5 mol/L,pH 8.8)	1.9	3.8	5.7	7.6	11.4	19.0
10%SDS	0.05	0.1	0.15	0.2	0.3	0.5
10%过硫酸铵	0.05	0.1	0.15	0.2	0.3	0.5
TEMED	0.003	0.006	0.009	0.012	0.018	0.03
10%胶	5	10	15	20	30	50
蒸馏水	1.3	2.7	4.0	5.3	8.0	13.3
30%Acr-Bis(29∶1)	1.7	3.3	5.0	6.7	10.0	16.7
Tris-HCl(1.5 mol/L,pH 8.8)	1.9	3.8	5.7	7.6	11.4	19.0
10%SDS	0.05	0.1	0.15	0.2	0.3	0.5
10%过硫酸铵	0.05	0.1	0.15	0.2	0.3	0.5
TEMED	0.002	0.004	0.006	0.008	0.012	0.02
12%胶	5	10	15	20	30	50
蒸馏水	1.0	2.0	3.0	4.0	6.0	10.0
30%Acr-Bis(29∶1)	2.0	4.0	6.0	8.0	12.0	20.0
Tris-HCl(1.5 mol/L,pH 8.8)	1.9	3.8	5.7	7.6	11.4	19.0
10%SDS	0.05	0.1	0.15	0.2	0.3	0.5
10%过硫酸铵	0.05	0.1	0.15	0.2	0.3	0.5
TEMED	0.002	0.004	0.006	0.008	0.012	0.02
15%胶	5	10	15	20	30	50
蒸馏水	0.5	1.0	1.5	2.0	3.0	5.0
30%Acr-Bis(29∶1)	2.5	5.0	7.5	10.0	15.0	25.0
Tris-HCl(1.5 mol/L,pH 8.8)	1.9	3.8	5.7	7.6	11.4	19.0

续表

成分	配制不同体积 SDS-PAGE 分离胶所需各成分的体积/mL					
10%SDS	0.05	0.1	0.15	0.2	0.3	0.5
10%过硫酸铵	0.05	0.1	0.15	0.2	0.3	0.5
TEMED	0.002	0.004	0.006	0.008	0.012	0.02

附表 F4　浓缩胶配制表

成分	配制不同体积 SDS-PAGE 浓缩胶所需各成分体积/mL					
5%胶	2	3	4	6	8	10
蒸馏水	1.4	2.1	2.7	4.1	5.5	6.8
30% Acr-Bis(29：1)	0.33	0.5	0.67	1.0	1.3	1.7
Tris-HCl(1.5 mol/L,pH 8.8)	0.25	0.38	0.5	0.75	1.0	1.25
10% SDS	0.02	0.03	0.04	0.06	0.08	0.1
10%过硫酸铵	0.02	0.03	0.04	0.06	0.08	0.1
TEMED	0.002	0.003	0.004	0.006	0.008	0.01

(五) 双向蛋白质电泳相关试剂

1. 胶条平衡缓冲母液

依次量取 36 g 尿素、2 g SDS、25 mL Tris-HCl(1.5 mol/L,pH 8.8)、20 mL 甘油，加超纯水定容至 100 mL，配制完成后分装为每份 10 mL，−20 ℃保存。

2. 双向电泳水化上样缓冲液Ⅰ

依次量取 4.805 g 尿素、0.4 g CHAPS、0.098 g DTT(现加)、50 μL Bio-Lyte®(40%)(现加)、10 μL BPB(1%)，加超纯水定容至 10 mL，配制完成后分装为每份 1 mL，−20 ℃保存。

3. 双向电泳水化上样缓冲液Ⅱ

依次量取 4.2 g 尿素、1.52 g 硫脲、0.4 g CHAPS、0.098 g DTT(现加)、50 μL Bio-Lyte®(40%)(现加)、10 μL BPB(1%)，加超纯水定容至 10 mL，配制完成后分装为每份 1 mL，−20 ℃保存。

4. 双向电泳水化上样缓冲液Ⅲ

依次量取 3.0 g 尿素、1.52 g 硫脲、0.2 g CHAPS、0.2 g SB 3-10、0.098 g DTT(现加)、50 μL Bio-Lyte®(40%)(现加)、10 μL BPB(1%)，加超纯水定容至 10 mL，配制完成后分装为每份 1 mL，−20 ℃保存。

5. 胶条平衡缓冲液Ⅰ

取 10 mL 胶条平衡缓冲母液，加入 0.2 g DTT，充分混匀，现配现用。

6. 胶条平衡缓冲液Ⅱ

取 10 mL 胶条平衡缓冲母液，加入 0.25 g 碘乙酰胺，充分混匀，现配现用。

7. 低熔点琼脂糖封胶液

0.5 g 低熔点琼脂糖、0.303 g Tris-base、1.44 g 甘氨酸、1 mL SDS(10%)、100 μL BPB(1%)，加超纯水定容至 100 mL，加热溶解至澄清，室温保存。

附录G 20种氨基酸的理化性质

中文名称	英文名称	三/单字母缩写		性质	相对分子质量	等电点	结构式
甘氨酸	Glycine	Gly	G	非极性氨基酸	75.052	6.06	CH_2-COO^- (α-C 上连 $^+NH_3$)
丙氨酸	Alanine	Ala	A	非极性氨基酸	89.079	6.11	$CH_3-CH-COO^-$ (CH 上连 $^+NH_3$)
缬氨酸	Valine	Val	V	非极性氨基酸	117.133	6.00	$(CH_3)_2CH-CHCOO^-$ (CH 上连 $^+NH_3$)
亮氨酸	Leucine	Leu	L	非极性氨基酸	131.160	6.01	$(CH_3)_2CHCH_2-CHCOO^-$ (CH 上连 $^+NH_3$)
异亮氨酸	Isoleucine	Ile	I	非极性氨基酸	131.160	6.05	$CH_3CH_2CH-CHCOO$ (CH 上分别连 CH_3、$^+NH_3$)
脯氨酸	Proline	Pro	P	非极性氨基酸	115.117	6.30	吡咯烷环 N^+(连 H、H) $-COO^-$
苯丙氨酸	Phenylalanine	Phe	F	非极性氨基酸	165.177	5.49	$C_6H_5-CH_2-CHCOO^-$ (CH 上连 $^+NH_3$)
酪氨酸	Tyrosine	Tyr	Y	非电离的极性氨基酸	181.176	5.64	$HO-C_6H_4-CH_2-CHCOO^-$ (CH 上连 $^+NH_3$)

续表

中文名称	英文名称	三/单字母缩写		性质	相对分子质量	等电点	结构式
色氨酸	Tryptophan	Trp	W	非极性氨基酸	204.213	5.89	(吲哚-3-基)$-CH_2CH(^+NH_3)-COO^-$
丝氨酸	Serine	Ser	S	非电离的极性氨基酸	105.078	5.68	$HOCH_2-CH(^+NH_3)COO^-$
苏氨酸	Threonine	Thr	T	非电离的极性氨基酸	119.105	5.60	$CH_3CH(OH)-CH(^+NH_3)COO^-$
半胱氨酸	Cystine	Cys	C	非电离的极性氨基酸	121.145	5.05	$HSCH_2-CH(^+NH_3)COO^-$
蛋（甲硫）氨酸	Methionine	Met	M	非极性氨基酸	149.199	5.74	$CH_3SCH_2CH_2-CH(^+NH_3)COO^-$
天冬酰胺	Asparagine	Asn	N	非电离的极性氨基酸	132.104	5.41	$H_2N-C(=O)-CH_2CH(^+NH_3)COO^-$
谷氨酰胺	Glutarnine	Gln	Q	非电离的极性氨基酸	146.131	5.65	$H_2N-C(=O)-CH_2CH_2CH(^+NH_3)COO^-$
天冬氨酸	Asparticacid	Asp	D	酸性氨基酸	133.089	2.85	$HOOCCH_2CH(^+NH_3)COO^-$

续表

中文名称	英文名称	三/单字母缩写		性质	相对分子质量	等电点	结构式
谷氨酸	Glutamicacid	Glu	E	酸性氨基酸	147.116	3.15	$HOOCCH_2CH_2CH(^{+}NH_3)COO^-$
赖氨酸	Lysine	Lys	K	碱性氨基酸	146.17	9.60	$^{+}NH_3CH_2CH_2CH_2CH_2CH(NH_2)COO^-$
精氨酸	Arginine	Arg	R	碱性氨基酸	174.188	10.76	$H_2N—C(=^{+}NH_2)—NHCH_2CH_2CH_2CH(NH_2)COO$
组氨酸	Histidine	His	H	碱性氨基酸	155.141	7.60	咪唑环(N, N—H)—$CH_2CH(^{+}NH_3)—COO^-$

附录 H　凝胶过滤层析介质的技术数据

凝胶过滤介质名称	分离范围（Mr）	颗粒大小/μm	特性/应用	pH 稳定性工作（清洗）	溶胀体积/(mL/g 干凝胶)	溶胀最少平衡时间/h		最快流速/(cm·h^{-1})
						室温	沸水浴	
Sephadex G-10	<700	干粉 40～120		2～13 (2～13)	2～3	3	1	2～5
Sephadex G-15	<1 500	干粉 40～120		2～13 (2～13)	2.5～3.5	3	1	2～5
Sephadex G-25 Coarse	1 000～5 000	干粉 100～300	工业上去盐及交换缓冲液用	2～13 (2～13)	4～6	6	2	2～5
Sephadex G-25 Fine	1 000～5 000	干粉 20～80	工业上去盐及交换缓冲液用	2～13 (2～13)	4～6	6	2	2～5
Sephadex G-25 Superfine	1 000～5 000	干粉 10～40	工业上去盐及交换缓冲液用	2～13 (2～13)	4～6	6	2	2～5
Sephadex G-50 Coarse	1 500～30 000	干粉 100～300	一般小分子蛋白质分离	2～10 (2～13)	9～11	6	2	2～5
Sephadex G-50 Medium	1 500～30 000	干粉 50～150	一般小分子蛋白质分离	2～10 (2～13)	9～11	6	2	2～5
Sephadex G-50 Fine	1 500～30 000	干粉 20～80	一般小分子蛋白质分离	2～10 (2～13)	9～11	6	2	2～5
Sephadex G-50 Superfine	1 500～30 000	干粉 10～40	一般小分子蛋白质分离	2～10 (2～13)	9～11	6	2	2～5

续表

凝胶过滤介质名称	分离范围(Mr)	颗粒大小/μm	特性/应用	pH稳定性工作(清洗)	溶胀体积/(mL/g干凝胶)	溶胀最少平衡时间/h		最快流速/(cm·h^{-1})
						室温	沸水浴	
Sephadex G-75	3 000～80 000	干粉 40～120	中等蛋白质分离	2～10 (2～13)	12～15	24	3	72
Sephadex G-75 Superfine	3 000～70 000	干粉 10～40	中等蛋白质分离	2～10 (2～13)	12～15	24	3	16
Sephadex G-100	4 000～1.5×10^5	干粉 40～120	中等蛋白质分离	2～10 (2～13)	15～20	48	5	47
Sephadex G-100 Superfine	4 000～1×10^5	干粉 10～40	中等蛋白质分离	2～10 (2～13)	15～20	48	5	11
Sephadex G-150	5 000～3×10^5	干粉 40～120	稍大蛋白质分离	2～10 (2～13)	20～30	72	5	21
Sephadex G-150 Superfine	5 000～1.5×10^5	干粉 10～40	稍大蛋白质分离	2～10 (2～13)	18～22	72	5	5.6
Sephadex G-200	5 000～6×10^5	干粉 40～120	较大蛋白质分离	2～10 (2～13)	30～40	72	5	11
Sephadex G-200 Superfine	5 000～2.5×10^5	干粉 10～40	较大蛋白质分离	2～10 (2～13)	20～25	72	5	2.8
嗜脂性 Sephadex LH 20	100～4 000	干粉 25～100	特别为使用有机溶剂而设计。适合分离脂类、胆固醇、脂肪酸、激素、维生素及其他生物小分子。此分离范围是指以酒精为溶剂的分离					

附录Ⅰ 硫酸铵饱和度常用表

1. 不同温度下的饱和硫酸铵溶液

温度/℃	0	10	20	25	30
每1 000 g水中含硫酸铵物质的量/mol	5.35	5.53	5.73	5.82	5.91
质量分数/(%)	41.42	42.22	43.09	43.47	43.85
1 000 mL水用硫酸铵饱和所需质量/g	706.8	730.5	755.8	766.8	777.5
每升饱和溶液含硫酸铵质量/g	514.8	525.2	536.5	541.2	545.9
饱和溶液物质的量浓度/($mol \cdot L^{-1}$)	3.90	3.97	4.06	4.10	4.13

2. 调整硫酸铵溶液饱和度计算表(25 ℃)

硫酸铵初浓度，百分饱和度	在25 ℃硫酸铵终浓度，百分饱和度																
	10	20	25	30	33	35	40	45	50	55	60	65	70	75	80	90	100
	每1 000 mL溶液加固体硫酸铵的量(g)																
0	56	114	144	176	196	209	243	277	313	351	390	430	472	516	561	662	767
10		57	86	118	137	150	183	216	251	288	326	365	406	449	494	592	694
20			29	59	78	91	123	155	189	225	262	300	340	382	424	520	619
25				30	49	61	93	125	158	193	230	267	307	348	390	485	583
30					19	30	62	94	127	162	198	235	273	314	356	449	546
33						12	43	74	107	142	177	214	252	292	333	426	522
35							31	63	94	129	164	200	238	278	319	411	506
40								31	63	97	132	168	205	245	285	375	469
45									32	65	99	134	171	210	250	339	431
50										33	66	101	137	176	214	302	392
55											33	67	103	141	179	264	353
60												34	69	105	143	227	314
65													34	70	107	190	275
70														35	72	153	237
75															36	115	198
80																77	157
90																	79

3. 调整硫酸铵溶液饱和度计算表(0 ℃)

		在 0 ℃硫酸铵终浓度，百分饱和度																
		20	25	30	35	40	45	50	55	60	65	70	75	80	85	90	95	100
		每 100 mL 溶液加固体硫酸铵的量(g)																
硫酸铵初浓度，百分饱和度	0	10.6	13.4	16.4	19.4	22.6	25.8	29.1	32.6	36.1	39.8	43.6	47.6	51.6	55.9	60.3	65.0	69.7
	5	7.9	10.8	13.7	16.6	19.7	22.9	26.2	29.6	33.1	36.8	40.5	44.4	48.4	52.6	57.0	61.5	66.2
	10	5.3	8.1	10.9	13.9	16.9	20.0	23.3	26.6	30.1	33.7	37.4	41.2	45.2	49.3	53.6	58.1	62.7
	15	2.6	5.4	8.2	11.1	14.1	17.2	20.4	23.7	27.1	30.6	34.3	38.1	42.0	46.0	50.3	54.7	59.2
	20	0	2.7	5.5	8.3	11.3	14.3	17.5	20.7	24.1	27.6	31.2	34.9	38.7	42.7	46.9	51.2	55.7
	25		0	2.7	5.6	8.4	11.5	14.6	17.9	21.1	24.5	28.0	31.7	35.5	39.5	43.6	47.8	52.2
	30			0	2.8	5.6	8.6	11.7	14.8	18.1	21.4	24.9	28.5	32.3	36.2	40.2	44.5	48.8
	35				0	2.8	5.7	8.7	11.8	15.1	18.4	21.8	25.4	29.1	32.9	36.9	41.0	45.3
	40					0	2.9	5.8	8.9	12.0	15.3	18.7	22.2	25.8	29.6	33.5	37.6	41.8
硫酸铵初浓度，百分饱和度	45						0	2.9	5.9	9.0	12.3	15.6	19.0	22.6	26.3	30.2	34.2	38.3
	50							0	3.0	6.0	9.2	12.5	15.9	19.4	23.0	26.8	30.8	34.8
	55								0	3.0	6.1	9.3	12.7	16.1	19.7	23.5	27.3	31.3
	60									0	3.1	6.2	9.5	12.9	16.4	20.1	23.1	27.9
	65										0	3.1	6.3	9.7	13.2	16.8	20.5	24.4
	70											0	3.2	6.5	9.9	13.4	17.1	20.9
	75												0	3/2	6.6	10.1	13.7	17.4
	80													0	3.3	6.7	10.3	13.9
	85														0	3.4	6.8	10.5
	90															0	3.4	7.0
	95																0	3.5
	100																	0

附录J 缩 略 词

缩略词	英文全称	中文全称
Acr	Acrylamide	丙烯酰胺
AD	Activation domain	转录激活结构域
AP	Alkaline Phosphatase	碱性磷酸酶
APC	Anthocyanin	别藻蓝蛋白
BCIP	5-Bromo 4-chloro 3-indolyl phosphate	5-溴 4-氯 3-吲哚基-磷酸
BD	DNA binding domain	DNA 结合结构域
Bis	Bis-acrylamide	甲叉双丙烯酰胺
BPB	Bromophenol blue	溴酚蓝
BSA	Bull Serum Albumin	牛血清蛋白
Cef	Cefotaxime sodium	头孢噻肟钠
CFU	Colony-Forming Units	菌落形成单位
CHAPS	3-[(3-Cholamidopropyl) dimethylammonio] propanesulfonate	3-[3-(胆酰胺丙基)二甲氨基]丙磺酸内盐
Cm	membrane capacitance	膜电容
CRBN	cereblon	小脑相关蛋白
CTAB	Cetyltrimethyl trimethyl ammonium bromide	十六烷基三甲基溴化铵
DAB	diaminobenzidine	二氨基联苯胺
DAPI	6-diphenyl-2-phenylindole	4′,6-二脒基-2-苯基吲哚
DEPC	Diethylpyrocarbonate	焦碳酸二乙酯
DIG	Digoxigenin	地高辛
DMEM	Dulbecco′s Modified Eagle Medium	杜氏改良 Eagle 培养基
DMSO	Dimethyl sulfoxide	二甲基亚砜
DNase	deoxyribonuclease	DNA 酶
DOC	Sodium deoxycholate	脱氧胆酸钠
DPPH	1,1-diphenyl-2-picrylhydrazyl	1,1-二苯基-2-三硝基苯肼
dsRNA	double-stranded RNA	双链 RNA
DTT	DL-Dithiothreitol	二硫苏糖醇
EDTA	Ethylene Diamine Tetraacetic Acid	乙二胺四乙酸

续表

缩略词	英文全称	中文全称
EGTA	ethylene glycol-bis(β-aminoethyl ether)-N,N,N′,N′-tetraacetic acid	乙二醇二乙醚二胺四乙酸
FBS	Fetal Bovine Serum	胎牛血清
Hb	Hemoglobin	血红蛋白
HDACs	histone deacety lases	组蛋白去乙酰化酶
HEPES	4-(2-Hydroxyethyl)piperazine-1-ethanesulfonic acid	4-羟乙基哌嗪乙磺酸
HLECs	Human Lens epithelial cells	人晶状体上皮细胞
HRP	horse radish peroxidase	辣根过氧化物酶
HSF4	Heat shock Factor 4	热休克因子 4
HygB	Hygromycin B	潮霉素 B
IAA	indole-3-acetic acid	吲哚乙酸
IEF	Isoelectric Focusing	等电聚焦
IF	Immunofluorescence	免疫荧光
IOD	integral optical density	积分光密度
IPG	immobilized pH gradient	固定 pH 梯度(凝胶条)
IPTG	Isopropyl β-D-Thiogalactoside	异丙基硫代半乳糖苷
IVC	Individual ventilated cages	独立通风饲养系统
Kan	Kanamycin Sulfate	卡那霉素
Mb	Myoglobin	肌红蛋白
MES	2-(N-Morpholino)ethanesulfonic acid	吗啉乙磺酸
M-MLV	Moloney Murine Leukemia Virus	莫洛尼(氏)鼠白血病病毒逆转录酶
MTT	Thiazolyl Blue Tetrazolium Bromide	噻唑蓝
Na_v	voltage-gated sodium channel	电压门控钠离子通道
NBT	Nitro blue tetrazolium	硝基四氮唑蓝
NGM	Nematode Growth Medium	线虫生长培养基
OCT	Optimal Cutting Temperature Compound	优化切片包埋剂
PAGE	Polyacrylamide gel electrophoresis	聚丙烯酰胺凝胶电泳
PBDT	Phosphate Buffered Solution with DMSO,TritonX-100 and BSA	含有 DMSO,TritonX-100 及牛血清蛋白的磷酸盐缓冲液
PBDTs	PBDT with Goat serum	含有山羊血清的 PBDT
PBS	phosphate buffer saline	磷酸缓冲盐溶液

续表

缩略词	英文全称	中文全称
PBST	Phosphate Buffered Solution with Tween-20	含吐温-20 的磷酸盐缓冲液
PC	phycocyanin	藻蓝蛋白
PDT	Phosphate Buffered Solution with DMSO and TritonX-100	含有 DMSO 及 TritonX-100 的磷酸盐缓冲液
PFA	Paraformaldehyde	多聚甲醛
pI	isoelectric point	等电点
PMSF	Phenylmethanesulfonyl fluoride	苯甲基磺酰氟
PTU	1-Phenyl-2-thiourea	苯硫脲
PVA	Polyvinyl alcohol	聚乙烯醇
PVP	polyvinyl pyrrolidone	聚乙烯吡咯烷酮
RACE	rapid amplification of cDNA ends	cDNA 末端快速扩增技术
RISC	RNA-inducing silencing complex	沉默复合体
RNAi	RNA interference	RNA 干扰
Rnase	Ribonuclease	RNA 酶
RNasin	Ribonuclease Inhibitor	RNA 酶抑制剂
SABC	strept avidin-biotin complex	链霉亲和素-生物素复合物
Sarkosyl	Sodium N-lauroylsarcosine	十二烷基肌氨酸钠
SDS	Sodium dodecyl sulfate	十二烷基硫酸钠
SDS-PAGE	Sodium dodecyl sulfate polyacrylamide gelelectrophoresis	十二烷基硫酸钠聚丙烯酰胺凝胶电泳
siRNA	Small interfering RNA	小干扰 RNA
SOD	Superoxide dismutase	超氧化物歧化酶
SPF	Specific Pathogen Free	无特定病原体
SSC	Saline-Sodium Citrate	柠檬酸钠缓冲液
SSCT	Saline-Sodium Citrate with Tween-20	含吐温-20 的柠檬酸钠缓冲液
Str	Streptomycin Sulfate	链霉素
TEACl	Tetraethylammonium chloride	四乙基氯化铵
TEMED	N,N,N′,N′-Tetramethylethylenediamine	N,N,N′,N′-四甲基乙二胺
Tris	Trimethylmethylamine	三羟甲基氨基甲烷
UTR	Untranslated Region	非翻译区
YPD	Yeast Extract Peptone Dextrose Medium	酵母浸出粉胨葡萄糖培养基
DMF	N,N′-Dimethyl formamide	N,N′-二甲基甲酰胺

续表

缩略词	英文全称	中文全称
TBP	tributyl phosphine	磷酸三丁酯
Amp	Ampicillin Sodium Salt	氨苄青霉素
YNB	Yeast Nitrogen Base	酵母氮源基础培养基
Puro	puromycin	嘌呤霉素